電子工業出版社
Publishing House of Electronics Industry
北京·BEIJING

内容简介

在当今互联网和信息技术快速发展的时代，人们的生活经历着各种梦幻般的变化。随着互联网长大的一代正在成为社会的主流，并以他们特有的视角和思考问题的方式影响着社会的发展，形成了所谓的“互联网文化”，在用户体验发展中展示出独特的一面。

本书针对网站用户体验的概念和设计要点进行了深入的介绍和分析。全书共分为6章，从当前互联网经济中的用户体验相关理论和互联网产品设计的基础开始，逐步讲解了用户体验设计的核心、用户体验设计的要素、用户体验中的交互设计、网站的用户体验，以及移动端的用户体验等专业知识。通过知识点的讲解与商业应用案例分析相结合的方式，使用户能够更轻松地理解和应用相关知识，提高读者在网站用户体验设计方面分析问题和解决问题的能力。

本书结构清晰、内容翔实、文字阐述通俗易懂，与案例分析结合进行讲解说明，具有很强的实用性，是一本用户体验设计的宝典。

图书在版编目（CIP）数据
UI设计必修课：交互+架构+视觉UE设计教程 / 李晓斌编著. -- 北京：电子工业出版社，2017.9
ISBN 978-7-121-32456-7
Ⅰ.①U… Ⅱ.①李… Ⅲ.①人机界面－程序设计－教材 Ⅳ.①TP311.1

中国版本图书馆CIP数据核字(2017)第191685号

责任编辑：姜　伟
文字编辑：赵英华
印　　刷：中国电影出版社印刷厂
装　　订：中国电影出版社印刷厂
出版发行：电子工业出版社
北京市海淀区万寿路173信箱　　邮编：100036
开　　本：720×1000　1/16　印张：16.5　　字数：448.8千字
版　　次：2017年9月第1版
印　　次：2022年1月第12次印刷
定　　价：79.90元

凡所购买电子工业出版社图书有缺损问题，请向购买书店调换。若书店售缺，请与本社发行部联系，联系及邮购电话：（010）88254888或88258888。
质量投诉请发邮件至 zlts@phei.com.cn，盗版侵权举报请发邮件至dbqq@phei.com.cn。
本书咨询联系方式：（010）88254161～88254167转1897。

前　　言

近十年来，互联网产品发生了巨大的变革，Web成为遍及全球、最具代表性的互联网信息资源组成系统，这些系统包含了大量文本、图像、音频与视频文件等信息资源。全球许多知名企业和组织都十分重视网站的设计和开发质量，从网站作用、品牌形象、操作便利性、网速流畅性及细节设计等多方面考虑，研究用户访问和使用网站的主观体验，以达到最佳的效果。

网站用户体验是指用户在访问网站时享受网站提供的各种服务的过程中建立起来的心理感受。一个好的网站除了内容精彩、定位准确以外，还要方便用户浏览，使用户可以方便快速地在网站中找到自己感兴趣的内容。

本书内容

本书在借鉴国内外交互设计和用户体验的前沿理念和实践成果的基础上，对用户体验设计进行了全面而详细的介绍。作为专业人才培养教材，本书力图以清晰、有条理的语言和生动翔实的案例向读者系统地介绍网站的用户体验设计，本书的主要内容如下 。

第1章　网络交互与用户体验。本章向读者介绍有关用户体验的相关基础知识，包括什么是用户体验，用户体验的范畴、特点，以及网站与用户体验的关系和用户体验的设计原则等相关内容，使读者对用户体验有一个全面、清晰的认知。

第2章　认识用户。用户作为网络交互的主体，在交互过程中时刻感受着交互设计带给感官和心灵的“震撼”。本章从用户感官、用户心理和用户需求等多个方面来阐述用户需要的是什么样的设计，以及如何设计出用户满意的网站。

第3章　用户体验要素。本章向读者详细介绍用户体验要素的五大层面，并且分别对这五大层面中的相关要素及设计重点进行分析讲解，使读者对用户体验设计的细节能够了然于胸，并在设计过程中注意这些用户体验细节的处理。

第4章　关注用户体验的交互设计。本章主要向读者介绍交互设计对于用户体验的作用及其表现的方式，包括可用性设计、可用性原则、心流体验、沉浸感设计、情感化设计、美感设计和用户体验差异等内容，使读者能够从心理和情感层面改善产品的用户体验。

第5章　Web产品用户体验。提供良好的用户体验就成为网站吸引并留住用户的一个重要因素。本章对网站的用户体验设计进行了详细的介绍，包括网站产品的解构、网站设计的原则、网站的用户体验设计、网站用户体验设计的细节等内容，全方位地介绍提升网站用户体验的方法和技巧。

第6章　移动端用户体验。随着移动互联网的兴起，智能移动设备已经成为人们日常生活中不可或缺的产品之一，移动设备的用户界面及体验受到用户越来越多的关注。本章向读者全面介绍有关移动端的用户体验设计的相关知识，从而提升移动端应用界面的用户体验。

本书特点

本书从网站用户体验设计的各个方面进行介绍，使读者在了解用户体验设计基础的同时，能够综合运用所学内容。

紧扣主题

本书全部章节均围绕网站用户体验设计的主题进行展开，并结合案例的分析讲解，使读者能够更加容易理解，实用性很强。

易学易用

在对用户体验的每个细节要素进行分析讲解的过程中，将基础知识与案例分析相结合、图文并茂的讲解方式让读者能够更好地理解细节要素，使学习的成果达到最大化。

本书作者

参与本书编写的人员有李晓斌、高金山、张艳飞、鲁莎莎、吴潆超、田晓玉、佘秀芳、王俊平、陈利欢、冯彤、刘明秀、解晓丽、孙慧、陈燕、胡丹丹。书中难免有错误和疏漏之处，希望广大读者朋友批评、指正。

编　　者

目　录

Chapter 01　网络交互与用户体验

Chapter 02　认识用户

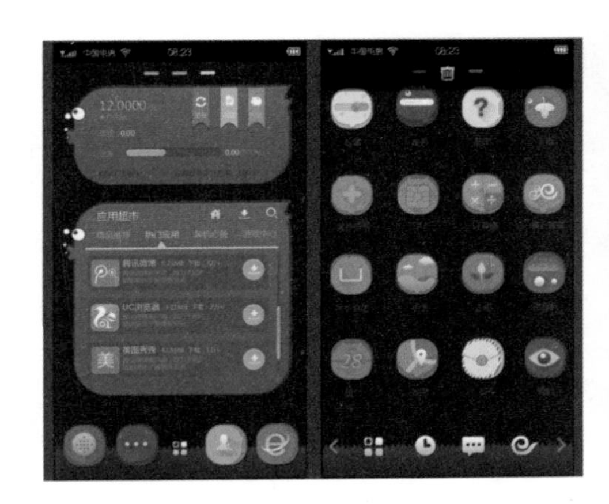

Chapter 03 用户体验要素

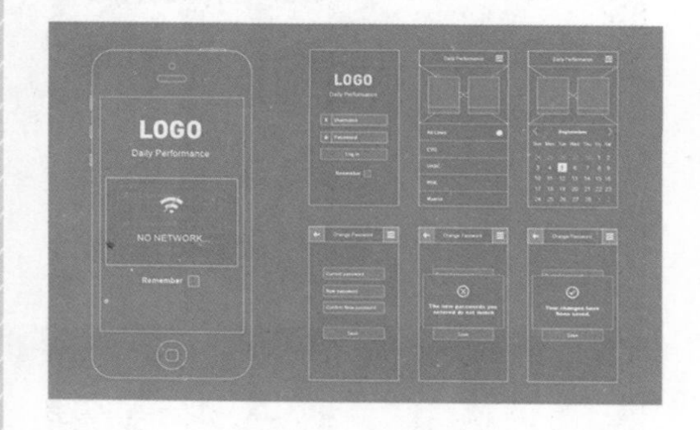

Chapter 04 关注用户体验的交互设计

Chapter 05 Web产品用户体验

Chapter 06 移动端用户体验

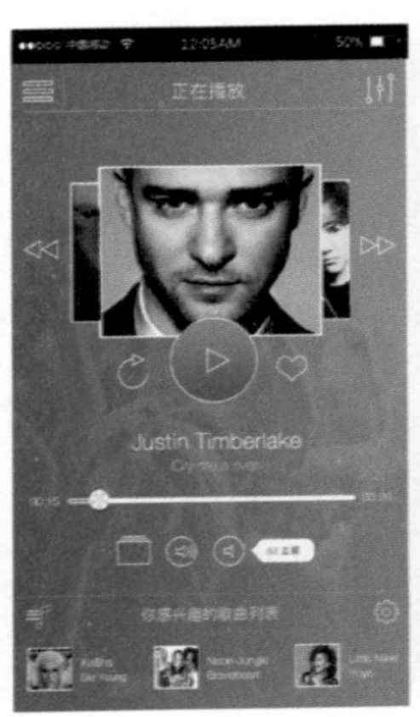

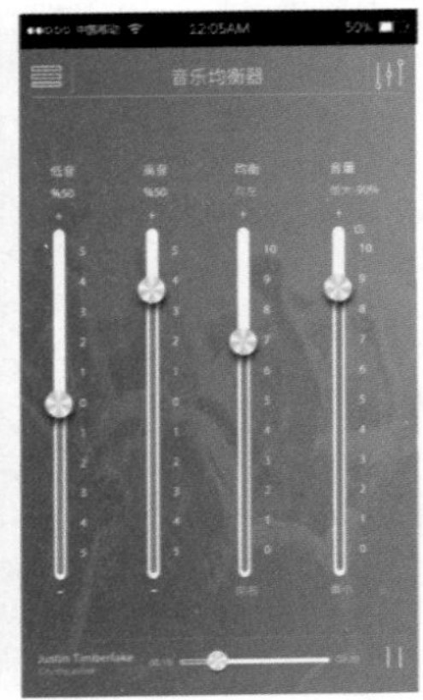

01

Chapter

网络交互与用户体验

网络的诞生，为交互设计打开了新的窗口。用户作为网络传播的主体，参与到网络交互设计的过程中并获得认知和情感的体验，可以说用户不仅是交互设计的重要创作者，也是交互设计的欣赏者。在传统设计如视觉设计或工业设计中，通常都以美观或实用作为设计的衡量标准，而在网络交互设计中，用户体验成了全新的衡量标准。

1.1 关于用户体验

在网络发展的初期，由于技术和产业发展的不成熟，交互设计更多地追求技术创新或者功能实现，很少考虑用户在交互过程中的感受，这就使得很多网络交互设计得过于复杂或者过于技术化，用户理解和操作起来困难重重，因而大大降低了用户参与网络互动的兴趣。随着数字技术的发展以及市场竞争的日趋激烈，很多交互设计师开始将目光转向如何为用户创造更好的交互体验，从而吸引用户参与到网络交互中来。于是，用户体验（User Experience）逐渐成为交互设计的首要关注点和重要的评价标准。

1.1.1 什么是用户体验

用户体验是用户在使用产品或服务的过程中建立起来的一种纯主观的心理感受。从用户的角度来说，用户体验是产品在现实世界的表现和使用方式，渗透到用户与产品交互的各个方面，包括用户对品牌特征、信息可用性、功能性、内容性等方面的体验。不仅如此，用户体验还是多层次的，并且贯穿于人机交互的全过程，既有对产品操作的交互体验，又有在交互过程中触发的认知、情感体验，包括享受、美感和娱乐。从这个意义上来讲，交互设计就是创建新的用户体验的设计。

专家提示：用户体验设计的范围很广，而且在不断地扩张，在本书中主要讨论网络环境中的用户体验设计。关于用户体验概念的定义有多重描述，不同领域的人有不同的阐述。

用户体验这一领域的建立，正是为了全面地分析和透视一个人在使用某个产品、系统或服务时的感受，其研究的重点在于产品、系统或服务给用户带来的愉悦度和价值感，而不是其性能和功能的表现。

1.1.2 用户体验设计的历史与现状

用户体验设计作为设计领域一个蓬勃兴起的分支，得到社会各界特别是互联网领域的重视，其发展历史并不长，从早期设计中以产品为中心的设计理念到后来的以用户为中心（User Centered Design，UCD）的设计思想的转变，都是人类思想的设计方法论演化，它的表现产生惊人的影响，并迅速辐射到人类社会众多领域中，国内外许多知名企业也均对用户体验给予了足够的重视。

用户体验设计中以人为本的设计思想最早出现在20世纪工业设计飞速发展时期，其目的是取得产品与人之间的最佳匹配。这种匹配不仅要满足人的使用需求，还要与人的生理、心理等各方面需求取得恰到好处的匹配。以人为本是指在设计中将人的利益和需求作为考虑一切问题的最基本的出发点，并以此作为衡量活动结果的尺度。

以用户为中心作为一种思想，就是在进行产品设计、开发、维护时从用户的需求和用户的感受出发，围绕用户为中心进行产品设计、开发及维护，而不是让用户去适应产品，其广义的设计核心思想是关注用户。当然UCD的外延一直在扩张，但是其出发点在于用户的研究，高度关注用户的特点、产品使用方式及使用习惯等。从产品周期上来看，在产品生命周期的最初阶段，产品的策略应该以满足用户的需求为基本动机和最终目的；在其后的产品设计和开发过程中，对用户的研究和理解应当作为各种决策的依据；同时，产品在各个阶段的评估信息也应该来源于用户的反馈。

用户体验从表象上理解，是将 UCD 的思想具化到用户的主观感受上，这种感受即体验的形成需要两个基本体，即主体与客体；一个核心，即交互。用户体验作为用户在使用产品的过程中产生的主观感受，可能涉及用户在产品使用前、中、后各个阶段相关的感官刺激、交互刺激和价值刺激等。

1.1.3 6种基础体验

用户体验是主观的、分层次的和多领域的，我们可以将其分为以下 6 种基础体验。

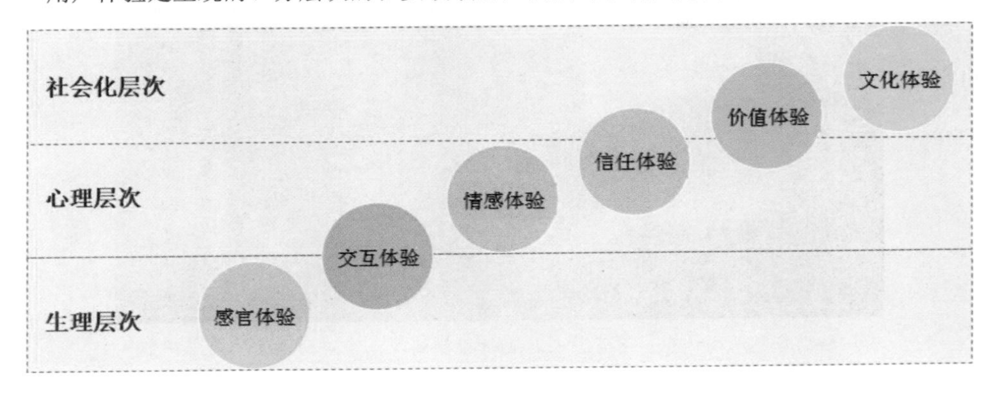

1. 感官体验

感官体验是用户生理上的体验，强调用户在使用产品、系统或服务过程中的舒适性。关于感官体验的问题，涉及网站浏览的便捷度、网站页面布局的规律、网页色彩的设计等多个方面，这些都给用户带来最基本的视听体验，是用户最直观的感受。

这是品牌饮料的宣传网站，因为网站页面中的信息内容较少，结合该饮料的特点以及面向的消费群体，在网站页面中通过动画与多媒体元素的结合，从视觉效果上给用户带来震撼的体验，吸引浏览者的关注，从而达到品牌产品宣传推广的目的。

2. 交互体验

交互体验是用户在操作过程中的体验，强调易用性和可用性。主要包括最重要的人机交互和人与人之间的交互两个方面的内容。针对互联网的特点，将涉及用户使用和注册过程中的复杂度与使用习惯的易用问题、有关数据表单的可用性设计安排问题，还包括如何吸引用户的表单数据提交，以及反馈意见的交互流程设计等问题。

在该移动端界面设计中，对背景图片进行模糊处理，在版面中间使用不同颜色的矩形色块来突出选项的表现，使得界面非常清晰、易用，而当用户单击选择某个选项时，该元素出现相应的交互动画效果，给用户很好的提示和反馈，这些都能够为用户带来良好的用户体验。

3. 情感体验

情感体验是用户心理方面的体验，强调产品、系统或服务的友好度。首先产品、系统或服务应该给予用户一种可亲近的感觉，在不断交流过程中逐步形成一种多次互动的良好的友善意识，最终希望用户与产品、系统或服务之间固化为一种能延续一段时间的友好体验。

4. 信任体验

信任体验是一种涉及从生理、心理到社会的综合体验，强调其可信任性。由于互联网世界的虚拟性特点，安全需求是首先被考虑的内容之一，因此信任理所当然被提升到一个十分重要的地位。用户信任体验，首先需要建立心理上的信任，在此基础上借助于产品、系统或服务的可信技术，以及网络社会的信用机制逐步建立起来。信任是用户在网络中实施各种行为的基础。

5. 价值体验

价值体验是一种用户经济活动的体验，强调商业价值。在经济社会中，人们的商业活动以交换为目的，最终实现其使用价值，人们在产品使用的不同阶段中通过感官、心理和情感等不同方面和层次影响，以及在企业和产品品牌、影响力等社会认知因素的共同作用下，最终得到与商业价值相关的主观感受，这是用户在商业社会活动中最重要的体验之一。

6. 文化体验

文化体验是一种涉及社会文化层次的体验，强调产品的时尚元素和文化性。绚丽多彩的外观设计、诱人的价值、超强的产品功能和完善的售后服务固然是用户所需要的，但依然可能缺少那种令人振奋、耳目一新或“惊世骇俗”的消费体验，如果将时尚元素、文化元素或某个文化节点进行发掘、加工和提炼，并与产品进行有机结合，将容易给人一种完美、享受的文化体验。

这是一个房地产项目的宣传介绍网站，在该网站的设计中充分运用了多种中国传统文化元素，无论是图片素材、网站配色，还有排版方式等，都能够表现出非常浓厚的中国传统文化印记。虽然这样的网站设计并不能够给人带来很强的视觉震撼，但是其独特的表现方式和浓厚的文化氛围依然能够给用户留下深刻的印象。

这 6 种不同的基础体验基于用户的主观感受，都涉及用户心理层次的需求。需要说明的是，正是由于体验来自人们的主观感受（特别是心理层次的感受），对于相同的产品，不同的用户可能会有完全不同的用户体验。因此，不考虑用户心需求的用户体验一定是不完全的，在用户体验研究中尤其需要关注人的心理需求和社会性问题。

1.1.4 用户体验相关术语

了解用户体验设计领域的相关专业术语，如 GUI、UI、ID 和 UE 等，可以帮助我们进一步加深对该领域的认识。

- UI（User Interface）

UI 是指用户界面，包含用户在整个产品使用过程中相关界面的软硬件设计，囊括了 GUI、UE 以及 ID，是一种相对广义的概念。

- GUI（Graphic User Interface）

GUI 是指图形用户界面，可以简单地理解为界面美工，主要完成产品软硬件的视觉界面部分，比 UI 的范畴要窄。目前国内大部分的 UI 设计其实做的是 GUI，大多出自美术院校相关专业。

- ID（Interaction Design）

ID是指交互设计，简单地讲就是指人与计算机等智能设备之间的互动过程的流畅性设计，一般由软件工程师来实施。

- UE（User Experience）

UE 是指用户体验，更多关注的是用户的行为习惯和心理感受，即研究用户怎样使用产品才能够更加得心应手。

- 用户体验设计师（User Experience Designer）

用户体验设计师简称 UED 或者 UXD，用户体验设计师的工作岗位在国外企业产品设计开发中十分重视，这与国际上比较注重人们的生活质量密切相关；目前国内相关行业特别是互联网企业在产品开发过程中，越来越多地认识到这一点，很多著名的互联网企业都已经拥有了自己的 UED 团队。

专家提示：由于用户体验设计师这个工作岗位出现时间不久，专业知识涉及面很广，培养过程比较复杂，专业人才需求量大，以至于国内外用户体验设计师相对较为稀缺，很多人都是相关专业改行过来从事该项工作的。

1.2　用户体验设计范畴及其特点

用户体验设计首先是要解决用户的某个实际问题，其次是让问题变得更容易解决，最后给用户留下深刻的印象，让他在整个过程中产生美好的体验。视觉只是用户整体体验的一部分，因此外观的美丑、是否有创意，仅是设计中的一部分内容，它并不是设计的全部。

因此，用户体验设计首先应该是理性的（帮助用户解决问题等），其次才是感性的（设计的美观性等）。只要你的方案能够解决用户的实际问题，又能够带给用户好感，用户就会很容易感到满足。

1.2.1　用户体验设计范畴

用户体验设计是以改善企业的理念行为在用户心目中的感受为目的，以用户为中心，创造影响用户体验的元素，并将之和企业目标同步的。这些元素可以来自于生理的、心理的和社会各个层面，包括听到、看到、感受到和交互过程中体会到的各种过程。

用户体验设计的范围非常广泛，而且还在不断扩张中，本书主要讨论互联网环境中的用户体验设计，尤其是网站和应用软件类的交互性媒体。

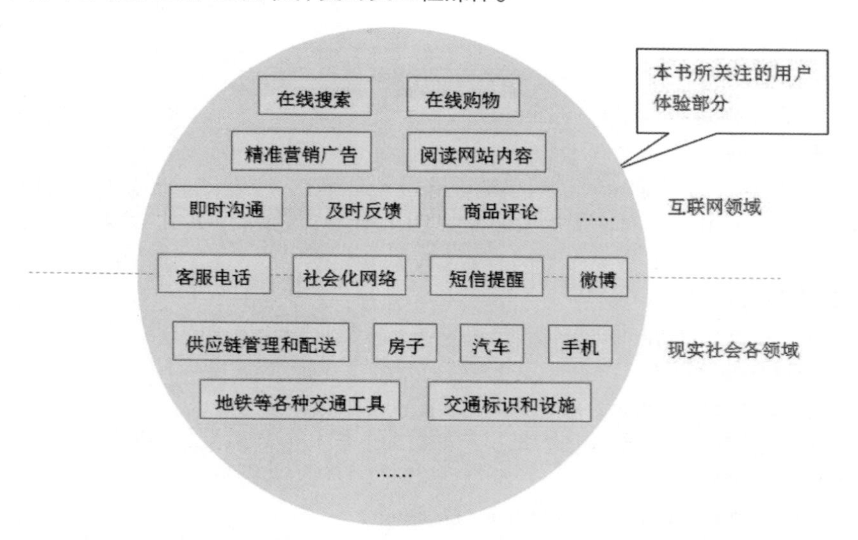

用户体验设计工作需要从产品概念设计时就加入。在互联网环境下，用户体验必须考虑来自用户和人机界面的交互过程，但其核心还是应该围绕产品的功能来设计。

技巧点拨：在产品的具体开发过程中，要想成功，产品的用户体验设计必须考虑项目的商业目标、产品用户群体的需求，以及任何可能影响产品生存力的各种因素。

在早期的网站和应用软件设计过程中，人机界面仅仅被看作一层位于核心功能之外的“包装”，而没有得到足够的重视，人机界面的开发独立于功能核心的开发，甚至是整个产品开发过程的尾声才会加入进来。这种方式极大地限制了对人机交互的设计，其结果带有很大的风险性，最后往往会以牺牲人机交互设计为代价，这种带有猜测性和赌博性的开发几乎难以获得令人满意的用户体验。

当前，用户体验设计业界提出了以用户为中心的设计理念，这种理念从开发的最早期就开始进入整个流程，并贯穿始终，其目的就是保证：

（1）对用户体验有正确的预估；

（2）认识用户的真实期望和目的；

（3）在核心功能开发的过程中及时地进行调整和修正；

（4）保证核心功能与人机界面之间的协调工作，减少BUG；

（5）满足用户各层次的基础体验需求。

专家提示：用户体验体现在用户与产品互动的方方面面，贯穿于交互设计的整个过程，每个环节的失误都可能影响用户体验。因此要考虑用户与产品互动的各种可能性，并理解用户的期望值和体验的最佳效果。

技巧点拨：在用户研究和用户体验设计具体的实施上，可以包括早期的用户访谈、实地拜访、问卷调查、焦点小组、卡片分类和开发过程中的多次可用性实验，以及后期的用户测试等多种用户研究方法。在“设计—测试—修改”这个反复循环的开发流程中，可用性实验往往提供了大量可量化的指标。

1.2.2 用户体验设计的特点

通过前面对用户体验的分析介绍，我们可以总结出一些关于用户体验设计的特点。

1. 严谨、理性、创意

用户体验设计充满了理性和严谨，因为它首先关注于解决用户的问题，同时也需要优质的创意，帮助用户获得更好的体验。

2. 提供特定问题的解决方案

为了避免把设计当作自己无限发挥创意的舞台，以至于出现糟糕的体验。设计师在设计前请先问问自己，这次设计的目标是什么？要为什么样的人解决什么样的问题？如何解决？

照片中的通道是为残障人士设计的吗？看样子好像是，又好像不是，让人匪夷所思。

钢铁侠造型的U盘，外观是不是很酷？但是使用的时候好像出了点问题，钢铁侠的手紧紧地按住了电脑的关机键，并且手臂不能自由活动。

为什么会出现这样的设计呢？因为设计者没有很好地考虑设计目标，没有把自己代入到用户使用的场景中去考虑问题，仅仅是依照自己的想象在创作，所以造成了笑话。

3. 不让用户思考

很多设计师喜欢找这样的借口：我这个设计很有创意，用户第一眼看到的时候不会用没有关系，他第二次不就会了吗？可惜的是，用户可不会这么想。用户第一次遇到挫折的时候，很可能会头也不回地扬长而去，再也没有第二次的机会了。

图片切换显示图标，鼠标移上去会显示下一张图片缩览图

这是一个摄影相关的网站，页面的设计表现非常简捷，直接在页面中将摄影图片以方格状进行排列展示，仅仅在页面中的左上角放置网站Logo，右上角放置菜单图标，没有其他任何多余的装饰元素。单击任意一张图片，则在页面中满屏显示该摄影图片，仅在左右两侧显示图片切换图标，当鼠标移至图标上方时还会出现下一张图片的缩览图。整个网站的操作简单、直接，完全不需要用户思考。

4. 增加趣味性

趣味性的东西更容易吸引用户，趣味性可以为你的设计加分，让用户产生难以忘怀的奇妙体验。这就好像一个人，如果他的存在能够解决你的实际问题，你一定会对他产生好感，如果他还能够给你带来欢乐，那你一定会对他留下深刻的印象。

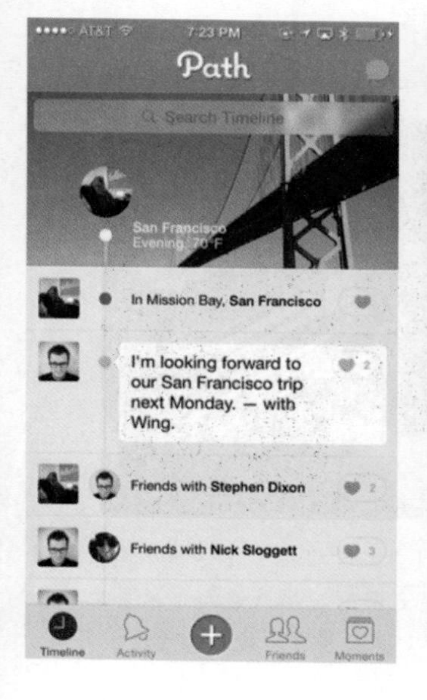

这是某手机应用的界面设计，当用户点击下方的“+”按钮时，将以交互动画的方式弹出功能按钮，显示用户可以分享的不同类型的内容。这种充满趣味性的动态交互效果，对于新用户来说，所带来的惊喜感是不言而喻的。

1.2.3 用户体验设计的5个着手点

当互联网产业来到下半场，人口红利逐渐减少作用的时候，相信用户体验一定是产品设计的重点内容之一了。良好的用户体验不仅可以保证用户的数量，同时也能够保证优秀的用户黏度。想要做好产品的用户体验设计，可以从以下 5 个方面着手。

1. 掌握需求

一个产品存在的意义就在于满足用户的需求，那么如何掌握用户对产品的核心需求，对于产品开发来说至关重要。对于用户体验设计来说，如果设计不能达到满足用户核心需求的效果，这个设计便是不成功的设计。掌握用户核心需求的方法有哪些？最基础的应该就是用户调查了。当你需要完成一次用户调查时，你需要正确的目标群体、合适的调查形式，以及明确的调查内容。

2. 留下彩蛋

彩蛋的意义在于给用户惊喜，进而增强用户对于产品的体验。这种惊喜会让产品更加吸引新用户，让老用户在蜜月期过后仍然有机会体验到新鲜感。

但是我们在产品中所留下的彩蛋需要避免以下两个问题。

- 彩蛋功能不是必要功能。即使用户没有找到彩蛋，也不会觉得产品在功能上不尽如人意。
- 彩蛋不要埋得太深。这不是在做游戏，埋得太深可能永远都没有人知道，你的心思也就毫无意义了。

3. 可预测的结果

如果说彩蛋是额外的惊喜，那么给用户能预测到的交互结果则是取悦用户、提升用户体验的基本功。一个按钮表达的意思要和实际点击之后产生的结果是一样的。确定就是确定，取消就是取消。不要试图和用户玩文字游戏，一旦激怒用户，得不偿失。这里还要提到的一点就是，不符合预期的交互结果和彩蛋是有差别的，就像惊吓和惊喜存在着根本上的区别。

4. 细节上保持一致性

从全局上说，保持细节的一致性分为很多部分，细节方面主要包括颜色、字体等。其中，颜色和字体尤为重要。这两项几乎主导了用户的视觉感受，从而决定了用户体验的优秀与否。如果在执行切换跳转之后，整个界面风格突变，我相信大多数用户是理解不了的。这些虽然是细节，但在挑剔的用户眼中会被无限放大，甚至成为他们放弃产品使用的重要原因。

5. 设计工具

针对设计师们侧重的方向不同，这里列举了一些优秀的设计工具来应对不同的使用场景。

（1）界面设计工具

Photoshop 和 Illustrator 仍然是设计师最常用的工具。Sketch 在 Mac 上也是搞得风生水起，势头越来越高，相信 Adobe 也一定感受到了很大的压力。如果你觉得这三款还是不够用，OmniGraffle 也是相当优秀的设计工具，而且还带有一点交互，虽然效果很有限，但还是挺有趣的。

（2）交互设计工具

说到交互设计工具，很多人首先会想到 Axure，这款工具凭借着早期的开疆扩土，有着原型设计工具中最大的用户数量。但是不得不承认，原型设计工具早已不是之前的一枝独秀。现在的工具主要分为两类：第一类即是 Mockplus 等创造线框图和交互，第二类是 Flinto for Mac、InVision 等依托在图像设计工具和文件上以创建热区实现交互。

1.3 网站与用户体验

随着互联网上竞争的加剧，越来越多的企业开始意识到提供优质的用户体验是一个重要的、可持续的竞争优势。用户体验形成了用户对企业的整体印象，界定了企业和竞争对手的差异，并且决定了客户什么时候会再次光顾。

1.3.1 用户体验所包含的内容

用户体验一般包含 4 个方面：品牌（Branding）、使用性（Usability）、功能性（Functionality）和内容（Content）。一个成功的网站必定在这 4 个方面充分考虑，使用户可以便捷地访问到自己需要的内容的同时，又在不知不觉中接受了设计本身要传达的品牌和内容。

1. 品牌

就像提起手机人们就想起苹果，提起碳酸饮料人们就想起可口可乐一样，品牌对于任何一件展示在普通民众面前的事物有着很强的影响力。没有品牌的东西很难受到欢迎，因为它没有任何质量保证。同样对于一个网站来说，良好的品牌也是其成功的决定因素。

网站品牌的创建取决于两个要素：是不是独一无二的和是不是最有特点或者内容最丰富的。

网站的“独特并且富有创意”很好解释，假如这个行业只有你一个网站，那么就算选择的关键词相当冷门，就算是用户不多，但对于这个行业也是品牌。假如网站相对其他同类网站来说内容丰富而新颖，信息更新最快，那么就是最成功的。这两点对于树立网站品牌是非常重要的，归根结底一句话，你的网站是不是可以给浏览者带来吸引力。

“花瓣网”是设计行业寻找设计灵感的一个比较成功的网站。当早期“花瓣网”刚上线时，因为其独特的瀑布流式排版形式，以及大量高品质的设计图片迅速吸引了大量设计爱好者的关注。并且网站还推出了相应的浏览器插件，便于用户在浏览任何网站时都能将看到的精美图片保存到自己的画板中，这样也促使了网站每天都能够有大量新鲜的图片。

此外视觉体验对于品牌的提升也是很有影响的，网站设计的优劣对于人们是不是能记住你的网站有非常重要的作用，而且适当使用图片、多媒体，对于网站也是很有帮助的。

该电影宣传网站就充分运用了视频、声音等多媒体素材来渲染网站给人带来的整体视觉效果，使浏览者仿佛置身于电影所渲染的战争氛围当中，配合界面中相应元素的交互效果，能够给人留下比较深刻的印象。

专家提示：在设计网站时，使用图片或视频有助于提升网站的功能性和美观性。但是也需要注意，在增加网站体积的同时，也会忽略网站的主题内容，所以要适可而止，宁缺毋滥。

2. 使用性

设计网站时要充分考虑到主要受众群的操作问题，将设计的重点放在网站操作的流畅性和连贯性上，在此基础上再考虑网站的视觉效果。多考虑一些没有计算机操作基础的初级网民的感受，对整个网页的使用性做出优化。例如，对基本功能进行说明、优化导航条、简化搜索功能等。

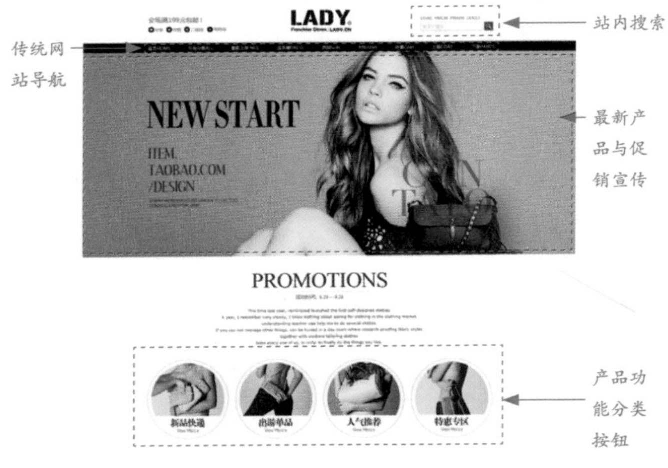

该品牌电商网站的页面设计非常简捷、清晰，考虑到了大多数用户的使用感受，在顶部使用传统的横向导航方式，方便用户在不同的产品类别之间进行跳转，并且在导航栏的上方为熟悉互联网操作的用户提供了站内搜索功能，能够快速地查找商品。所有这些都是为了方便不同用户的使用和操作，便于用户在网站中能够尽快找到自己所喜爱的商品。

浏览者访问网站的目的都是要寻找个人需要的资料。设计师要站在浏览者的角度充分考虑，了解他们需要的内容，并将这些内容放到页面中任何人都可以找到的地方，使网页浏览者可以轻松找到自己想要的内容，经历一段非常完美的上网体验。经过口口相传，访问者就会越来越多，这就是常说的“口碑营销”。对于用户体验设计师来说，主要的工作内容就是帮助浏览者快速达到他们浏览网站的目的。

技巧点拨：在技术允许的情况下，可以在网站中考虑一些特殊人群的习惯。例如针对残疾人增加收听验证码和语音读取内容等功能，将有助于提升网站用户体验。

同时在设计网站时，要注意整个网站的风格一致。网站中使用的色彩、图片和文字效果尽可能保持一致。这样既可以使整个网站效果更协调，也会给浏览者留下统一的印象。例如一个美容网站中忽然出现了一张动物的图片，会使整个网站的风格显得格格不入，不伦不类。

在该网站设计中，我们可以看到页面主要使用了与产品相同的深灰色和黄色进行搭配，并且在该网站中的其他页面也同样采用了该配色方案，并且网站中不同页面的布局形式也基本相同，从而保持了整个网站风格的统一，这样就能够给用户留下统一、协调、一致的印象。

3. 功能性

这里所说的功能性，并不仅仅指网站界面功能，更多的是在网站内部程序上的一些流程。这不仅对于网站用户有很大的用处，而且对于网站管理员的作用也是不容忽视的。

网站的功能性包含以下内容。

- 网站能够在最短的时间内查询到用户所需要的信息内容。
- 用户在操作网站过程中所得到的实时反馈。这个很简单，例如经常可以看到的网站的“提交成功”或者收到的其他网站的更新情况邮件等。
- 网站对于用户个人信息的隐私保护策略，这对于增加网站的信任度有很好的帮助。
- 线上线下结合，最简单的例子就是定期的网友交流论坛等。
- 优秀的网站后台管理程序。好的后台程序可以帮助管理员更快地完成对网站内容的修改与更新。

4. 内容

如果说网站的技术构成是一个网站的骨架，那么内容就是网站的血肉了。内容不单单包含网站中的可读性内容，还包括连接组织和导航组织等方面，这也是一个网站用户体验的关键部分。也就是说网站中除了要有丰富的内容外，还要有方便、快捷、合理的链接方式和导航。

“站酷网”是一个专注设计文章与设计资源的网站，进入该网站的“文章”频道中，在“类别”分类中“原创 / 自译教程”“站酷专访”“站酷设计公开课”这几个分类中的内容都是原创内容，只不过这些原创内容有许多都是该网站的注册会员整理上传再通过网站审核的，这样就能够保证网站中源源不断的原创内容。在“类别”分类下方的“子类别”中可以看到每个子类别都是与设计相关的，网站中所有的内容都是围绕着设计展开的，这样也使网站显得更加专业。

综上所述，只要按照用户体验的角度量化自己的网站，一定可以让网站受到大众的欢迎。

1.3.2　用户体验对于网站的重要性

随着计算机技术在移动、网络和图形技术等方面的高速发展，人机交互技术逐渐渗透到人类活动的各个领域中，也使得用户的体验从单纯的可用性工程，扩展到更广的范围。

在网页设计的过程中，通常要结合不同相关者的利益，例如品牌、视觉设计和可用性等各个方面。这就需要人们在设计网站的时候必须同时考虑到市场营销、品牌推广和审美要求三个方面的因素。用户体验就是提供了一个平台，希望覆盖所有相关者的利益——使网站使用方便的同时更有价值，可以使浏览者乐在其中。

从浏览者的角度来看，用户更喜欢有更多实质内容的网页，讨厌漫天广告的网页，这也是人之常情，也是最简单的用户体验，也是最直接影响网页浏览度的因素。很多时候，用户体验直接影响到一个网站是否成功。一个不重视用户体验的网站，希望做大做强基本上只是空谈。

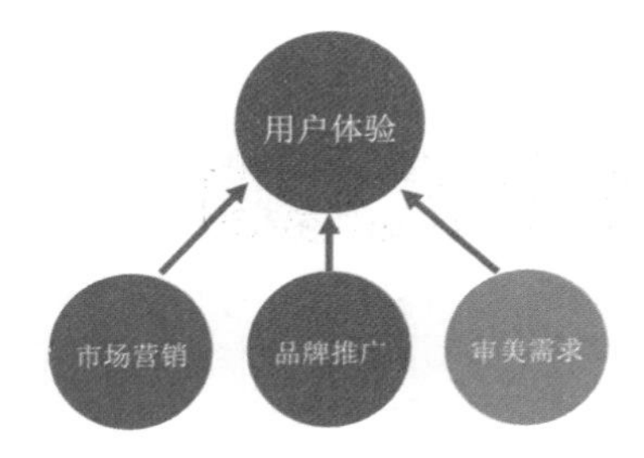

1.3.3　网站设计如何寻求突破

在设计网页的时候，为了更好地表现网站内容并留住更多的浏览者，设计师需要注意以下几点。

首先必须要规避设计时自己个人的喜好。自己喜欢的东西并不一定谁都喜欢，例如网页的色彩应用，设计师个人喜欢大红大绿，并且在设计的作品中充斥着这样的颜色，那么一定会丢失掉很多潜在客户，原因很简单，就是跳跃的色彩让浏览者失去对网站的信任。现在大部分用户都喜欢简单的颜色，简约而不简单。可以通过先浏览其他设计师的作品，然后再进行设计的方法来实现更符合大众的设计方案。当然浏览别人的作品不等于抄袭，抄袭的作品会让浏览者对网站失去信任感，是让设计师在别人作品的基础上再提高，以留住更多的浏览者。

简约的设计风格是目前设计领域中比较流行的趋势，无论是平面设计还是网页设计领域，这种方式能够有效地将浏览者的注意力集中到产品或内容本身上。在该耳机产品的宣传网站中就运用了极简的设计风

格，在版面中间只放置产品图片和简短的说明文字内容，使得页面中产品以及相关信息的表现非常突出。在该网站的其他页面采用了同样的风格，使用背景色块来区分不同的产品，但色块都采用了浅色系颜色，有效突出页面中的产品和内容，而不是背景色彩，给人一种舒服的感受。

其次是设计师必须要让很多不同层次的浏览者在网页作品上达成一致的意见，也就是常说的“老少皆宜”。那样才能说明设计的网站是成功的，因为抓住了所有浏览者共同的心理特征，吸引了更多新的浏览者。通过奖励刺激浏览的方法尽可能少用，虽然利益是最大的驱动力，但是网络的现状让网民的警惕性非常高，一不小心就会适得其反。想要抓住人们的浏览习惯其实很简单，只要想想周围的人都关注的共同东西就明白了。

该旅游宣传页面设计，使用处理后的风景图片作为页面整体背景，在页面中采用一种比较随意的方式来放置介绍文字和图片，使浏览者仿佛在翻看旅游画册，信息内容非常直观、易读，这样的设计对于不同年龄层次的浏览者都具有一定的吸引力。

最后就是要充分分析竞争对手，平时多看看竞争对手的网站项目，总结出它们的优缺点，避开对手的优势项目，以它们的不足为突破口，这样才会吸引更多的浏览者注意。也就是说，要把竞争对手的劣势转换为自己的优势，然后突出展现给浏览者，这一点在网站设计中更易实施。

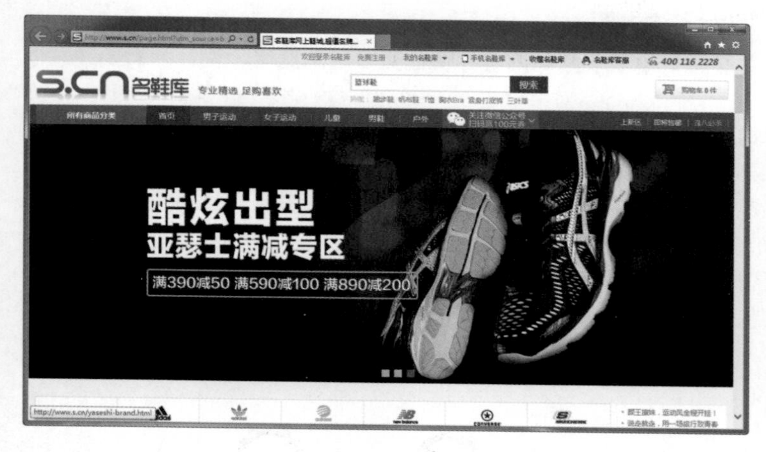

“名鞋库”网站是一个专注于运动品牌鞋服的电商网站。与大型的电商网站相比，企业自身或许并没有那么大的实力，所以更加专注于某一个行业或领域，成为该行业或领域中比较知名的网站，同样也能够吸引大量的用户。

1.3.4 提升网站用户体验

一些宣传介绍类型的企业网站，网站中并没有销售任何东西，网站本身具有完全的独立权，用户如果想要了解企业信息，就必须从这个网站中获取。对于此类网站，同样不能忽视用户体验。

如果网站以巨大的信息量为主要看点，那就要尽可能有效地传达信息。不要只是将它们放在那里，任由用户查看。要在帮助用户理解的同时，以用户可以接受的方式呈现出来。否则用户永远不会发现网站所提供的服务或产品正是他们寻找的，而且用户可以得到一个结论：

这个网站很难使用。

在该企业网站页面的设计中，信息内容并不是特别多，但其依然采用了图文相结合的方式来表现内容，使得页面中内容的视觉层次非常清晰。并且在页面中间位置使用橙色背景色块来突出重要信息的表现，使得页面中的信息层次更加突出和分明。页面内容清晰、易读，能够给用户带来很好的体验。

用户得到一次不好的体验，就有可能再也不会回来。如果用户在网站上体验一般，但是，在对手网站那里感觉更好，那么下次他们就会直接访问竞争对手的网站，而不是你的。由此可见，用户体验对于客户的忠诚度有着很大的影响。

专家提示：一些网站通过发送大量的营销邮件对网站进行推广，通常很难说服用户再次访问网站，但一次良好的用户体验就可以。如果用户第一次的访问得到了不好的用户体验，那通常不会再有“第二次机会”去纠正它。

当网站中有浏览者出现时，你会希望和他们建立一种关系，以方便采取进一步的行动，例如注册会员和确认邮件。可以通过转化率衡量这个结果。通过跟踪“转化”到下一步的用户的百分比，可以衡量你的网站在达到商业目的方面的效率有多高。

3 个注册并确认邮件的用户 ÷ 36 个访问者 = 8.33%的转化率

转化率对于电商网站来说尤其重要，这是因为在电商网站中浏览的用户远多于实际购买商品的用户。优质的用户体验是提高网站转化率的关键因素，转化率的增高直接带来的就是网站商品销量的增加，从而带来网站财政收入的增加。

任何在用户体验上的努力，最终目的都是为了提高效率。这里所指的效率除了用户浏览网站的效率以外，还包括本身企业中员工的工作效率。员工所使用的工具效率得以改进，可以直接提高企业的整体生产力，使得员工可以在相同的工作时间内完成更多的工作。根据“时间就是金钱”的观点，节省员工的时间就等于节约企业的金钱。而且员工从工作中获得了更大的满足感和自豪感。

1.4 交互设计的内容和习惯

进入信息时代，多媒体的运用使得交互设计显得更加多元化，多学科各角度的剖析让交互设计理论更加丰富，现在基于交互设计的互联网产品越来越多地投入到市场，而很多新的互联网产品也大量吸收了交互设计的理论，使产品能够给用户带来更好的用户体验。

1.4.1 什么是交互设计

交互设计，又称为互动设计（Interaction Design），是人工制品、环境和系统的行为，以及传达这种行为的外形元素的设计与定义。交互设计在于定义产品（软件、移动设备、人造环境、服务、可穿戴设备及系统的组织结构等）在特定场景下反应方式相关的界面。通过对界面和行为进行交互设计，从而可以让使用者使用人造物来完成目标，这就是交互设计的目的。

从用户角度来说，交互设计是一种如何让产品易用、有效而让人愉悦的技术，它致力于了解目标用户和他们的期望，了解用户在同产品交互时彼此的行为，了解“人”本身的心理和行为特点。同时还包括了解各种有效的交互方式，并对它们进行增强和扩充。交互设计还涉及多个学科，以及和交互设计领域人员的沟通。

1.4.2 需要考虑的内容

用户体验设计人员在进行交互设计时考虑的事情很多，绝对不是随便弄几个控件摆在那里，通常要考虑很多内容。

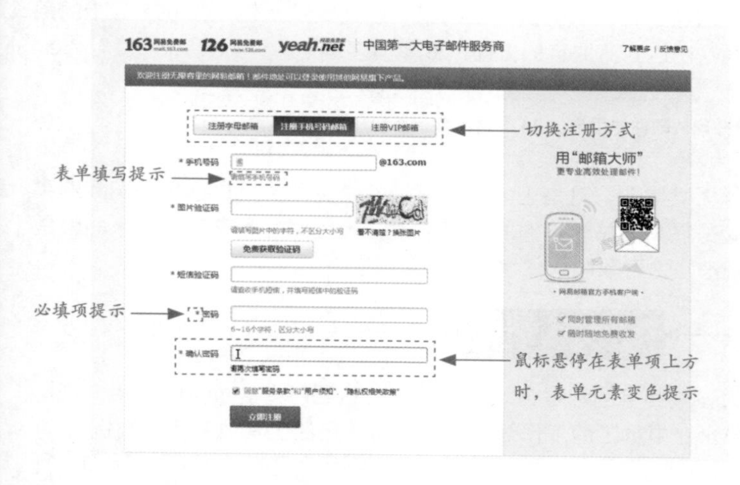

这是“网易邮箱”的用户注册页面，在该页面的设计中充分考虑了用户与页面中元素的交互提示。在所有表单元素的上方提供了3种注册方式可供选择，并且将当前所选择注册方式突出显示。当用户将鼠标移至某表单元素上方或在该表单元素中单击时，该表单元素以及相关的提示文字都会改变颜色，从而给用户很好的指引和提示，方便用户操作。

1. 确定需要这个功能

当看到策划文案中的一个功能时，要确定该功能是否需要。有没有更好的形式将其融入其他功能中，直至确定必须保留。

2. 选择最好的表现形式

不同的表现形式直接会影响到用户与界面的交互效果。例如对于提问功能，必须使用文本框吗？单选列表框或下拉列表是否可行？是否可以使用滑块？

3. 设定功能的大致轮廓

一个功能在页面中的位置、大小可以决定其内容是否被遮盖、是否滚动。既节省屏幕空间，又不会给用户造成输入前的心理压力。

4. 选择适当的交互方式

针对不同的功能选择恰当的交互方式，可以有助于提升整个设计的品质。例如对于一个文本框来说，是否添加辅助输入和自动完成功能？数据采用何种对齐方式？选中文本框中的内容是否显示插入光标？这些内容都是交互设计要考虑的。

1.4.3 需要遵循的习惯

设计师在进行交互设计时，可以充分发挥个人的想象力，使页面在方便操作的前提下更加丰富美观。但是无论怎么设计，都要遵循用户的一些习惯。例如地域文化、操作习惯等，将自己化身为用户，找到用户的习惯是非常重要的。

接下来分析哪些方面要遵循用户的习惯。

1. 遵循用户的文化背景

一个群体或民族的习惯是需要遵循的，如果违反了这种习惯，产品不但不会被接受，还可能使产品形象大打折扣。

2. 用户群的人体机能

不同的用户群的人体机能也不相同。例如老人一般视力下降，需要较大的字体；盲人看不到东西，要在触觉和听觉上着重设计。不考虑用户群的特定需求，任何一款产品都注定会失败。

3. 坚持以用户为中心

设计师设计出来的作品通常是被其他人使用的。所以在设计时，要坚持以用户为中心，充分考虑用户的要求，而不是以设计师本人的喜好为主。要将自己模拟为用户，融入整个产品设计中，摒弃个人的一切想法，这样才可以设计出被广大用户接受的作品。

4. 遵循用户的浏览习惯

用户在浏览网站的过程中，通常都会形成一种特定的浏览习惯。例如首先会横向浏览，然后下移一段距离后再次横向浏览，最后会在页面的左侧快速纵向浏览。这种已形成的习惯一般不会更改，在设计时最好先遵循用户的习惯，然后再从细节上进行超越。

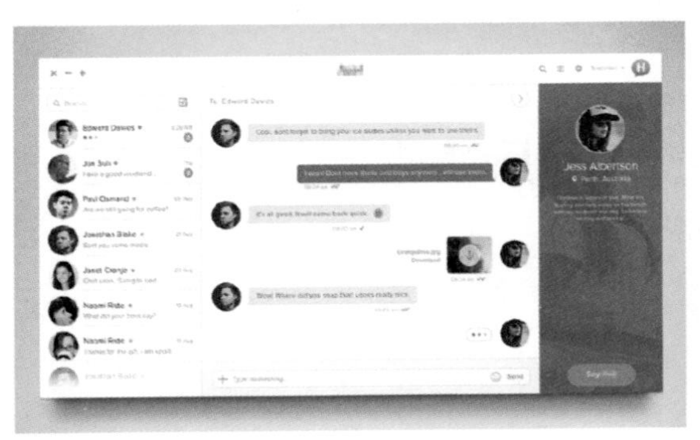

越来越多的APP应用开始使用对话框或者气泡的设计形式来呈现信息，这种设计形式可以很好地避免打断用户的操作，并且更加符合用户的行为习惯。

1.4.4 用户体验与交互设计

网络交互中的体验是一种“自助式”的体验，没有可以事先阅读的说明书，也没有任何操作培训，完全依靠用户自己去寻找互动的途径。即便被困在某处，也只能自己想办法。因此交互设计极大地影响了用户体验。好的交互设计应该尽量避免给用户的参与造成任何困难，并且在出现问题时及时提醒用户并帮助用户尽快解决，从而保证用户的感官、认知、行为和情感体验的最佳化。

反过来，用户体验又对交互设计起着非常重要的指导作用，用户体验是交互设计的首要原则和检验标准。从了解用户的需求入手，到对各种可能的用户体验的分析，再到最终的用户体验测试，交互设计应该将对用户体验的关注贯穿于设计的全过程。即便是一个小小的设计决策，设计师也应该从用户体验的角度去思考。

顶部导航与站内搜索

突出主题与品牌的表现

图文结合的表现方式，内容更清晰、易读

底部导航与站内搜索

这是一个建筑设计公司的宣传网站，页面的布局与内容结构非常清晰、易读，在页面的顶部和底部分别设置了导航菜单和站内搜索，便于用户在网站中各页面之间进行跳转。网页中的页面内容采用了图文相结合的方式进行表现，标题与正文内容区分明显，并且采用了简短的文字描述，使用户能够快速阅读。为页面中相应的元素添加交互效果，给用户很好的提示和指引，从而使网站无论是在感官上还是在操作上都能够获得良好的用户体验。

1.5 用户体验设计的原则

在开始设计网站之前，首先要经过深思熟虑，多参考同行的页面，汲取前人的经验教训，然后在纸上写下来。随着工作经验的积累，设计、架构、软件工程以及可用性方面都会积累很多有益的经验，这些经验可以帮助我们避免犯前人所犯的错误。

创建网站时，可以通过遵守以下 8 个原则，以获得良好的用户体验。

1.5.1 快速引导用户找到需要的内容

对于一个刚刚进入网站的用户，为了确保能够找到他们感兴趣的内容，通常需要了解 4 个方面的内容。

1. 明确用户位置

首先通过醒目的标识以及一些细小的设计提示来指示位置。例如 Logo 图标，提醒访问者正在浏览哪一个网站；也可以通过面包屑轨迹或一个视觉标志，告诉访问者处于站点中的位置。当然简明的页面标题，也是指出浏览者当前浏览什么页面的好方法。

这是“网易”网站中的某个新闻内容页面，在该页面中可以看到给用户提供了非常清晰的指引，首先在页面左上角显示网站Logo，Logo图标的右侧使用红色背景突出显示当前的频道版块名称，然后在新闻标题的上方还使用面包屑路径的方式指示用户当前的位置，给用户明确、清晰的指引。

2. 用户要寻找的内容在哪里

在设计网站导航系统时，要问问自己“访问这个网站的人究竟想要得到什么？”，还要进一步考虑“希望访问者可以快速找到哪些内容？”。确认了这些问题并将它们呈现在页面上，会对提升用户体验的满意度有很大帮助。

3. 怎样才能得到这些内容

“怎样才能得到？”可以通过巧妙的导航设计来实现。将类似的链接分组放在一起，并给出清晰的文字标签。通过特殊的设计，例如下画线、加粗或者特效字体使其看起来是可以单击的，以起到好的导航作用。

这是“工商银行”的官方网站，在导航菜单中按照业务类型对导航菜单选项进行分类放置，方便用户的查找。在页面左侧为不同的用户提供了不同的登录入口。再往下是通过图标的方式来分类展示相应的业务种类，这样的选项设置方式都是为了方便用户快速找到自己想要的信息，为用户提供最便捷的信息查找方式。

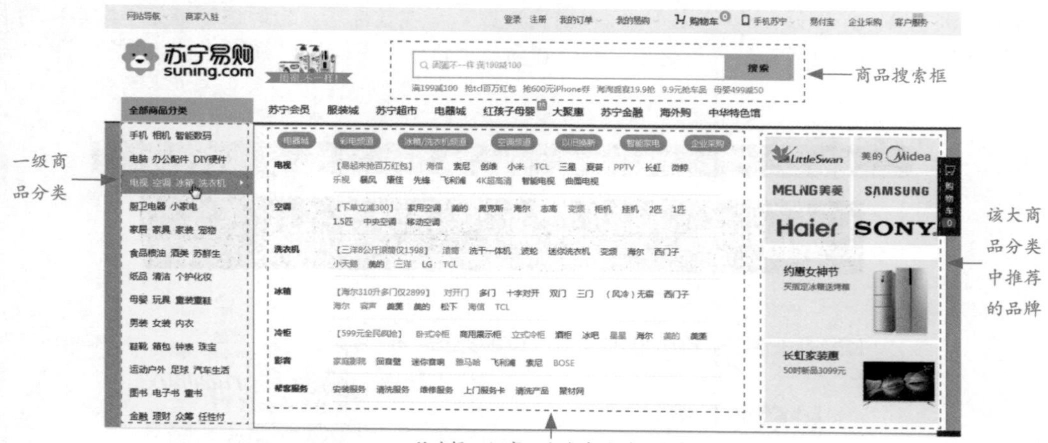

电商网站中由于商品种类繁多，在这方面设计尤其突出。针对不同水平的用户，在网站中既提供了便于高级用户直接查找特定商品的商品搜索框，也为初级用户提供了非常详细和易操作的商品分类导航，并且在商品详细分类中还对一些热销或活动类商品使用了特殊颜色表现，用户在网站中查找非常方便。

4. 用户已经找过哪些地方

这一点通常是通过区分链接的“过去”和“现在”状态来实现的。要显示出被单击过的链接，这种链接被称为“已访问链接”。通常的做法是将访问过的链接设置一种新的颜色，用来保证用户不在同一区域反复寻找。

（默认状态）　（鼠标悬停和点击状态）　（点击过后状态）

在“新浪”网站中为文字超链接设置了 3 种状态：默认状态，新闻标题超链接文字显示为蓝色无下画线的效果；鼠标悬停和点击状态，新闻标题超链接文字显示为橙色有下画线效果；点击后状态，新闻标题超链接显示为灰蓝色无下画线效果。这样用户能够轻松地分辨出哪些信息已经阅读，哪些信息还没有阅读。

专家提示：之所以点击过后状态与默认状态的超链接文字颜色比较相似，主要是从页面的整体视觉风格来考虑的，如果将点击过后状态的超链接文字设置为一种其他颜色，那么在这种文字链接较多的新闻网站中，就会破坏整个页面的视觉效果。

还有一些网站只使用链接的默认状态和鼠标悬停状态这两种状态，主要是提醒用户该文字是可点击的超链接文字，通常应用于文字链接较少的网站页面中。

技巧点拨：移动端页面中，超链接文字有时候只有一种状态，也可以称为静态链接。在不同的使用场景会因为当时的情况选择合适的交互体验设计。有的情况下还会加上音效，使用户体验更畅快，这在移动端使用的情况会较多一些。

1.5.2 设置期望并提供反馈

用户在网页上单击链接、按下按钮或者提交表单时，并不知道将出现什么情况。这就需要设计者为每一个动作设定相应的期望，并清楚地显示这些动作的结果。同时还需要时刻为用户提供反馈，使用户清楚当前正处于所进行操作的什么阶段。

这是“天猫”购物网站中的某商品详情页面，当用户将鼠标移至按钮上方悬停时，会给用户反馈，当单击该按钮后将出现页面提示。这样及时的信息反馈可以很好地满足用户的期望，为用户的下一步操作给出指引。

技巧点拨：有时候用户必须等待一个过程完成，而这可能会耗费一些时间。为了让用户知道这是由于他们的计算机运行太慢造成的这种等待，可以通过提示信息或动画提醒用户，以避免用户由于等待产生焦虑。

1.5.3 基于人类工程学设计

浏览网站的用户数以亿计，每个人的情况都不相同，为了能够为不同的用户尽可能提供良好的用户体验，在设计页面的时候也要充分考虑人体器官：手、眼睛和耳朵的感受。

例如根据大多数人都是右手拿鼠标的习惯，为页面右侧增加一些快速访问的导航。针对眼睛进行设计时，要考虑到全盲、色盲、近视和远视的情况。设计网站时，要确认网站的主体客户是视力极佳的年轻人，还是视力模糊的老年人。然后确定网站中的文字大小。针对耳朵进行设计时，不仅要考虑到聋人，还要考虑到人在嘈杂环境中倾听的情况，保证背景音乐不会让上网的人感到厌烦。

提供快速导航，方便用户跳转　　即使色弱或色盲，页面中的信息内容依然非常清晰

在该企业网站的设计中，因页面内容较多，所以很贴心地在页面地右侧设置了跟随页面滚动的快速导航，用户通过快速导航可以很方便地转到主要内容的位置，并且可以随时返回页面顶部。在页面的设计中遵循了文字内容与背景高对比的配色原则，即使是色彩分辨较弱的人群，依然可以非常清晰地阅读页面中的内容。

1.5.4 与标准保持一致

一致的标签和设计给人一种专业的感觉。在设计页面时，首先要明确你的网站有哪些约定，想打破这些常规一定要三思而行。同时还要通过事先制定的样式指南约束设计师，从而确保设计风格保持一致。

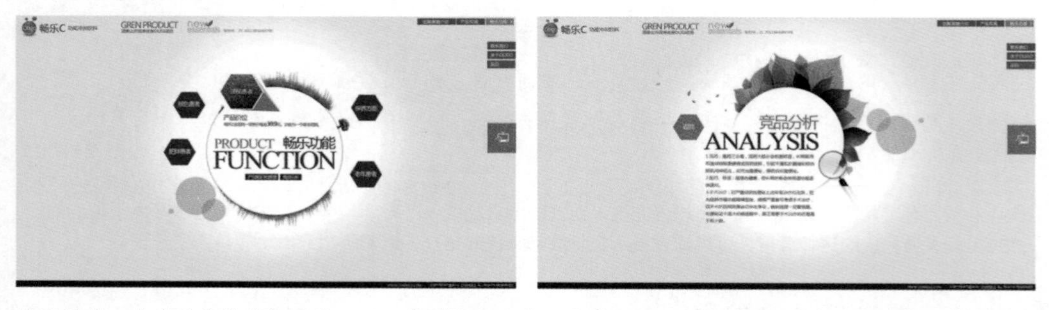

该网站是一个产品宣传介绍网站，可以看到该网站的不同页面，无论是从页面的布局、配色、表现形式等各方面都保持了一致性，从而使整个网站的视觉风格统一，也便于用户在网站中不同页面之间进行操作。网站中一致的设计和细节表现，能够有效增强用户的浏览体验。

1.5.5 提供纠错支持

为了避免用户在浏览网页时出现不能处理的错误，而产生悲观情绪，可以在网站页面中设计预防、保护和通知功能。

首先是通过在页面中添加注释，明确地告诉用户选择的条件和要求，避免出现错误，例如用户的注册页面。也可以通过添加暂存功能保护用户的信息，例如电子邮箱的保存草稿功能。当用户在操作时出现错误时，要及时以一种客观的语气明确地告诉用户发生了什么状况，并尽力帮助用户恢复正常，例如未能正确输入用户信息等。

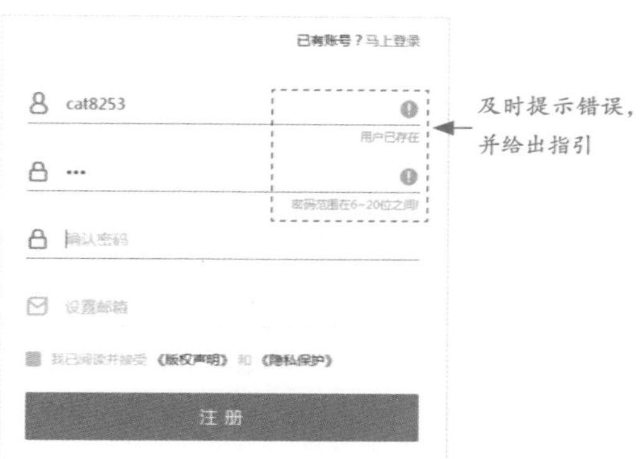

网站中的表单填写提示和错误纠正提示是为用户提供纠错支持应用最为广泛的地方。例如在该用户注册表单页面中，在各表单元素文本框中使用浅灰色文字首先给了用户相应的填写提示（左图），引导用户正确填写表单内容。当用户完成某表单项内容的填写时，系统会自动检测用户所填写的内容是否符合要求。当不符合要求时会马上在该表单元素的右侧使用特殊颜色的图标与文字及时指出用户的错误（右图），并给出所出现的问题，便于用户及时纠正，体现了“处处为用户着想”的思想。

1.5.6 靠辨识而非记忆

对于互联网上的用户来说，大多数人的记忆是不可靠的，大量的数据如果只通过记忆保存是很难实现的。在设计页面时可以通过计算机擅长的记忆功能帮助用户记忆，例如用户登录后的用户名和搜索过的内容等。将记忆的压力转嫁给计算机，用户对你的网站的体验感受就会更胜一筹。

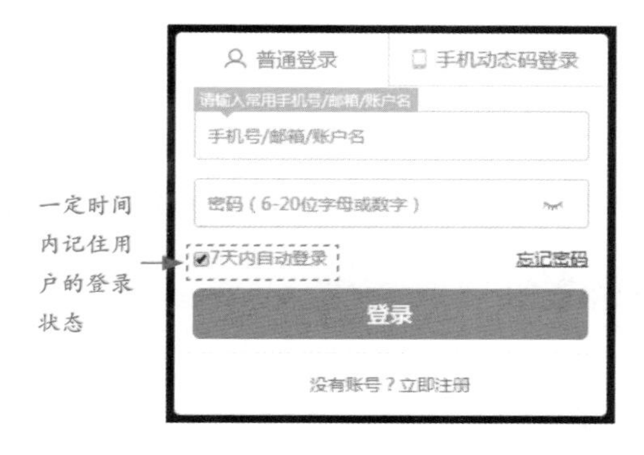

如果用户需要经常使用某个网站，而每次使用都需要登录操作会非常烦琐，很多网站会为用户登录添加几天内自动登录的功能，这样就是通过系统记住用户的登录状态，避免了用户在短时间内频繁的登录操作，非常实用、方便。

在很多APP应用中，当用户进入到搜索界面时，会自动在搜索框下方列出用户最近的历史搜索记录及推荐的热门搜索关键词，方便用户快速搜索。当用户在搜索文本框中输入内容时，系统会根据用户所输入的内容在搜索文本框下方列出相应的联想关键词，这些细节都大大提升了用户体验。

1.5.7 考虑到不同水平的用户

首先应该正确理解“用户”，“用户”是一个随时间而变化的真实的人，他会不断改变和学习。网站的设计应该有助于用户自我提升，达到一个让他满意的级别，帮助用户上升到自己更觉理想的程度，并不需要用户都成为专家。

例如“淘宝网”针对于不同的用户采用了不同的操作界面，同时又提供了丰富的辅助工具，帮助新用户购物或管理店铺，老用户则可以完善美化店铺，获得更好的销量。

1.5.8 提供上下文帮助和文档

用户在完成某个可能很复杂的任务时，不可避免地需要帮助，但往往又不愿请求帮助。作为设计者，要做的就是在适当的时候以最简练的方式提供适当的帮助。应当把帮助信息放在有明确标注的位置，而不要统统都放到无所不包的 Help 之下。例如为首次登录网站页面的用户制作一个简单的索引页面，引导用户快速进入网站，找到需要的内容。

给用户明确的提示

分步骤展示说明新功能

这是一个邮箱改版的提示说明，这种方式在网站与 APP 改版和添加新功能时非常常用。当用户进入到该邮箱时，即给用户明确的提示，用户可以根据指引一步步了解新版的功能与相应的操作，帮助用户快速地了解和熟悉新功能的操作，并且将新功能的操作说明与整个界面相结合，与纯文字的帮助相比更加便于用户理解，很好地提升了用户体验。

1.6 用户体验要素的应用

决定用户体验的要素有很多，合理应用这些要素可以设计出完美的网页效果。但实际的设计工作中包含了太多未知的因素，这些因素直接或间接地影响设计师的设计。接下来针对这些因素进行讲解。

1.6.1 由现状决定的设计

在实际工作中，设计师的地位不断下降。随便一个人在社会培训班上了两个星期出来就叫“设计师”。设计师逐渐趋于边缘化。

一个合格的用户体验设计师要考虑的内容很多，除了要考虑界面的层面，还要关注操作流程的可用性。一个看似简单的页面背后包含了很多复杂的内容，这绝对不是掌握了几款软件就能胜任的。

对于设计师或想成为设计师的人来说，目前的现状是无法改变的，我们只能在迎合客户的前提下，尽可能考虑一些内在的东西。作为设计师，思考的深度会决定设计本身在企业中的权力，也会提升设计本身的含金量。

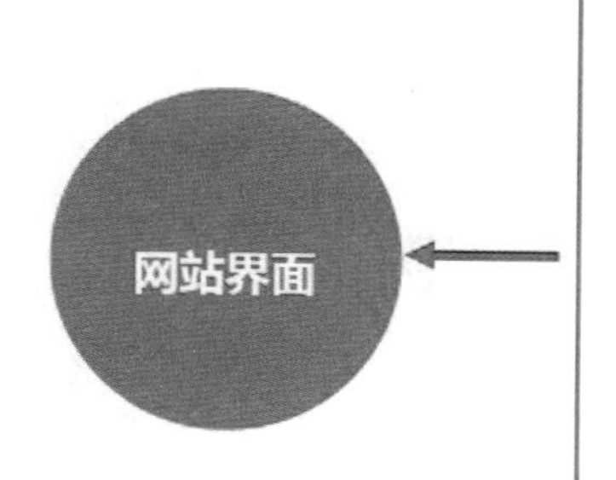

1.6.2 由模仿决定的设计

在成为成熟的设计师之前，可以先通过模仿其他成功网站的方式设计页面。但是模仿也绝对不是照搬其他网站的设计。因为每个成功的网站都有其独特之处，且并不适用于所有网站的设计。

首先要对被模仿的网站进行深度分析，了解其用户体验和交互设计。找到与自己网站相似的地方，再模仿设计。千万不能全盘照搬，这样设计出来的网站常常会结构混乱，毫无特色。

> 专家提示：有一点需要注意，模仿网站是模仿网站的信息结构和交换，并不是全盘照抄。就算是同一类型的网站，也会由于其内容和面向对象的不同，需要不同的设计方案。

1.6.3 由领导决定的设计

网站设计完成后是否合格，通常都会由设计总监或项目总监把关。通过后再交给甲方负责人审阅。所以在设计页面时也要充分考虑领导对于网站设计的影响，否则很可能修改多次后依然不通过。

策划人员在收集网站各种信息时，也要同时收集甲方领导的个人信息及个人喜好。年龄、性别和教育背景都是影响设计效果的因素。事先充分考虑了决策者的意见，会在后期的修改过程中减少反复，提高通过率。

1.7 拓展阅读——用户体验设计师

广义的用户体验指人在使用某个产品时的主观感受。在互联网公司或软件公司中，用户体验主要来自用户和人机界面的交互过程。

提到用户体验设计师，首先需要明确什么是用户体验设计，用户体验设计（User Experience Design）是个广义说法，可以包括各种设计：UI（用户界面）、交互（Interaction）、视觉、听觉，甚至工业设计等，所以通常UI、交互设计师也被称为广义上的用户体验设计师。但在技能及其他方面，用户体验设计师又高于UI、交互设计师的标准。

作为一个用户体验设计师，必须要有足够的好奇心、热情和同理心，必须具备平衡这三者关系的能力，特别是逻辑与情感之间的平衡。一个优秀的用户体验设计师不仅需要知道如何创造符号逻辑和可行的体验结构，还需要知道什么是与产品建立情感联系的关键元素，具体的平衡可能会根据产品的不同而有所变化。如何取得平衡，关键在于如何取得高度的同理心，让自己融入潜在的产品用户的世界，理解用户的需求和动机，并创造产品人物角色。

1. 用户体验设计师的职责

（1）团队成员合作，交流各种想法，画出原型，参与产品的整个周期；

（2）负责包括产品的概念原型设计及细化的交互设计，配合进行用户测试及分析；

（3）从产品的可用、易用性角度出发，在整个产品生命周期提供可持续性的用户体验设计并跟踪执行。

2. 用户体验设计师的要求

（1）对用户界面设计相关工作具有浓厚兴趣，学习能力强、富于创新精神；

（2）具有良好的沟通协调能力，富于团队精神；

（3）具有出色的设计表达能力，能够迅速地将想法表现为设计方案；

（4）熟悉产品的研发流程和方法。

1.8 本章小结

好的用户体验既能帮助用户达成用户所期望的目的，又能让用户的所有操作都是在无意识之下进行的。在浏览网页时，用户的注意力不应该停留在界面和设计上，他们更应该关注的是如何达成他们的目的。作为设计师，你的职责是事先清除障碍为他们提供一条更直接的路径，帮助他们达成目标。

02

Chapter

认识用户

用户作为网络交互的主体，在交互过程中时刻感受着交互设计带给感官和心灵的“震撼”。用户体验是一种主观的心理感受，建立在对交互设计感知的基础上，尽管个体差异使得每个用户的体验不尽相同，但是，了解用户的感官特征和心理认知的一般特点，对于了解用户在交互过程中的体验是有很大帮助的，从而能够更好地指导交互体验设计。

2.1 用户的感官特征

由于人体感官是人们感知外界信息并与外界信息进行交互的唯一桥梁，因此设计师应该了解人的感官特征，为设计作品赋予优秀的感知力，从而让用户在与产品的交互过程中得到更加良好的体验。

2.1.1 视觉

人体中超过 70% 的感觉接收集中在眼睛上，听觉、嗅觉、味觉等加起来只占 30%。视觉作为感觉的“首领”，在人们的日常生活中起着非常重要的作用。不仅如此，由于数字技术发展水平的制约，目前大多数网络交互作品主要对人的视觉进行设计。尽管语音识别技术和多点触控技术为用户提供了参与互动的其他方式，但是，眼睛仍然是网络信息接收的主要器官。

在与网络产品的互动过程中，用户通过扫视的方式获得信息，即浏览界面。通过对大量视线跟踪结果的分析，发现用户在浏览交互界面时遵循一定的视觉特点，包括以下几项。

1. 文字比图像更具有吸引力

与设计师一般所认为的相反，在浏览一个网站的时候，能够直接吸引用户注意的并不是图像。大多数偶然点击进入某个网站的用户，会将主要的目光集中在寻觅信息上而不是观察图像上。因此，保证交互设计能够凸显出最重要的信息板块是重要的设计原则。

按钮形式突出导航

大号字体突出主题

对比色彩突出栏目名称

当用户进入到某一个网站中时，首先会通过查看文字来了解该网站的主题及相应的栏目信息，然后才会注意到网站中的图片。但这并不是说图片在网站中不重要，图片的应用更多的是为了更好地表现网站页面的视觉效果。在网站页面上需要保证重点栏目文字的突出表现。

2. 眼球运动起始于左上角

由于大多数人的浏览习惯遵循从左至右、从上而下的顺序，因此，左上角通常是视线最先触及的地方。但是，对于不同浏览习惯的用户，如浏览顺序从右至左的用户，这一原则也是变化的，浏览顺序的不同主要是受到文化的影响。

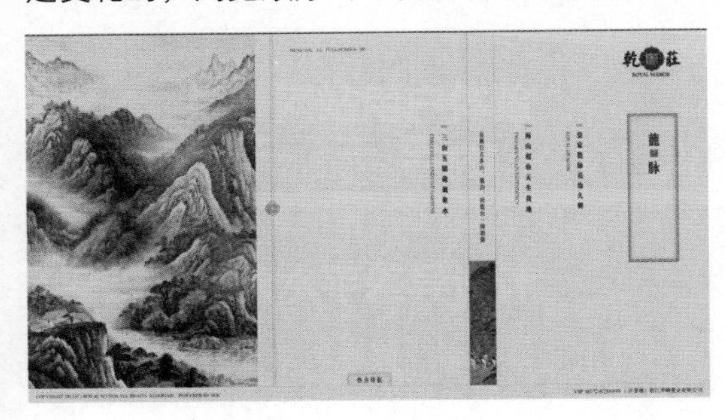

该网站采用了突出传统文化的设计风格，网站中的素材图片都采用了古朴的水墨画以及传统花纹，而排版方式则采用了传统的从右至左、从上至下的竖排方式，来突出网站的传统文化氛围。这样的方式主要是为了适应网站整体的设计风格，以及给用户带来的传统文化感受。

3. F 形浏览模式

大多数情况下用户都不由自主地以 F 形的模式来浏览界面，即视线首先水平移动，用户在界面最上部形成一个水平浏览轨迹。随后，目光下移，扫描比上一步短的区域。最后，用户完成上两步后，会将目光沿界面左侧垂直扫描。这一步的浏览速度较慢，也较有系统性、条理性。这种基本恒定的阅读习惯决定了网页呈现 F 形的关注热度。

根据用户 F 形的浏览模式，通常将最重要的信息放置在页面顶部，次重要的信息放置在页面左侧。在该网站页面中，在页面顶部放置网站导航和搜索栏，方便用户的使用；在页面左侧放置企业的简单介绍信息内容；因为该网站中的产品并不是特别多，所以产品信息则创新地使用了不同颜色的矩形色块与产品图片相结合，进行不规则排列的方式，给用户一种全新的视觉体验，而大面积不同色块的应用，又使得各产品信息非常清晰、易读。

4. 用户会有选择地过滤某些信息

研究表明，在浏览网站时，用户常常会忽视大部分的横幅广告，视线往往只在上面停留几分之一秒。除此之外，花哨的字体和格式也会被用户当成是广告而被忽视。因而，用户很难在充满大量颜色的花哨字体格式里寻找到所需要的信息。通常，用户大多只浏览网页的小部分内容，所以应该突出网页的某些部分或者创建项目列表使信息容易找到和阅读。并且，短的视觉段落相对于长的段落来说具有更好的表现力。

辅助性图片，在浏览过程中会被用户忽略

在该设计公司网站页面中，在导航菜单下方的辅助性图片会被用户主动忽略，因为用户在页面中需要快速获取有用的信息内容，而下方以功能分类和项目列表的形式，对内容进行简单的介绍，非常便于用户的阅读，能够有效提升用户体验。

2.1.2 听觉

听觉是视觉以外最重要的感觉器官。人们被日常生活中的各种声音包围着，从人们交流的语言到自然界存在的各种声音，人们一直通过听觉接收和感知各种信息。

互动设计中声音可能以背景音乐、语音、音效等方式出现。语音可以替代文字，帮助一些有阅读障碍或者视觉残障的用户识别信息，音乐用来塑造互动产品所表达的情绪，音效则用于吸引用户的注意力或者对用户的操作进行反馈。

1. 给用户带来身临其境的感受

听觉可以帮助用户建立与交互产品之间的联系，增强用户的存在感。在一个虚拟的视觉环境中，用户不仅可以通过眼睛感觉到精美的视觉效果，还可以通过声音感受到界面所赋予用户的氛围，能够使用户沉浸在视听环境中，有一种身临其境的感觉。

这是“星球大战”系列电影的主题网站，运用电影中有人物的场景作为页面背景，在页面中还添加了电影的背景音乐，更能够使浏览者有一种身临其境的感受。并且页面中的按钮元素的交互动画效果也充满了未来感。在页面右下角还提供了控制音乐开关选项，便于用户控制。

> 技巧点拨：界面中的音乐音量不宜过大，而且在界面刚打开时，音乐最好能够以渐强的方式出现，避免开始时过强的声音和节奏对人耳造成伤害，也给人造成心理负担。如果音乐默认为循环播放，还应该为用户提供开关按钮或音量大小调整选项，保证用户可以随时将其关掉。

2. 对用户操作进行反馈

在交互设计中常常会为界面中某个重要的按钮或图标操作添加相应的音效，从而在一定程度上起到提醒用户的作用，但是音量不宜过大，持续时间不宜过长，而且不同操作的音效应该不同，否则会造成理解的混乱。

在该游戏网站页面中，页面元素比较少，主要是标题文字和两个按钮，为两个按钮分别添加不同的音效，当用户将鼠标移至按钮上方时，交互动画效果与音效提示相结合，给用户更好的提示，也增强了页面的趣味性。

> 专家提示：在交互设计中，如果某个音效的加入是为了吸引用户的注意力，除非特别需要，应该减少使用的次数，以免造成用户的操作惯性，习惯性忽略这个音效，反而起不到应有的作用。

3. 为交互操作提供帮助

语音也逐渐广泛应用在交互设计中，例如在网站注册时需要输入验证码，有时验证码难以辨识，就可以使用语音技术读出这些字母或数字，方便输入，尤其为视觉障碍的用户提供便利，这时的语音设计就要以清晰可辨为目标，最好以真人的声音为宜，一些电子声音通常会难以听清，且给人冷冰冰的感觉，缺少亲和力。

2.1.3 触觉

人类与真实世界互动在很大程度上依赖于触觉感知，与视觉相似，触觉也是用来获取环境和物体外观信息的重要方式。

交互设计中的触觉设计是从审美体验出发的，与"拟物化"设计一样都追求一种真实情景感，最常见的应用就是交互界面中按钮的不同状态，当用户点击界面中的某个按钮时，按钮会模拟现实世界中的按钮呈现出不同的状态。网络交互设计中的虚拟触觉更加符合用户的情感和生理需求，容易引起用户的联想效应，对于人们的触觉感知主体、感知结构及感知尺度产生着深刻影响，它构建了一种沉浸式、多模式及自然式的感知体验。

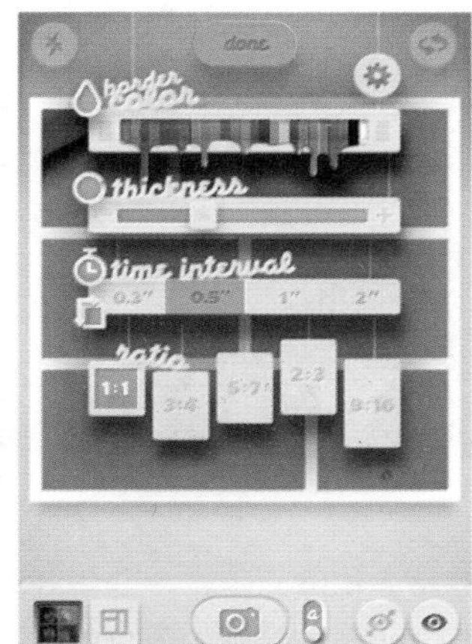

虽然该APP界面本身并不是手工制作并实拍的，但其采用的在空间中悬挂、放置元素的形式，以及元素的交互动态表现效果基本沿用了触觉设计的风格。整体界面采用各种白色立体对象构成，色彩与颜色面积控制得当，让该APP界面在让人惊艳的同时，不会觉得过于花哨。

2.2 用户认知心理

心理学是研究人类实际心灵、行为的学科。心理学对人类的影响不断渗透到日常生活的每一个角落。在用户体验设计过程中，无论是产品经理、前后端开发人员、架构师还是数据分析师，都是为用户服务的。而用户需求是时刻在变化的，只有从用户的角度去思考问题，充分了解用户心理，才能真正地设计出具有良好用户体验的产品。

2.2.1 设计心理学

开展设计心理学的研究是试图沟通生产者、设计师与消费者之间的关系，使每一个消费者都能够使用到满意的产品。要达到这一目的，必须了解消费者心理和研究消费者的行为规律。

专家提示：设计心理学是20世纪90年代形成的一门独立学科，它建立在心理学基础上，是把人们心理状态，尤其是人们对于需求的心理，通过意识作用于设计的一门学问。它同时研究人们在设计创造过程中的心态，以及设计对社会及对社会个体所产生的心理反应。反过来作用于设计，起到使设计更能够反映和满足人们心理的作用。

设计心理学认为，一个好的设计应该是符合消费者心理的，那么好的设计应该符合哪些标准呢？

1. 创造性设计

创造性设计是最重要的前提，因为人类文明史证明人类的进步、社会的发展都是创造的结果。没有创新，就不会有进步。设计心理学通过运用消费者满意度调查问卷采集消费者心理数据，反映消费者的需求动机，为创造性的设计提供依据。

该网站是一个介绍美国历任总统的网站，最大的特点就是独特的交互表现效果。在网站中单击页面下方任意一位人物头像，页面背景中的三角形将以交互变换的形式切换成为该人物的肖像，并且交互过渡效果非常流畅、自然，独特的独创性表现效果能够给人留下深刻印象。

2. 适用性设计

适用性是衡量产品设计的另一条重要标准，这是产品存在的依据。设计师与工程师的区别就在于设计师不光设计一个物，在设计之前看到的不仅是材料和技术，而且看到了人，考虑到人的使用要求和将来的发展。对于网站设计来说，需要使所设计的网站能够适应在不同的设备中浏览，并且在不同的设备中都能够给用户以良好的体验。设计心理学提供的消费者满意度，将是适用性设计的依据。

随着移动互联网的发展，各种智能移动设备越来越多，而我们所设计的网站能够适应在不同的设备中进行浏览已经成为一种必须具备的标准，并且需要考虑到当用户使用不同的设备浏览网站时都需要能够给予用户良好的体验，这样才是一个用户体验良好的网站。

3. 美观性设计

美观是任何设计师都希望为自己的设计所赋予的特征，但美观是不能用一把尺子去衡量的。美观的确是人们生活中的感受，是存在的，却又与人的主观条件，如想象力、修养、爱好分不开，所以又是可以改变的。设计心理学提供的消费者心理和微观分析知识，将使设计者了解消费者审美价值观的差异。

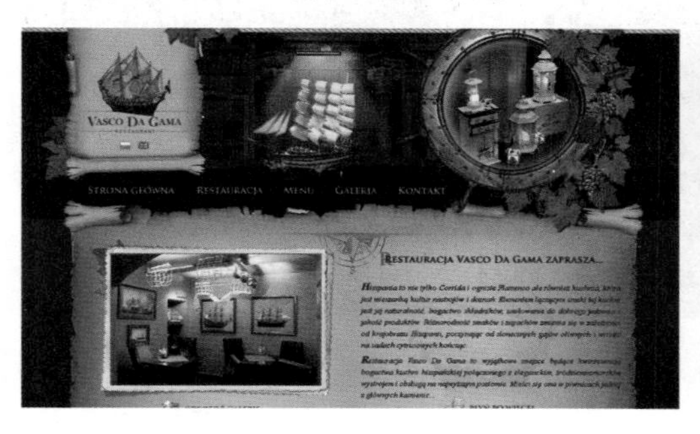

拟物化设计，模拟物体在现实生活中的真实表现

扁平化设计，更加注重界面信息内容的直观表现

人们的审美是随着潮流趋势不断进行变化的，例如以前人们喜欢拟物化的设计风格，其通过阴影、高光、渐变、纹理等各种手法模拟物体在现实生活中的真实表现，甚至交互形式也是模拟现实生活中的方式，但拟物化方式更多的是注重视觉效果的表现。而目前流行的扁平化设计风格，去除了冗余的效果和交互，其核心在于更好地突出界面的主题和内容，交互的核心在于突出功能本身的使用。

4. 理解性设计

理解性设计标准是设计必须被人们所理解。设计一个产品必须让人理解产品所荷载的信息，使用户对这是什么产品、作用是什么等一目了然。设计心理学提供的消费者认知活动规律，将使设计师掌握造型识别、图形识别、广告识别等心理学基础，力求满足消费者一目了然的心理。

虽然我们可能看不懂日文，但是该网站的主题还是非常容易看懂的，这是一个以保护动物为主题的网站。使用突出的黄色文字表现主题，并且使用黄色的线框来突出主题文字的表现，使其与灰色的背景形成强烈对比，并且配合页面背景的动物图片，使浏览者非常容易理解。

5. 以人为本的设计

好的设计作品应该是含蓄的，突出的应该是人，以满足人的要求。设计心理学讨论对象和背景的关系，其中人是第一位的，其余全是背景，这不仅是观念上的标准，也是现代设计管理的核心。

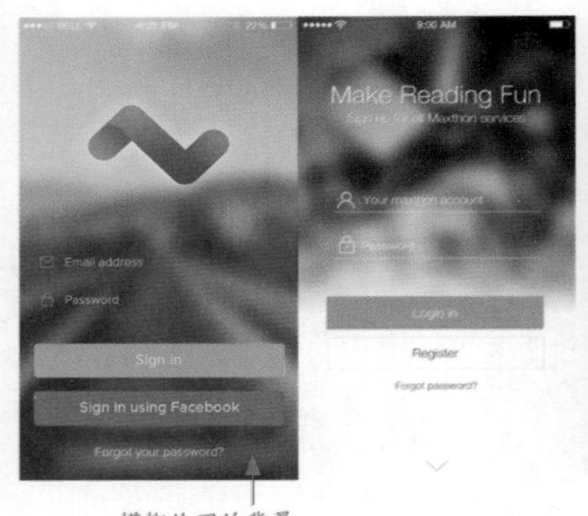

模糊处理的背景　　　　灰暗的背景图片

许多 APP 和网站都喜欢使用经过模糊处理或者灰暗的图片作为界面的背景。因为这种模糊或灰暗背景的运用不仅让整个界面显得更加人性化，在模糊或灰暗的背景上面使用极简的图标与细线来进行设计，有效突出界面信息内容的表现，并且背景又能够在很大程度上烘托出界面所要表现的氛围。

6. 永恒性设计

永恒性设计是指不应该片面追求流行趋势，不应该片面渲染、夸张其商业性或噱头，好的设计是经得住时间考验的。

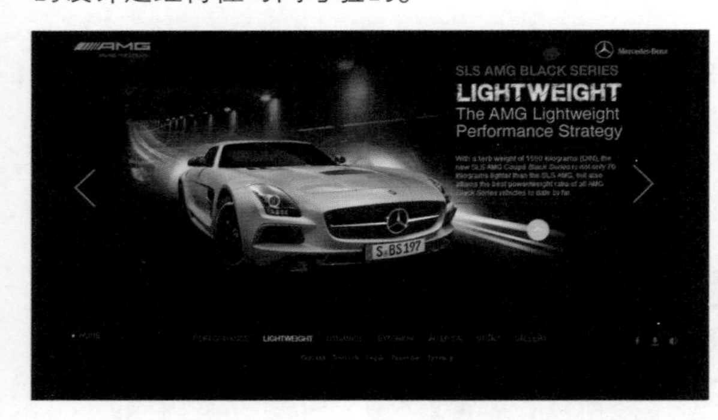

简约、直观的设计能够经受住时间的考验，无论什么时候都不会过时。该汽车宣传网站的设计非常简捷，以黑色作为页面背景，在页面中有效突出汽车产品的表现效果，页面中的文字采用了与背景形成对比的白色与黄色，并且采用了短的视觉段落，内容清晰、易读。

7. 精细化设计

精细化设计是指必须精心处理每一个细节，从构思到设计的完成，要使用户感到耐人寻味而又不烦琐，从整体到细节都很和谐。设计师要使设计体现出人的力量，给产品赋予灵魂，成为人的对象。

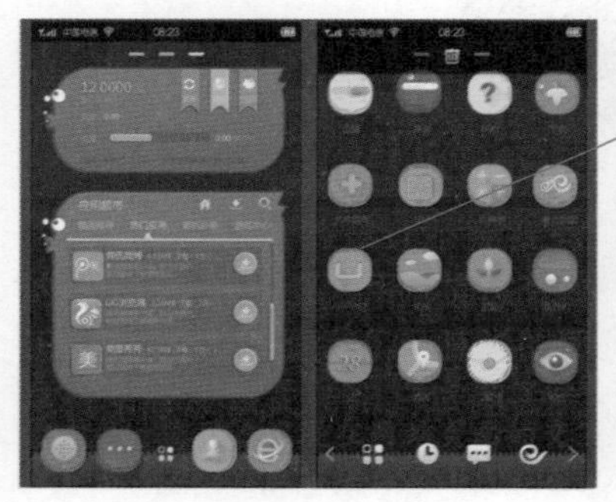

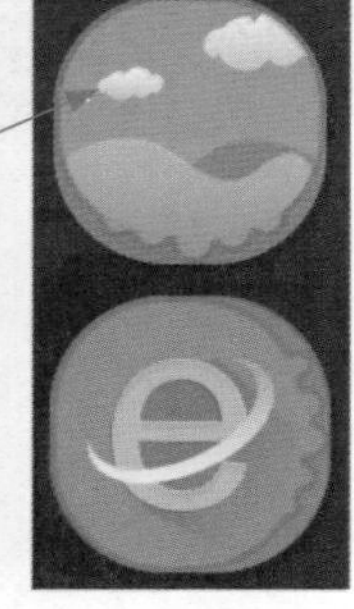

在所有的设计中都是细节决定成败，很多时候一点点距离或一点点色值的不同，也会对设计的整体效果造成很大的影响。例如在该界面设计中，虽然是简单的扁平化设计，但是图标的每个细节都处理得非常细致，给人一种整体非常和谐、精美的效果。

8. 简捷化设计

简捷是好的设计的重要标准。烦琐是设计所避讳的，它反映了设计师的思维混乱，丝毫不是价值的体现。设计心理学可以帮助设计师依据消费者的认识规律，达到设计简捷化的效果。

该手表品牌的宣传网站设计非常简捷，这也迎合了当下的设计趋势，通过极简的设计能够使浏览者很容易将视觉焦点集中在产品及相关的介绍文字内容上，从而有准备地突出网站需要表达的主题和重点内容。

设计师希望用户更容易跟着设计的意愿走，这就是设计中要运用心理学的主要原因，在设计中考虑心理学的因素，将会带给你一个具有积极意义的最终结果。

2.2.2 设计心理学的设计原则

在互联网产品的设计过程中，同样需要考虑消费者的心理，如果你花时间去分析一个用户的需求，怎样才能满足他们的需要，这将为互联网产品的目标受众注入源源不断的心理动力。

美国学者唐纳德·诺曼提出了设计心理学的 6 条设计原则。

1. 应用存储于外部世界和头脑中的知识

如果完成任务所需要的知识可以在外部世界中找到，用户就会学得更快，操作起来也更加轻松自如。

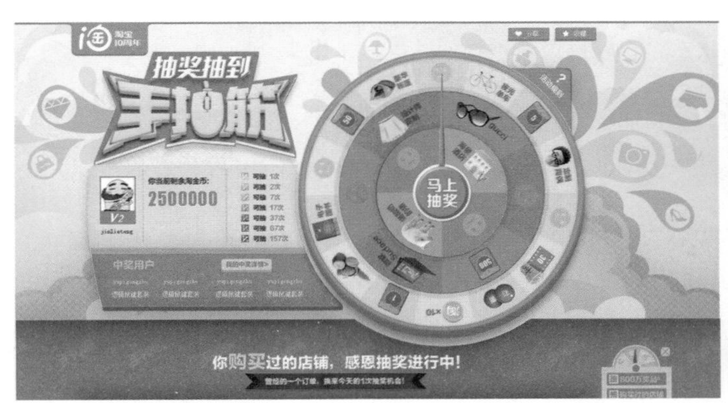

无论是在 PC 端还是移动端的页面中，抽奖的设计通常都是模仿现实生活的摇奖机。这样的设计其实就是利用了人们存储在外部世界和头脑中对于赌场和游戏厅里幸运转盘的心理模型。幸运转盘对于人们来说是一种集刺激和运气于一体的产品，那种等待出奖的感受对于使用者来说是一种难以抗拒的诱惑。而页面中摇奖机的设计也正是利用了这样的特点，用户熟悉并知道它的规则，同时也乐于尝试。

2. 简化任务流程

设计师应该简化产品的操作方法，通过新技术对复杂的操作流程加以重组。

例如，很多网站都会在内容页面中加入分享功能，可以一键将页面内容分享到微博、微信等各种社交平台。

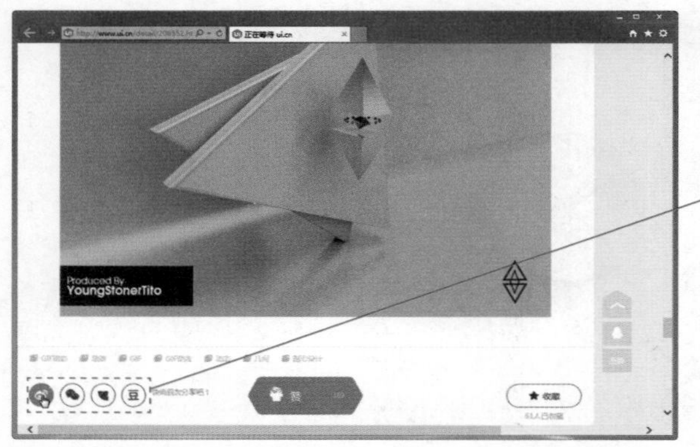

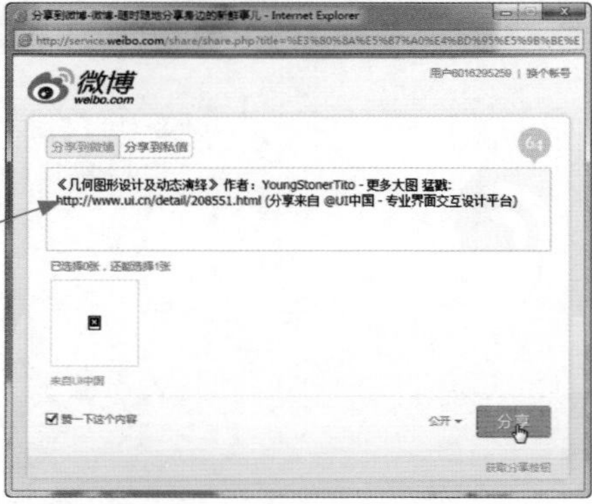

例如，在该网站内容页面的底部为用户提供了将文章内容分享到相应的社交媒体的按钮，当单击相应的图标时，会直接弹出窗口甚至不需要填写任何内容，直接单击“分享”按钮，即可完成网页内容的分享。一方面可以将社交分享加入到活动机制中，刺激网友参与；另一方面也可以通过社交媒体的传播扩大网站的影响力。

复杂的流程：单击“微博分享”→进入微博页面→登录微博→单击“转发”按钮→填写个人转发信息→确认发送。

简化后的流程：单击“微博分享”→ cookie 自动记录用户的登录状态→弹出转发提示窗口→确认转发。

3. 注重可视性

设计师应该注重可视性，这样在执行阶段，用户便可明白哪些是可行的操作，以及如何进行操作。而在评估阶段，应该注意操作行为与操作意图之间的匹配，使用户很容易看出并理解系统在操作过程中的状态，也就是说要把操作结果显示出来。

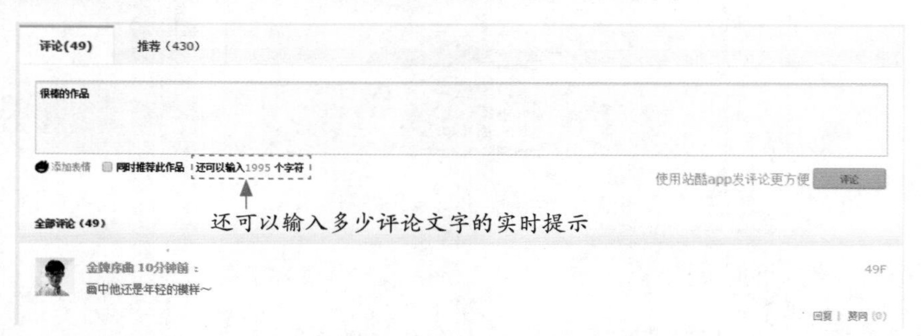

这是在网站中很常见的文章评论功能，设计师一般都会很清楚地标示出提交按钮，用户很容易可以领悟到如何填写评论并提交，并且在该评论文本框的下方还会给出“还可以输入多少个字符”的实时提示。在提交评论信息之后，会立即显示在该评论框的下方，给用户及时的反馈。如果不能及时显示评论内容，则需要给用户一个反馈信息，告知用户提交结果，以免因为没有任何反馈而让用户产生疑惑。

4. 建立正确的匹配关系

设计师应该利用自然匹配，确保用户能够看出下列关系：

（1）操作意图与可能的操作行为之间的关系；

（2）操作行为与操作结果之间的关系；

（3）系统实际状态与用户通过视觉、听觉和触觉所感知到的系统状态之间的关系；

（4）所感知到的系统状态与用户的需求意图和期望之间的关系。

目前的互联网产品功能越来越多，互动环节也越来越丰富，例如上传功能、转发分享功能、投票功能、答题功能和抽奖功能等，如何让甚至不了解互联网产品的最普通用户轻松使用，交互弹出提示框是必不可少的设计需求，在网站中实现这样的功能能够与用户操作之间建立起正确的匹配关系原则。

这是“花瓣网”的图像采集功能，类似于收藏功能。当用户单击图像左上角的“采集”按钮时会弹出“转采”提示框，在该提示框中用户可以选择将该图像放入自己的哪个画板中，单击“采下来”按钮后，会弹出采集成功的提示框，并且指出将该图像采集到什么位置，单击即可跳转到该位置，符合操作与操作结果、意图与期望之间的匹配关系，让用户清楚地明白设计师的意图。并且该采集成功的提示框会在持续几秒后自动关闭，不会影响用户对页面其他内容的浏览。

5. 利用自然和人为的限制性因素

要利用各种限制因素，使用户只能看到一种可能的操作方法，即正确的操作方法。

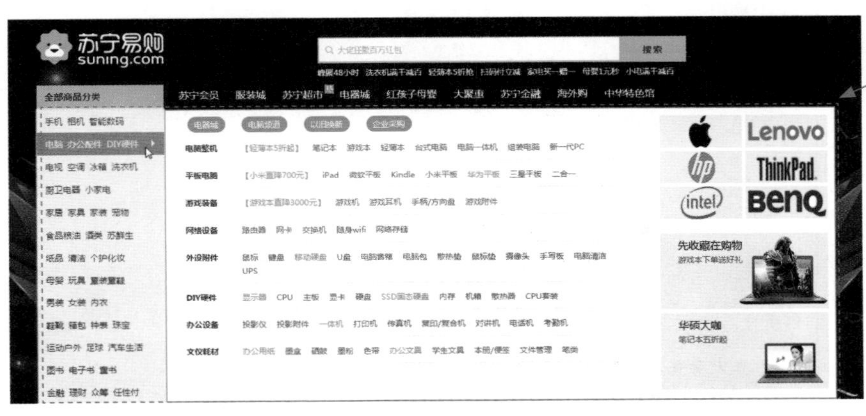

这样的商品分类菜单设置，用户只能从左至右选择相应的商品类别，既简单又不会让用户产生困惑，也降低了误操作的可能性

大多数电商网站都采用了从左至右来选择商品分类的形式，在这种设计中，用户基本不会选错商品类别，因为最开始在网页上显示的仅仅是最左侧的顶级商品分类列表，用户只有选择了其中某一大类后，才会

在右侧显示该类别中的次级类别，并且使用分行及分隔线的形式进行区别。在这种设计中，用户别无选择，只能是逐级选择商品分类，从而降低了产生错误的可能性。

6. 考虑可能出现的人为差错

互联网作为蓬勃发展的行业，每天都有新的产品和应用诞生，每天也有新的用户学习和尝试使用互联网，不可避免地会有很多错误操作，有些操作很可能会给系统带来不可逆转的灾难，也有可能会给用户带来不愉快的体验。

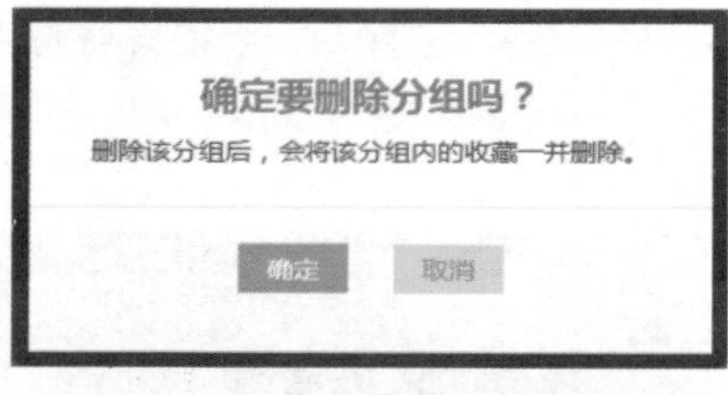

设计师应该考虑用户可能出现的所有操作错误，并针对各种可能的误操作采取相应的预防和处理措施。

最常见的就是当用户出现一些可能导致危险的操作时给予相应的警告提示，征询用户是否确认继续进行操作。例如在网站中，当用户需要删除自己所收藏的内容或对某个已关注内容取消关注时，通常都会弹出询问提示对话框，询问用户是否继续进行操作。当然，这样的提示并不适用于所有的应用，不可逆转的并有不好结果的才会使用。

2.3 用户的心理需求

说到用户体验就必须要关注用户的心理需求，只有真正地满足了用户的心理需求，才能够实现良好的用户体验，可以说用户体验是与心理需求密不可分的。

2.3.1 人的需求层次理论

亚伯拉罕·哈罗德·马斯洛（Abraham Harold Maslow）于 1943 年初次提出了“需求层次”理论，他把人类纷繁复杂的需求分为生理需求、安全需求、友爱和归属的需求、尊重需求和自我实现的需求 5 个层次。

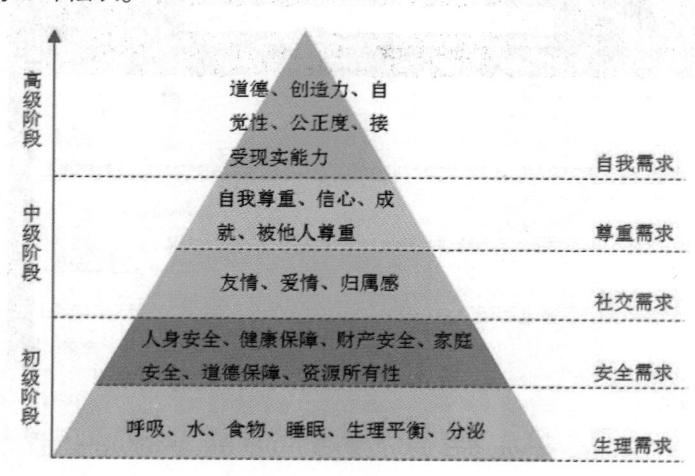

专家提示：1954年，马斯洛在《激励与个性》一书中又把人的需求层次进一步发展为由低到高的7个层次：生理需求、安全需求、友爱和归属的需求、尊重需求、求知需求、求美的需求和自我实现的需求。

马斯洛认为，只有低层次的需求得到部分满足以后，高层次的需求才有可能成为行为的重要决定因素。马斯洛把 5 种基本需求分为高、中、低三级，其中生理需求、安全需求属于低级需求，社交需求和尊重需求属于中级需求，这些需求通过外部条件使人得到满足。自我实现的需求是高级需求，它们是从内部使人得到满足的，而且一个人对自我实现的需求是永远不会感到完全满足的。高层次的需求比低层次的需求更有价值，人的需求结构是动态的、发展变化的。因此，通过满足用户的高级需求来调动其积极性，具有更稳定、更持久的力量。

2.3.2 用户体验的需求层次

随着互联网的发展，网站从最初的简单信息传递发展到交互式的互动平台，一直到现在的以用户体验为核心的发展模式。可以说这一切改变都是以用户需求为核心在转变的，有需求才有改变，就像马斯洛的需求层次理论所描述的那样。任何一个东西，发展到一定程度就会有一个质的飞跃，量变引起质变。当然，这个世界发生变化的不仅仅是眼睛所能看到的，在看不到时，发展和变化是绝对存在的。例如，对于搜索引擎优化来说，不仅仅是关键词的部署和堆积，也不是外链接多与少的问题，在这些最简单的基础之上，良好的用户体验都是每个网站设计师津津乐道的事情。

在马斯洛关于人的 5 个需求层次的基础上，互联网产品的用户体验同样可以分为 5 个需求层次，从低至高分别是感觉需求、交互需求、情感需求、社会需求和自我需求。

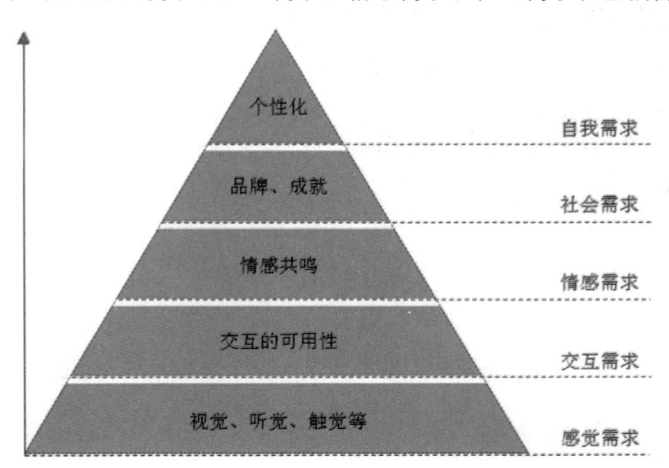

1. 感觉需求

感觉需求是用户最直观、最基本的感官需求，包括视觉、听觉和触觉等。感觉是用户体验设计的第一步，当用户第一次接触到某产品时，其外观体验就可能会成为决定产品是否吸引用户的重要因素。为了使产品更具有体验价值，最直接的办法就是增加某些感官体验要素，增强用户与产品互相交流的感觉。因此，设计师必须从视觉、听觉、触觉等方面进行细致的分析，突出产品的感官特征，使其容易被感知，创造良好的情感体验。

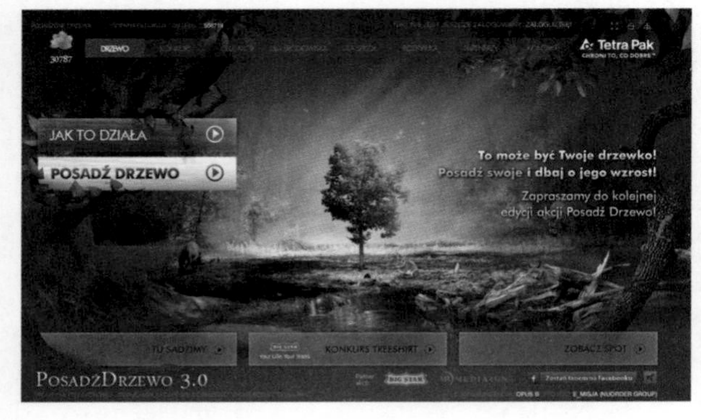

在该网站页面中，信息内容较少，着重通过视觉效果来感染用户。将页面的整体视觉效果设计为茂盛的大森林，并且为页面添加了大森林的背景音乐，从视觉和听觉等多个方面渲染出森林的氛围，使浏览者仿佛置身于森林当中，从而很好地吸引用户的关注。

2. 交互需求

在满足基本的感官需求后，用户与网站之间交互的可能性即交互需求。交互需求是人与产品或者系统交互过程中的需求，包括完成任务的时间、效率，是否顺利、是否出错、是否有帮助等。可用性研究关注的是用户的交互需求，包括产品在操作时的学习性、效率、记忆性、容错率和满意度等。交互需求关注的是交互过程是否顺畅，用户是否可以简单、高效地完成他们的任务。

在该音乐播放APP界面中，为用户的交互操作给予了明确的指示。首先各播放控制图标运用了通俗易懂的简捷风格表现，并且通过色彩与时间文字相结合的方式来提示播放进度，而功能开关按钮则通过不同的色彩来区分开启和关闭的状态，这样在用户的交互操作过程中非常易理解、易操作。

3. 情感需求

情感需求是用户在使用产品或系统过程中所产生的情感，如从产品本身和使用过程中感受到关爱、互动和乐趣。情感强调产品的设计感、故事感、娱乐感和意义感，产品本身要具有吸引力、动人以及有趣。

这是一个关于儿童健康的网站，在该网站的设计中避免了常规网站罗列知识内容的介绍方式，而是采用了交互动画的方式来表现，当用户进入到该网站中就可以看到一个可爱的三维娃娃动画，用户在网站的操作过程中，娃娃会做出不同的反应。这种趣味性与交互性的网站更加吸引用户，从而增强了用户与网站之间的情感联系。

4. 社会需求

在基本的感觉需求、交互需求和情感需求得到满足后，用户需要追求更高层次的需求，往往钟情于某些品牌产品，希望得到社会对自己的认可。例如，苹果的笔记本电脑一直颇受设计人士的青睐，这些品牌都是一种身份的象征。

人们都倾向于选择一些具有较高品牌知名度的商品，拥有一定品牌知名度的网站更容易获得用户的信任和青睐。在该知名快餐连锁品牌的宣传网站中，通过简捷的布局，在页面中重点突出最新推出的产品以及服务电话，并没有过多的介绍，用户基于对品牌的信任，通常看到喜欢的产品就会立即打电话订购。

5. 自我需求

自我需求是产品如何满足自我个性的需要，包括追求新奇、个性和张扬的自我实现等。对于产品设计，需要进行个性化定制设计或者自适应设计，满足用户的多样化和个性化需求。

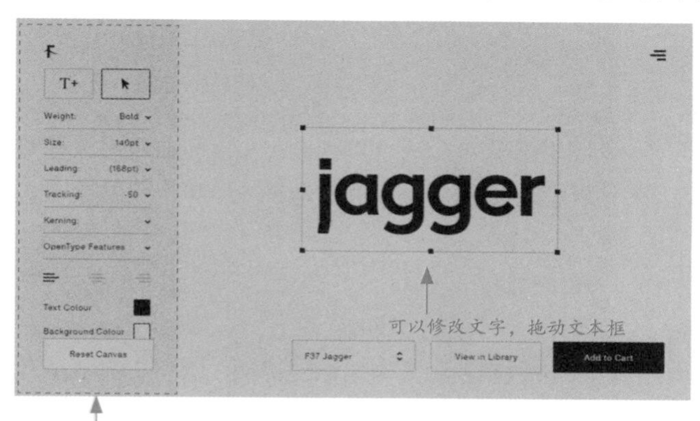

可以通过相应的选项，自定义相关属性

这是一个在线字体设计网站，网站的设计风格非常简捷，着重表现所设计的字体。在该网站中给用户最大限度的自由和控制，用户可以在左侧区域中设置所设计字体的相关属性，并且还可以自定义页面的背景颜色和文字颜色，在右侧则可以在文本框中输入需要的文字内容，并且可以拖动文本框，这样的设计充分满足了用户多样性和个性化的需求。

在产品设计过程中，基于用户体验的需求层次，我们才能有的放矢，打造良好的用户体验，但这不像程序代码那样有固定的模式，我们需要去了解、观察、洞悉用户的习惯和心理，而这仅仅只是基础。

一个成功的网站必须包含三种可用性：必须有的、更多且更好的和具有吸引力的。这三种可用性都会直接影响到浏览者的满意度。

必须有的可用性代表用户希望从网站中获得的资讯内容，也就是网站应该具有的最基本的可用性。如果页面中没有出现“必须有”的要素，就会直接导致浏览者满意度下降。更多且更好的可用性对用户满意度具有线性影响，即这种可用性越高，顾客就越满意。具有吸引力的可用性可以使一个网站在同类型站点中脱颖而出，提供较高的用户满意度。

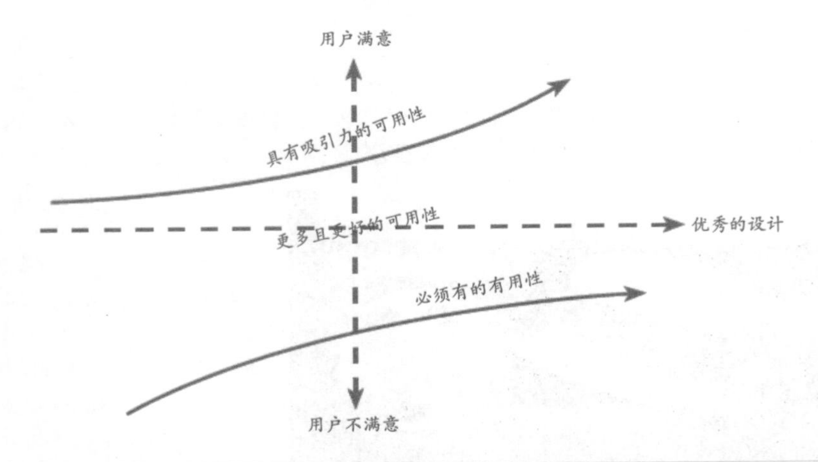

专家提示：一个网站要想在商业上获得成功，至少要拥有“必须有”的可用性。可用性虽然不能提高网站的整体竞争力，但却是提高顾客满意度的必要条件。“更多且更好”的可用性可以使网站与竞争网站保持同一水平。“具有吸引力”的可用性则是网站从同类型网站中脱颖而出的主要原因。

技巧点拨：用户体验不是嘴上说出来的，在一个项目或网站建立之初，就应该做一个全方位的问卷调查，看看需求的程度，是否这是值得做的事情，也就是所谓的可行性分析报告，除此之外，还需要细分用户群体，最后将方案转化为行之有效的执行力。当然，在实际应用中还有具体的用户体验挖掘及应用。

2.3.3 用户体验的生命周期模型

从用户体验的过程来说，设计者总期望体验是一个循环的、长期的过程，而不是直线的、一次性的。好的用户体验能够吸引用户，让用户能够再次来使用，并逐步形成忠诚度，告知并影响他们的朋友；而不好的用户体验，会使网站逐渐失去用户，甚至会由于传播的原因，失去一批潜在的用户。

专家提示：一个网站如果具有了良好的用户体验，即使页面的视觉效果不是那么出众，或者网站交互存在一些小问题，也不会影响用户继续支持该网站。

网站吸引人是用户体验的第一步，接下来通过明喻和隐喻的设计语义，让用户尽量少看帮助文件就能找到自己感兴趣的内容，进一步熟悉网站的操作。

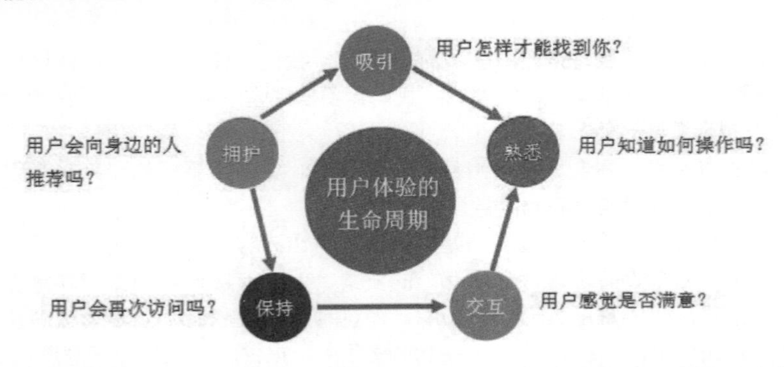

（1）网站能够吸引用户是用户体验的第一步，网站靠什么吸引用户是用户体验设计首先要考虑的问题。

（2）通过明喻和隐喻的设计语义，让用户在不看说明书的前提下轻松使用网站中的功能，进一步熟悉网站。

（3）在用户与网站的交互过程中，用户的感觉如何，是否满足生理和心理的需要，充分验证了网站的可用性。

（4）用户访问该网站后，还会继续使用或放弃？

（5）用户是否形成忠诚度，并向其身边的人推荐该站点，也是用户体验设计的关键点。

2.4 以用户为中心设计

研究发现：80% 的用户仅仅使用了软件 20% 的功能。而那些没用的功能不仅浪费开发时间，也使得软件更加难以使用。一个成功的软件应该是简练精干的，可以单独智能化地解决单个问题。换句话说，就是要以满足用户最直接要求为设计中心。

2.4.1 了解用户需要什么

很多网站往往为了满足不同用户的需求而增加功能，增加的功能必然需要在界面中用视觉呈现出来，这就会使网页内容越来越多，很多的功能掺杂在一起，如果不经过过滤，必然会违背原来阅读的初衷，所以每一个功能的增加都要慎重。

用户对于互联网的功能需求也和对软件的功能要求一样。既喜欢简单的，也喜欢复杂的。而且用户的体验需求也会随时随地发生变化。

首先如何让用户体验更简单呢？当然将复杂的功能去除是最好的，如果实在无法去除某个复杂的功能，那就应该将其隐藏。因为大多数情况下，不常用的功能要比经常使用的功能占据更多的空间。

相对于前面提到的“简单”，很多用户也喜欢“复杂”。这里的“复杂”指的不是很难用、流程超级复杂、容易出错的用户体验，而是指功能的丰富。

真正好的用户体验其实是给用户所需的任何功能，为用户设计一款“复杂”的产品，并将这款产品从表现上简化，让基础功能操作简化，给扩展功能保留使用入口即可。这个设计思路最具代表性的例子就是 Microsoft Office 和 Adobe 系列产品。

用户的需求并不是一成不变的，短期内用户会因为某种强烈的需求而需要一个产品。随着市场和行业的不断发展，用户对于一个产品的评价也会随之发生变化。例如肯德基刚进入中国市场时，被人们认为是一种奢侈的象征，小朋友以吃一次肯德基为荣。随着我国经济的发展，人们对于肯德基的体验就完全不一样了：热量过高，不利于健康。这是一个很典型的用户对一个产品评价的变迁过程。

用户的期望值会因为很多因素而发生变化，有的来自外部的环境，有的来自产品自身，有的来自用户成长。这些影响期望值的因素都会相辅相成互相影响。有的时候不是我们的体验或产品变了，而是用户发生了变化，所以用户体验的设计，除了要考虑产品本身之外，还要考虑用户所需要的。

2.4.2 遵循用户的习惯

用户通常会根据个人喜好做事，这就是习惯。习惯没有好坏之分，关键要看基于的根本是什么。从用户体验的角度来说，任何产品都可以分为两种：遵循现有用户习惯的产品和颠覆用户习惯的产品。

在设计网站时可以在技术上创新，在业务模式上改变，也要在以下几点上遵循用户的习惯。

1. 用户的生活背景及文化背景

生活和文化背景是必须要遵循的习惯。想去颠覆或是磨灭一个群体甚至民族的习惯，基本上会付出惨痛的代价。例如使用红色表现喜庆，白色表现悲伤，是中华民族几千年来的一种习惯。如果想去改变这个习惯，使用其他颜色必定会自讨没趣。

这是可口可乐为配合中国传统春节推出的活动宣传网站，整个网站使用红色作为主色调，而红色也正好与“可口可乐”品牌的主色调相统一，点缀少量的黄色，再搭配富有传统节日气息的灯笼，表现出浓浓的节日氛围，非常符合中国的传统文化，更容易使中国人接受。

2. 用户的生理状况与需求状况

在设计网站页面时，还要考虑到网站用户群体的基础属性，例如年龄层、身体承受力等。如果网站用户多为视力不好的中老年人，使用常规的字号，则会给老年用户浏览带来困难。可以将页面中的文字和图片做放大处理，使老年人可以清楚看到内容。

“金霞网”是一个专门针对老年人的网站，该网站专门针对老年人视力较弱的情况，使用了大号的字体，并且老年人对于色彩的分辨能力也相对较弱，该网站页面的设计并没有使用过多的色彩，使用高对比的白底黑字来表现网站内容。在年轻人看来，这样的网站视觉效果上有些简陋，但是其相应的设置却是充分考虑了老年人群的特点。

3. 以“自我为中心”的心理

人往往是自私的，每个人常常会以自己为中心评定事情的好坏。所以在进行用户体验设计时，必须满足用户这种需求。使每个用户可以体会到以“自我为中心”的优越感，这样用户就会成为最忠实的客户。例如很多人沉迷于网游的原因就是因为他们在现实生活中受到各种限制，而无法真正实现以自我为中心，而在网游的世界里却可以完全实现。

早期风靡一时的“开心农场”游戏，其充分满足了用户以“自我为中心”的心理，使用户在游戏中得到满足感，从而迅速发展了许多的忠实用户。我们在网站设计中也需要能够满足用户的需求，使用户体会到心理上的优越感。

2.4.3 颠覆用户的习惯

在设计网站时，设计师通常会根据网站内容把网站划分为不同的区块，然后再分别进行美化，这种方式在众多的设计师中已经形成了一种思维定势。设计师在思维定势中自我感觉良好；一旦突破了思维定势，会让一些负担或痛苦变成享受。对于用户体验的设计来说，有以下两方面可以颠覆。

1. 可以改变的生理机能

在设计网站时，有很多页面都具有独有性，例如注册页、登录页和搜索页。这些页面通常用户只会访问一次或者几次，而且这些网页本身也是在网站发展的同时逐步完善的。所以在用户体验的设计中，这些习惯就是可以颠覆的。设计师可以根据个人的喜好对这些页面进行设计、优化和修改，而不会影响用户的习惯。

2. 发展中的知识和技术

网站技术每天都在变化，新的技术层出不穷。如果三天不关注你的技术和知识，你就有可能远远落后于这个领域。同时，这些技术和知识的变化必然带来用户体验的变化，所以对于技术和知识变化的领域，用户体验的设计是可以颠覆的。

在网站设计中需要结合当前的潮流趋势和最新的技术来表现网站，这样才能给用户带来全新的体验。在该网站中充分运用了多媒体技术，流动的视频背景与背景音乐相结合，给人带来全方位的视觉体验。页面中流畅和便捷的交互应用，使得网站给用户带来良好的体验效果。

专家提示：一般来说，改变用户行为会引起市场的一轮洗牌。只有在大环境改变的前提下，引导用户改变习惯才能获得成功。一个典型的案例就是诺基亚——曾经的手机行业霸主，面对智能手机的迅速崛起，没有把握住机会，从而逐渐走向没落。

尊重用户习惯可以快速让用户接受网站，同时也会由于网站尊重了用户的习惯而减少了产品对用户的刺激，会使得用户很难成为网站的忠实用户。另一方面，如果不尊重用户的习惯，用户可能很难马上接受，但是因为用户所熟悉的部分发生了变化，会促使用户注意刺激内容，从而激发用户对体验的欲望。所以在用户体验设计时，要根据网站具体情况自我权衡。

通常权衡的结果就是，在网站核心用户体验不变的基础上，增加新功能、设计风格逐步变化、网站整体融合。

2.5 网站的目标与用户需求

网站是展现企业形象、介绍产品和服务、体现企业发展战略的重要途径。所以在设计网站前，必须明确设计站点的目的和用户需求，从而做出切实可行的设计计划。

根据消费者的需求、市场的状况、企业自身的情况等进行综合分析，以“消费者”为中心，而不是以“美术”为中心进行设计规划。

从浏览者的角度来看，用户更喜欢有更多实质内容的网站页面，讨厌漫天广告的网页，这就是最简单的用户体验，也是最直接影响网页浏览度的因素。很多时候，用户体验直接影响到一个网站是否成功。一个不重视用户体验的网站，希望做大做强基本上只是空谈。

在准备设计规划网站前，首先要考虑以下内容。

1. 网站建设的目的是什么

在开始设计网站之前，一定要充分了解设计该网站的目的，也就是说网站未来将从事的主要业务以及用户群体。明确了网站建设的目的后，要同时对竞争对手的网站进行研究，然后再开始策划自己的网站，进行个性化的定制，满足用户需求，进行差异化竞争。

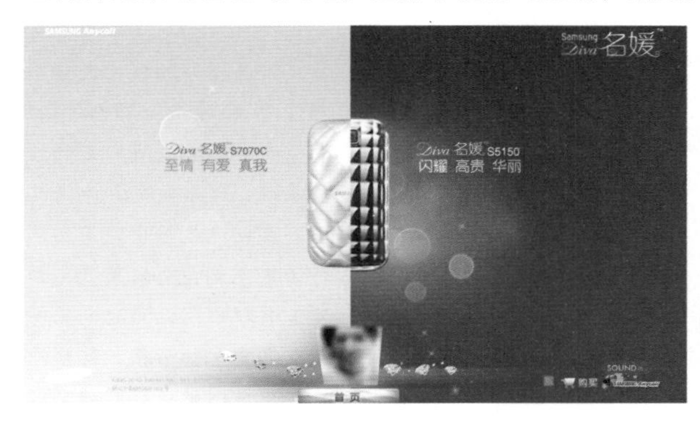

这是一款手机的宣传网站，其目的非常明确，就是当该新产品上市时对产品进行宣传，使用户更了解该产品，从而促进销售。由于该手机主要针对女性用户群体，体现女性的优雅和高贵，所以在网站设计中采用了紫色作为主色调，运用交互动画效果给浏览者以美的感受。

2. 明确网站的主要用户群体

一般情况下，大多数的网站都是针对某一类或某几类用户群体的。准确定位网站访问的用户群体，然后再有针对地进行页面设计制作，可以为网站后期的推广工作打下基础，使网站销售工作变得容易。

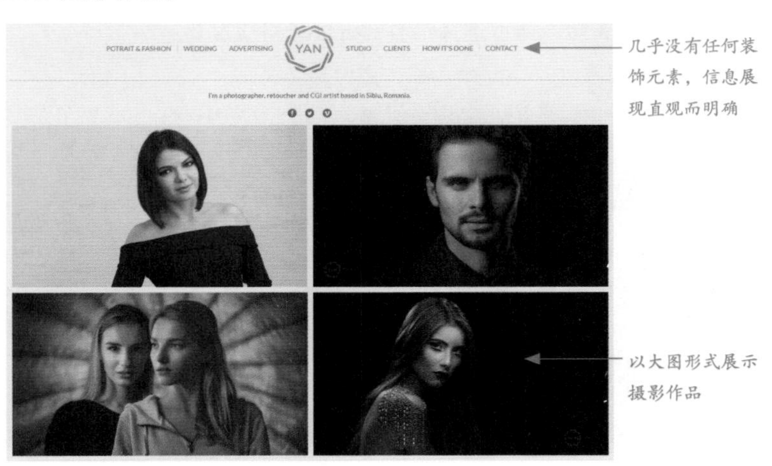

这是一个摄影图片工作室的网站设计，其目标群体非常明确，主要是摄影爱好者以及对商业摄影有需求的企业。在该网站页面的设计中，几乎没有任何过多的装饰，只有简捷的导航栏文字、Logo和摄影图片，非常直接地将摄影作品展示给浏览者，给浏览者一种最直接、便捷的用户体验。

3. 网站本身能够提供什么样的产品和服务

了解网站提供的产品和服务对于设计工作有很大的帮助。只有深入了解网站提供的产品和服务，才可以有的放矢，设计出与网站内容相符的效果，同时也为网站建成后的推广营销打下基础。不了解网站而盲目设计，这样的网站注定会失败。

4. 网站的目标消费者和受众的特点是什么

网站的产品和服务通常会有固定的消费群体，例如化妆品和服装网站的消费者大多为女性，汽车类网站的用户则以男性居多。如果错判了网站的消费群体，则设计出来的网站很可能不受欢迎，甚至可以严重到影响网站的业绩。所以，首先了解网站的消费者和受众群体是非常必要的。

该化妆品网站的设计充分明确了所针对用户群体的特点，女性白领，有一定的经济基础，追求时尚和生活品质。在网站设计中使用灰色作为主色调，搭配黑色与白色，表现出简约与时尚的特点，搭配人物形象，鲜明地表现出该网站所针对的目标消费群体。

5. 产品和服务适合什么样的表现方式（风格）

儿童网站通常都色彩鲜艳，充斥着大量的动画；女性网站多以温暖色为主，并以简捷、方便为主要表现形式。不同的企业产品和服务通常的表现形式也不同，网站的风格决定了用户浏览网站的频率和时间长短，所以选择恰当的设计风格很重要。

这是一个儿童类的网站设计页面，在页面中使用明度和纯度都较高的黄色与橙色相搭配，高明度和纯度的色彩给人一种活跃感，页面中内容的表现方式也采用了交互动画的形式，使浏览者感受到活泼、有趣。

2.6 用户激励机制

激励机制是通过一套理性化的制度来反映网站与用户相互作用的方式，激励机制的内涵就是构成这套制度的几个方面的要素。良好的网站激励机制，可以提升网站用户的活跃度，提升用户体验和网站竞争力。

2.6.1 用户激励的方式

从用户的基本需求出发，激励方式分为物质激励和精神激励。

1. 物质激励

物质激励包括实物和虚拟物品，用户会受到利益驱动做出一些行为。

社区类网站往往会提供一些社区周边物品作为会员奖励，例如吉祥物玩偶等。一些抽奖类活动则会选择价格较高的大众消费品作为奖品，甚至有些网站活动直接用现金激励用户。在电商类网站中，往往通过发放优惠券或满减等优惠措施来刺激用户购物。游戏类网站则会通过奖励游戏装备等来激励用户参与到网站活动中来。总之，不同的网站会根据其主营业务、网站特点、用户特征来选择合适的物品。

2. 精神激励

精神激励是通过满足用户情感诉求来激励用户的一种方式，包括存在感、荣誉感和权力等，这也是用户情感体验所在。

社区或社交类网站中，点赞、评论和关注等互动是给用户存在感的一种极为重要的方式。一些网站会通过榜单的形式来刺激用户做出努力以求得榜单前列的位置，例如微信运动。一些网站也会设置一套会员等级体系来刺激用户做出某种行为以使其获得较高的头衔或等级。

专家提示：特权也是在社区类网站中比较常用的会员激励手段，对那些高活跃、高贡献用户赋予某种网站特权，使其更乐意为社区做出贡献，例如论坛网站中的版主。

技巧点拨：在大多数产品中，物质激励和精神激励同时存在，在产品和运营中也都有所体现，只是在不同阶段，有不同的侧重点。对于运营来说，除了和产品配合将激励体系植入产品设计中之外，还需要做大量运营活动来激励，在明确激励方式的前提下，可以在实现途径和环节上做更多有趣的尝试。

2.6.2 等级与积分激励方式的表现

等级激励机制，这是各个网站和社区常用的一种激励方式。这种模式实际上是一种无形报酬诱导，在等级提升过程中会对会员的权限进行提升，就是有更多的权责来获取资源。在实际过程中，大部分的电商网站和社区网站对等级激励制作把握比较好。其实，普通网站完全可以通过等级激励机制来提高会员用户的价值，具体表现在时间、价格、资源数量上。

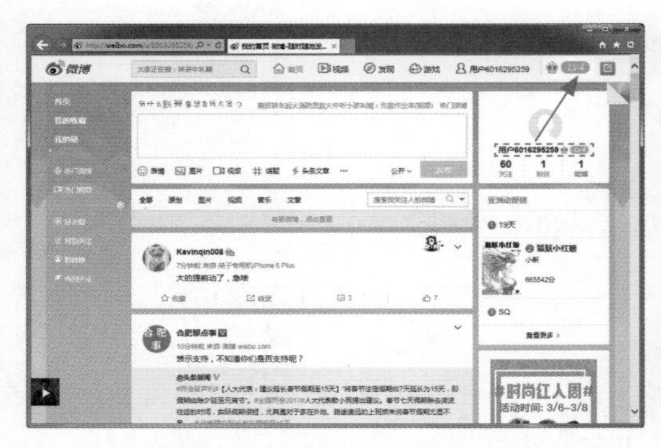

网站中会员等级的存在主要是用于回馈网站的忠实用户，鼓励用户多进行相应的操作。例如“新浪微博”中的等级激励机制，当用户登录到“新浪微博”网站，在用户名的右侧就会以图标的形式显示出用户的会员等级，在社交平台中会员等级可以看作身份的象征。单击会员等级图标可以进入到“我的等级”页面，在该页面中可以看到当前用户的等级，以及完成哪些操作可以提升等级，最重要的是在页面下方列出了不同会员等级可以兑换的奖品，等级越高，奖品价值越大，这样就激励用户在微博平台中不断完成任务，提升等级，有效地提高了用户参与的积极度。

专家提示：不同等级的会员在网站中都具有独享的特权，这些特权主要有两个作用，一是有效地激励用户在网站中多操作（例如消费、发帖等）提升会员等级；二是通过刺激用户的攀比心理，使用户在网站中多完成任务。

积分激励机制，这也是很多网站所采用的一种用户激励机制，但在应用上还相当不成熟。这是当前网站普遍存在的问题，归结到底是积分的流通性不高，大部分会员用户的积分在实际过程中得不到有效的使用，包括积分在当前网站的可兑换性和相关网站的兑换性。

这是“天猫”网站的会员积分页面（上图）和会员权益页面（下图）。在积分页面中用户可以了解到用户相应的积分以及积分的使用情况，并且使用较大的红色按钮突出显示“兑换超值商品与优惠券”，从而促使用户在网站中的消费。在菜单中单击“会员权益”选项，进入到会员权益页面中，可以看到会员的成长进度以及当前可享受的会员权益，从而满足用户的自身价值体现。

专家提示：还有在线时长的激励机制，这种机制也有一些网站在使用，虽然社区类和论坛类网站中涉及在线时长，不过其功能没有落到实处，也不能真实统计用户浏览网站页面的数量和在线时间，很多人认为这只是等级激励机制的一种叠加。

2.6.3 网站常用的具体激励方法

1. 优惠券

优惠券是电商和 O2O 网站特有的吸引用户手段。特别是初期网站上线后，经过简单的优惠券刺激就能把用户购买和活跃度进行短期的激活。特别是配合使用时间的限制，对一段时间内的需求和用户贪念无限制进行放大处理。优惠券体系特别适用于流量型网站和服务。

当浏览者打开“苏宁易购”网站时就会自动弹出新人红包领取的提示，很大程度上吸引了初次来到该网站的用户领取红包，并最终促成在网站中的消费。当然网站在不同时期会根据节假日的特点适当地推出相应的促销活动，用户同样可以领取相应的优惠券，刺激用户在网站中进行消费。

2. 积分商城

创建积分商城主要是对用户深度的活跃激励，有些用户为了通过积分去换取某些便宜的东西，都会经常想尽办法去获取积分。用户对于积分商城的依赖不亚于别的网站浏览度，用户通过积分商城可以实现自己的另一个方面价值和需求满足感。

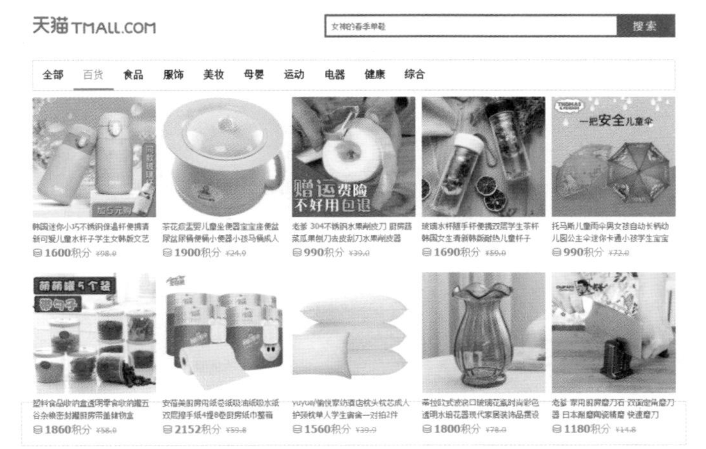

这是“天猫”网站的会员积分商城页面，将可以使用积分进行兑换的商品进行分类，便于用户查找，用户可以通过会员积分兑换商品，大大促进了会员的忠诚度。并且“天猫”网站的会员积分还可以进行抽奖，充分体现了网站会员积分的价值。

3. 用户登录或签到奖励

用户登录是对网站活跃度一个很好的保证，登录行为是对于一个网站的信任，所以我们可以通过登录签到的形式保持用户的活跃度。用户只要有了打开网站的机会，那么就会有机会进行下一步浏览行为，这样唤醒一个老用户的成本远远低于拉入一个新用户。

许多电商类网站，特别是电商类APP都会添加用户登录签到的功能，通过登录签到可以奖励积分甚至是现金优惠券，极大地提升了用户参与的热情，从而保持用户的活跃度，进而促进用户在网站中的消费。

4. 邀请新用户奖励

通过用户对网站的喜爱去传播给其他用户。这个过程中除了为网站拉来新用户外，这个老用户也会有一定活跃度在里面，因为通过激励去完成某些奖励之后，可以得到一些优惠或奖品。

许多刚上线的网站和APP，特别是社交类和电商类网站，为了快速地发展新用户，都会采用用户邀请体系，通过老用户邀请新用户进行注册，从而给予老用户一定的奖励。通过这种方式一是能够活跃网站的老用户，二是能够发展新用户。

5. 抵扣、折扣与满减

抵扣是对于某一种单品或者某大类的商品进行促销的行为，主要用于带动流量商品的购买量。折扣是针对某个商品进行百分比抵扣的方式，主要用于高价值单品的售卖，提高客单价。而满减是对于很多商品进行打包销售的策略，主要用于提高客单价和购买量。这些方式都能够对促进网站用户的活跃度有很大的帮助。

这是“途牛”旅游网的旅游产品特卖页面，在该页面中无论是顶部的推荐产品还是页面中各旅游产品都通过“折扣”“立减”“必抢”等描述来突出产品的价格优势，从而给用户一种很便宜的心理，很大程度上促进了网站用户的活跃度，促使用户快速购买产品。

6. 价格对比

在网站中价格对比的最简单的方式就是市场价多少，我们的价格比市场价低了多少，这种价格比较实际上就是和竞争对手的价格比较。还有一种就是我们的商品或服务在这个程度上又便宜了多少，这就是网站自身的价格对比，促进了用户进一步消费的可能性。

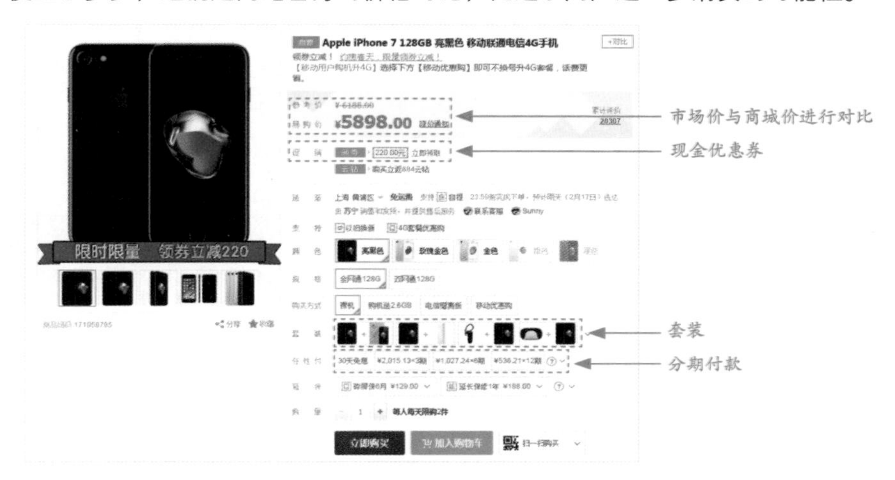

这是“苏宁易购”中某商品的详情页面，在商品名称的下方直接给出市场价与商城价的对比，让用户感受到最直接的价格优势。在价格的下方又直接给出现金优惠券，继续刺激用户下单购买商品，再往下还有套装和分期付款，这些方式都是为了进一步地促进用户消费。

7. 套餐

套餐是对商品进行一个合理打包销售的过程，在这个过程中，已经有大量的优惠政策在里面，而且套餐也适用于网站流量品的打造。套餐会对用户购买欲望起到进一步刺激的作用，达到转化购买和活跃用户的目的。

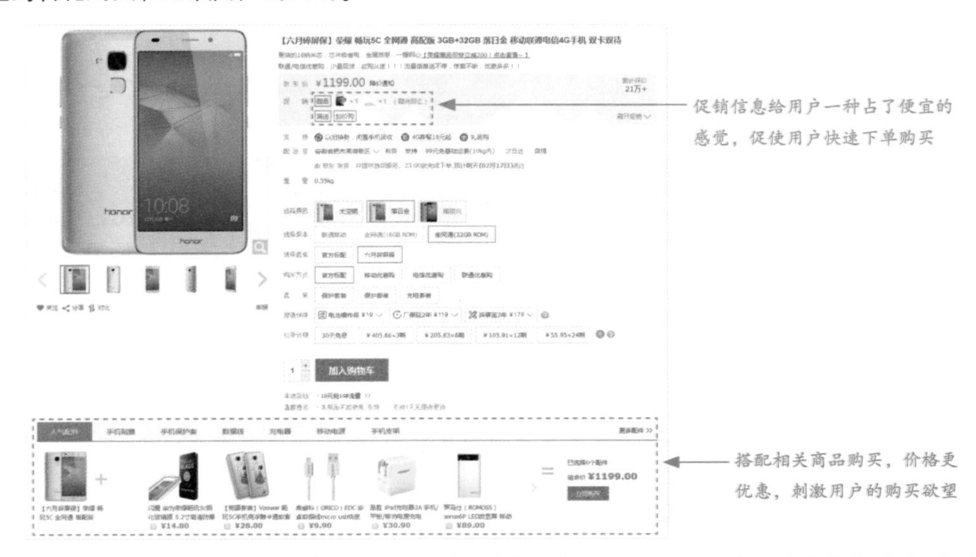

这是“京东”网站某款商品的详情页面，可以看到在商品价格下方的“促销”信息中包含“赠品”“满

送”“加价购”等促销信息，这些都能够有效地促使用户尽快下单购买。在商品基本信息的下方，特意设置“人气配件”栏目，根据当前商品推荐相应可搭配购买的商品进行打包销售，当然打包销售的价格比单独购买要省一些费用，这样极大地刺激了用户的购买欲望。

技巧点拨：很多用户激励机制是长期且贯穿网站始终的，因此将激励措施融入网站设计之中是一种明智的选择。积分系统、成长等级等体系是比较普遍的融入到网站设计中的激励机制，这种设计广泛用于电商、社区、社交等网站中，也有助于与网站用户建立起情感联系。

2.7 拓展阅读——用户行为分析

用户行为是指用户在使用产品时的行为，针对网站而言，就是用户在进入网站后所有的操作。网站用户行为分析，就是指在获得网站访问量基本数据的情况下，对有关数据进行统计、分析，从中发现用户访问网站的规律，并将这些规律与产品目标及策略相结合，从中发现目前网站存在的问题，为进一步改善网站，满足用户需求，提升用户体验提供依据。

常见的用户行为分析内容包含以下几个方面内容。

（1）用户在网站的停留时间、跳出率、回访率、新用户、回访次数、回访相隔天数；

（2）注册用户和非注册用户，分析二者之间的浏览习惯；

（3）用户所使用的搜索引擎、关键词、关联关键词和站内关键词；

（4）用户选择什么样的入口形式（广告或者网站入口链接）更为有效；

（5）用户访问网站流程，用来分析页面结构设计是否合理；

（6）用户在页面上的网页热点图分布数据和网页覆盖图数据；

（7）用户在不同时间段的访问量情况等；

（8）用户对于网站的设计及字体配色的喜好程度等。

2.8 本章小结

想要深刻地理解用户体验并为产品设计出色的用户体验，就必须更加深入地了解交互的参与主体——用户，通过对用户的感官特征和心理等进行深入研究，了解用户在交互过程中的心理和行为特点，可以指导我们在产品设计过程中给用户带来更加良好的用户体验。

03

Chapter

用户体验要素

越来越多的企业已经开始意识到，对所有类型的产品和服务来说，提供优质的用户体验是一个重要的、可持续的竞争优势。用户体验形成了用户对企业的整体印象，界定了企业和竞争对手的差异，并且决定了用户是否还会再次光临。

3.1 用户体验的分类

在互联网产品，特别是网站的设计中，用户体验比任何一个其他产品都显得更为重要。不管用户访问的是什么类型的网站，它都是一个自助式的产品，没有事先可以阅读的说明书，没有任何操作培训，没有客户服务代表来帮助用户了解这个网站，用户所能够依靠的只有自己的智慧和经验。

从用户的角度来看，如果网站在视觉上具有吸引力，他可能会花更多的精力来了解并使用这个网站。同样，如果用户觉得网站的设计很人性化，使用起来非常方便，也会促使他更多地访问该站点，这些都是良好的用户体验。

专家提示：可以举出很多类似的例子，但是，很难一下子定义清楚，什么是良好的用户体验，因为从网站按钮的放置，到网页的配色方案、引发的关联、页面的布局结构，再到客户支持，用户体验可以覆盖用户与产品交互时的方方面面。

就互联网产品而言，用户体验主要包含以下 3 类工作。

（1）信息架构：针对产品试图传达的信息而创建基本组织系统的过程。

（2）交互设计：向用户呈现组织系统结构的方式。

（3）形象设计：彰显产品的个性和吸引力。

3.1.1 信息架构

信息架构的英文全称为 Information Architecture，简称 IA，是在信息环境中，影响系统组织、导览及分类标签的组合结构。简单来说，就是对信息组织、分类的结构化设计，以便于信息的浏览和获取。信息架构最初应用在数据库设计中，在交互设计，尤其是网站设计中，主要用来解决内容设计和导航的问题，即如何以最佳的信息组织方式来诠释网站内容，以便用户能够更加方便、快捷地找到所需要的信息。因此，通俗地讲，信息架构就是合理的信息展现形式。通过合理的信息架构，网站内容能够有组织、有条理的呈现，从而提高用户的交互效率。

1. 信息架构的方法

信息架构可以通过从上至下和从下至上两种方法进行构建。

（1）从上至下

从对网站目标和用户需求的理解出发直接进行结构设计。先从最广泛的、满足决策目标的潜在内容与功能开始进行分类，然后依据逻辑细分出次组分类。这样，主要分类与次级分类提供了一个层级结构，内容和功能可以按照顺序一一添加。

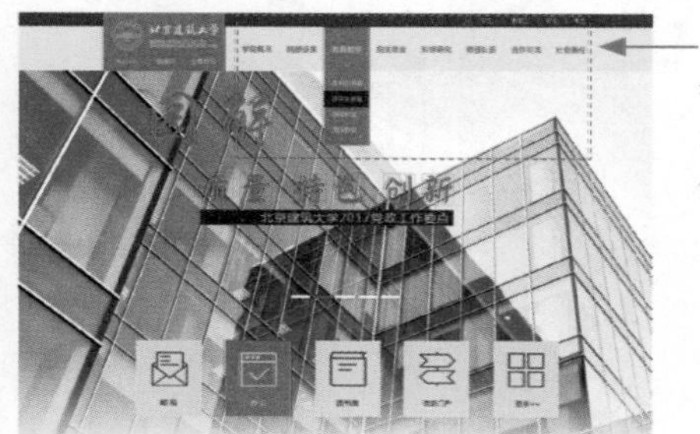

网站中的栏目和内容分类采用从上至下的信息架构方法

这是一个学校的网站页面，通过该网站页面顶部的主导航菜单可以看出，该网站中的栏目和内容分类采用的就是从上至下的信息架构方法，这也是很多企业网站所采用的信息架构方法，先决定大的分类，再从每个大分类中细分出小的分类层次，信息结构清晰明了。

（2）从下至上

根据对信息内容和功能设计的分析而来的。先从已有的资料开始，把这些资料统统放到最低级别的分类中，然后再将它们逐层归属到高一级别，从而逐渐构建出能够反映网站目标和用户需求的结构。

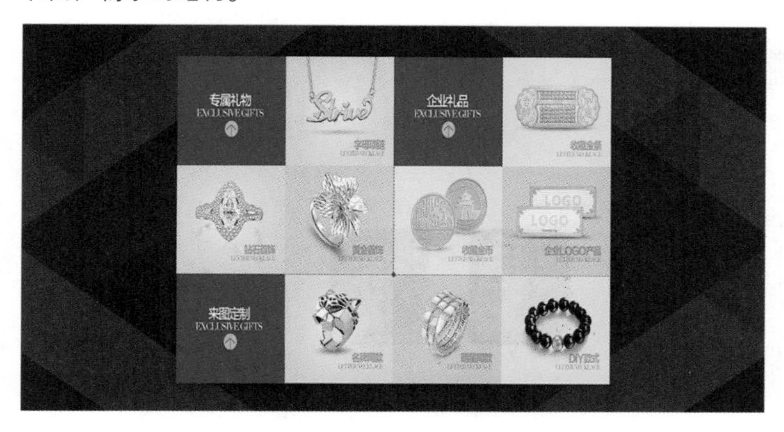

这是某淘宝页面中的产品分类导航，主要是根据网站中现有的商品类型来从下而上地对信息内容进行架构，用户可以清楚地了解到网站中现有的商品类型并做出选择。

技巧点拨：这两种信息架构的方法都有一定的局限性。从上至下的方法可能导致内容的重要细节被忽略，从下至上的方法可能导致架构过于精确地反映了现有的内容，而不能灵活地容纳未来内容的变动。因此，应该在从上至下和从下至上的设计方法之间寻找到平衡。通常，从上至下的信息架构方法用于网站的整体结构组织和框架上，而从下至上的方法则用于局部设计细节的处理上。

2. 信息架构的结构类型

信息架构的基本单位是节点，节点可以对应任意的信息单位，可以小到一个数字，或者大到整个公司。设计要处理的就是这些节点，而不是特定的页面、文档或组件。节点的抽象性使设计师能够将注意力放在结构的组织上，而忽略内容带来的影响，常见的节点组织结构类型有下面几种。

（1）层级结构

层级结构也称为树状结构或中心辐射结构。在这种结构中，节点与其他相关节点之间存在父级与子级的关系。子节点代表更狭义的概念，从属于代表着更广义类型的父节点。不是每个节点都有子节点，但是每个节点都有一个父节点。顶层的父节点也被称为根节点。

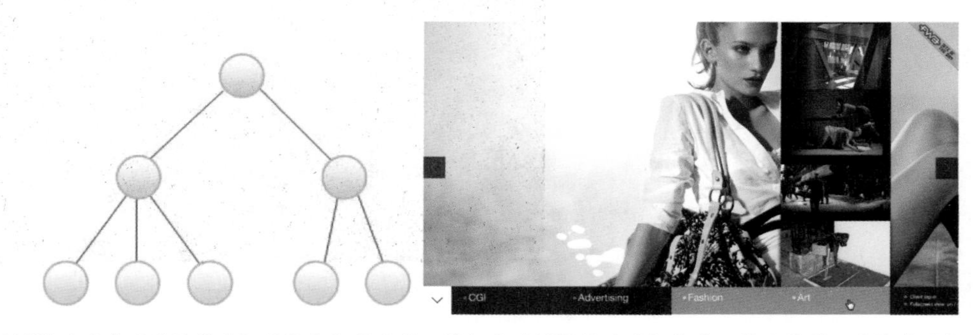

该摄影网站采用的就是层级的信息架构方式，将相应的摄影作品进行分类，并放置到不同的类别中，用户可以通过在网站页面底部的分类来选择查看该类型的摄影作品。这种层级结构的信息架构非常容易理解，对于网站中栏目和内容的层次表现也非常明确、直观。

专家提示：层级结构对于用户来说很容易理解，计算机也倾向于层级的工作方式，因此这种信息结构类型在网站设计中最为常见。

（2）矩阵结构

矩阵结构的节点按照矩形结构连接，允许用户在节点与节点之间沿着两个或者更多的维度移动。矩阵结构通常能够帮助那些有不同需求的用户在相同的内容中寻找他们想要的东西，因为每一个用户的需求可以和矩阵中的一个轴联系在一起。

矩阵结构的信息架构选项，满足不同用户需求

这是某电商网站的产品列表页面，在商品列表的上方提供了多个选项供用户选择不同的商品排列方式，有些用户希望通过销量浏览商品，有些用户则喜欢通过价格来浏览商品，那么矩阵结构就能同时容纳多种用户的需求。

专家提示：如果网站的导航采用矩阵结构进行设计，超过3个维度可能就会引起问题，当达到4个或者更多的维度时，矩阵结构的复杂性反而降低了信息结构的可视性，造成信息组织的混乱，降低了用户查找信息的效率。

（3）自然结构

自然结构没有太强的“分类”概念，节点是逐一被连接起来的，不会遵循任何一致的模式。该结构适合于探索一系列关系不明确或者一直在演变的主题。但是由于组织的无规律性，该结构没有给用户提供一个清晰的指示，帮助用户定位他们在结构中的哪个部分，所以自然结构常用于鼓励自由探险与体验的网站，如娱乐、教育网站或者在线小游戏。

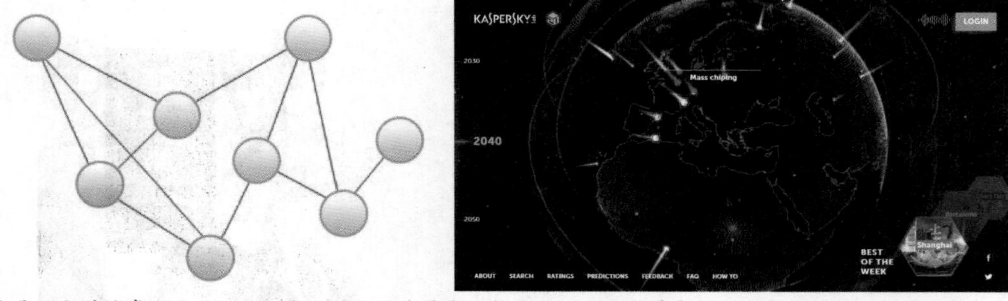

这是一个科技感十足的网站，交互动画与背景音乐相结合，给用户带来一种非常强烈的未来科技感。在该网站页面的底部放置导航菜单，导航菜单体现出网站主体内容的层级结构，而网站页面中的信息内容则采用了自然结构的信息架构形式，没有给用户提供清晰的指示，鼓励用户在页面中进行体验和探索，发现相应的信息内容。

（4）线性结构

线性结构是传统媒体的信息结构方式，也是用户最为熟悉的信息架构方式。在网站交互设计中，线性结构常用于小范围的组织结构中，如用于限制产品内容的线性显示顺序，例如分段的教育视频就必须以线性结构组织，从而确保视频内容的连贯与流畅。

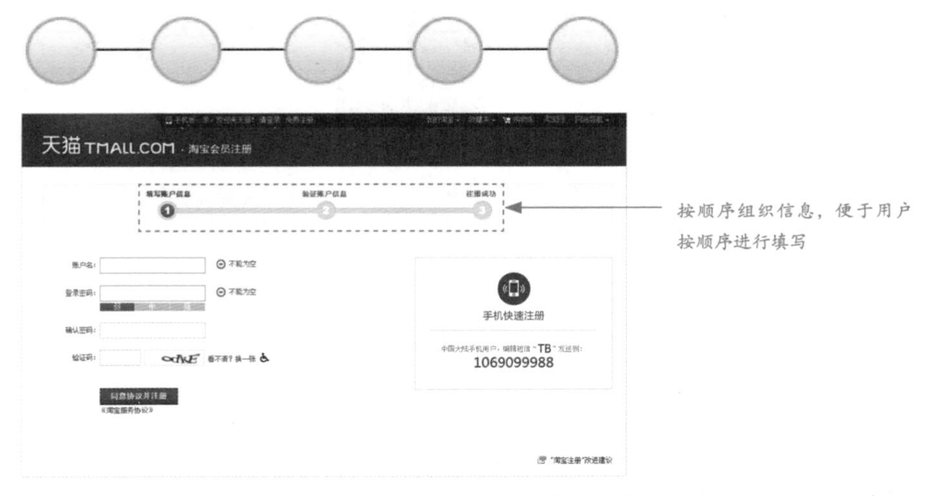

这是“天猫”购物网站的会员注册页面，在该页面中将需要用户填写的注册信息划分为3个部分，以线性结构的信息架构方式来依序显示相应的注册选项，并且为用户提供了清晰的步骤指引，从而确保用户必须按照该线性结构来填写相应的信息内容。

3. 信息架构的组织原则

节点在信息架构中是依据组织原则来排列的，可以按照精确性或模糊性的组织原则将信息进行分类。其中，精确性组织原则是将信息分成定义明确的区域或互斥区域，例如按照字母顺序或者地理位置。以网站为例，可以根据用户使用语言的不同将网站信息分为“English”和“中文版”，也可以根据网站面向用户的地域不同将网站内容按照“亚洲”“欧洲”等进行划分。

这是Adobe公司的官方网站，用户在该问该网站时，网站会根据用户的IP地址自动判断用户来自哪个地区，从而显示该地区的官方网站页面。在网站页面的底部提供了“更改地区”的文字链接，单击该链接，以弹出窗口的形式选择地区列表，用户可以自由选择需要访问不同地区的Adobe官方网站，不同地区的Adobe官方网站不但提供了不同的语言文字还提供了不同的网站内容。

模糊性组织原则是按照信息的意义进行分类的，例如新闻网站按照主题分类、电商网站按照产品类型进行分类等，相对比较主观。

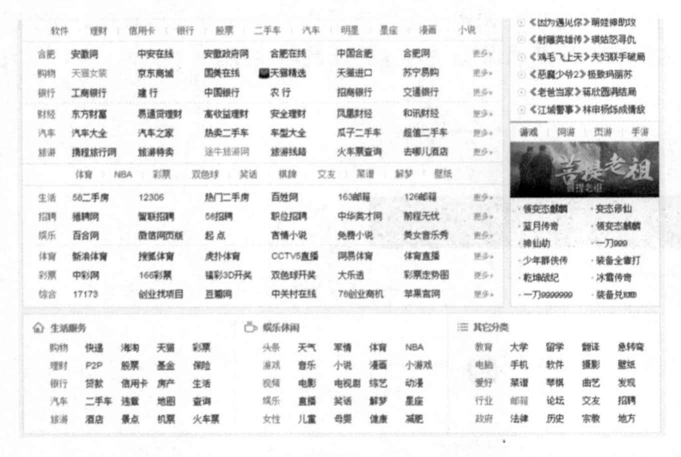

这是我们常见的一个主题分类网站，在该网站页面中主要是通过按主题对信息进行分类的方法向用户提供不同类型网站的访问链接，这种信息分类方法就是运用了模糊性组织原则。

通常情况下，网站结构中高层的信息组织应该符合网站的目标和用户需求，低层的分类应该考虑产品的内容与功能。例如，新闻网站经常以时间顺序作为主要的组织原则，因为实时性对于新闻来说是最重要的。在确定了高层的组织原则后，下一级结构可以与内容紧密相关，因此可以按照不同的内容组织分类，如“政治”“经济”“文化”等。

新闻类网站最重要的就是新闻内容的时效性，例如在该新闻类网站的某新闻版块中，按时间顺序来组织排列新闻内容标题，显示最新的新闻资讯，同时在该栏目标题中还提供了按不同内容划分的新闻分类名称，便于用户看到不同类别的最新新闻资讯。

错误的信息组织原则会给用户查找信息带来不便，例如一个在线化妆品销售网站，按照产品生产日期组织信息，对于一般消费者来说，这就是一种错误的组织原则。尽管生产日期是一个重要的购买因素，但是大多数人更倾向于通过品牌或者价格来选择产品，而不是生产日期。

技巧点拨：对于交互网站来说，可能同时具有多个信息组织原则，最好能够按照每一个可能的组织原则架构信息，以便帮助用户按照自己的需求去选择合适的浏览方式。

除此之外，一个有效的信息架构应该具备容纳成长和变动的能力。交互产品尤其是网站也会随着时间的流逝而成长、改变。在许多情况下，满足新的需求不应该导致产品信息架构的重新设计，而是在原有信息分类的基础上增加新的分类或者重新分类。例如，网站在只有几个月的新闻量时，可以将新闻按照日期分类，并允许用户翻页查找，这样的信息组织结构已经足够了，但是几年后，当信息大量积累，按照主题来组织新闻或许更加实用。

专家提示：信息架构是在符合设计目标，满足用户需求的前提下，将信息条理化，不管采用何种原则组织分类信息，重要的是要能够反映出用户的需求。通常，在一个信息架构合理的交互网站中，用户不会刻意注意到信息组织的方式，只有在他们找不到所需要的信息或者在寻找信息时出现困惑了，才会注意到信息架构的不合理性。

3.1.2 交互设计

交互设计又称为互动设计，英文全称为 Interaction Design，简称 ID，是人工制品、环境和系统的行为，以及传达这种行为的外形元素的设计与定义。人们在使用网站、软件、消费产品或种种服务的时候，实际上就是在同它们进行交互。这种使用过程中的感觉就是一种交互体验。随着网络和新技术的发展，各种新产品和交互方式越来越多，人们也越来越重视对交互的体验。

从用户角度来说，交互设计本质上是一种如何让产品易用、有效且让人愉悦的技术，它致力于了解目标用户和他们的期望，了解用户在同产品交互时彼此的行为，了解“人”本身的心理和行为特点，同时，还包括了解各种有效的交互方式，并对它们进行增强和扩充。交互设计的目的在于，通过对产品的界面和行为进行交互设计，让产品和它的使用者之间建立一种有机关系，从而可以有效达到使用者的目标。

这是一个交互式的汽车宣传介绍网站，该网站页面的设计非常简捷，只有品牌 Logo 和产品形象的展示，其中产品形象的展示采用了交互设计的方式。当用户刚进入到该网站页面中时，在页面中会显示鼠标拖曳的动画提示，提示用户通过拖动鼠标在网站中进行交互操作，在旋转到车身相应的位置时会显示闪烁的白点，提示用户单击查看详情。采用交互操作的方式宣传展示商品，可以有效增强用户与产品之间的互动，使用户得到一种愉悦感。

专家提示：交互设计直接影响着用户体验，它决定如何根据信息架构进行浏览，如何安排用户需要看到的内容，并保证用最清晰的方式及适当的重点来展现合适的数据。交互设计不同于信息架构，就像设计和放置路标不同于道路铺设过程一样，信息架构决定地形的最佳路径，而交互设计放置路径并画出地图。

1. 交互设计需要 4 方面信息

交互设计所需要的信息一般包括以下 4 个方面。

（1）任务流

指进行某项正确操作所必需的一连串动作。研究任务流包括了解人们按照什么顺序查看要素；对下一步有什么期望，他们需要什么反馈，结果是否符合他们的预期。

（2）界面的可预见性和一致性

确定用户需要多少可预见性操作才能顺畅执行任务流，以及不同任务流需要多一致才能够让用户感到熟悉。

（3）网站特征和特定界面要素重点之间的关系

例如，网站页面右侧的大幅图解是否会导致用户注意力从左侧核心功能发生转移，在界面不同位置重复出现某个特征是否会影响人们的使用频率。

（4）不同受众

与熟练用户相比，初次使用的用户需要不同特性，使用方法也不同。如果产品要服务于不同目标市场，应该要知道市场想要什么，以及他们能用什么产品。

提示用户可使用键盘方向键和鼠标来控制页面

该自行车宣传介绍网站使用全交互的表现方式，页面采用简捷的表现形式，以产品图片作为页面背景，搭配简捷的文字介绍和图片。在页面的左下角位置通过图标的方式来提示用户可以使用键盘上的方向键和鼠标来操作页面，页面中的菱形图片也采用了交互的方式，鼠标移上去会翻转并显示相应的内容，非常容易理解和操作。

2. 交互设计的一般步骤

通常来说，交互设计都会遵循类似如下的步骤进行设计，为特定的设计问题提供某个解决方案。

（1）用户调研	通过用户调研了解用户及其相关的使用场景，以便对其有深刻的认识（主要包括用户使用时的心理模式和行为模式），从而为后续设计提供良好的基础。
（2）概念设计	通过综合考虑用户调研的结果、技术可行性以及商业机会，为交互设计的目标创建概念（目标可能是新的软件、产品、服务或系统）。整个过程可能来回迭代进行多次，每个过程可能包含头脑风暴、交谈、细化概念模型等活动。
（3）创建用户模型	基于用户调研得到的用户行为模式，设计师创建场景或者用户故事来描绘设计中产品将来可能的形态。通常，设计师设计用户模型来作为创建场景的基础。
（4）创建界面流程	交互设计师通常需要绘制界面流程图，用于描述系统的操作流程。

(5) 开发原型以及用户测试	交互设计师通过设计原型来测试设计方案。原型大致可以分为 3 类：功能测试的原型、感官测试原型和实现测试原型。总之，这些原型用于测试用户和设计系统交互的质量。
(6) 实现	交互设计师需要参与方案的实现，从而确保方案实现是严格忠于原来的设计的；同时，也要准备进行必要的方案修改，从而确保不伤害原有设计的完整概念。
(7) 系统测试	系统实现完毕的测试阶段，可以通过用户测试发现设计的缺陷，设计师需要根据情况对方案进行合理的修改。

3.1.3 视觉形象设计

产品的形象能够传达产品价值，形象设计独立但又贯穿在产品信息架构和产品交互设计过程的始终。产品形象的设计和评价系统复杂而变化多样，有许多不确定因素，特别是涉及人的感官因素等，包括人的生理和心理因素。就网站而言，网站的视觉形象代表着网站的风格和感觉，它代表着一些独特的、令人难忘的东西。在某些情况下，它甚至会超越产品功能的重要性。

这是某品牌饮料的宣传网站，在该网站的设计中使用与该饮料品牌形象统一的橙色作为页面主色调，在页面中使用比较自由的排版方式，将产品图片放置在页面中间位置，突出其形象的表现，整个网站页面的视觉形象与品牌形象相统一，加深该品牌在消费者心目中的印象。

网站的视觉形象受到许多因素的影响，例如整个页面的颜色是否协调，如果不协调，可能会给人刺眼的感觉；网页上的文字是否易于阅读，文字太细、颜色太浅、页面太长或超出屏幕宽度都会给人带来阅读上的困难；图片能给网站增色，但图片太大、太多、太模糊都会引起用户的反感；还有动态与静态是否配合得当，无节制地滥用动画、滚动字幕等效果会让人眼花缭乱，但死气沉沉、毫无生气的页面也会让人感到乏味。

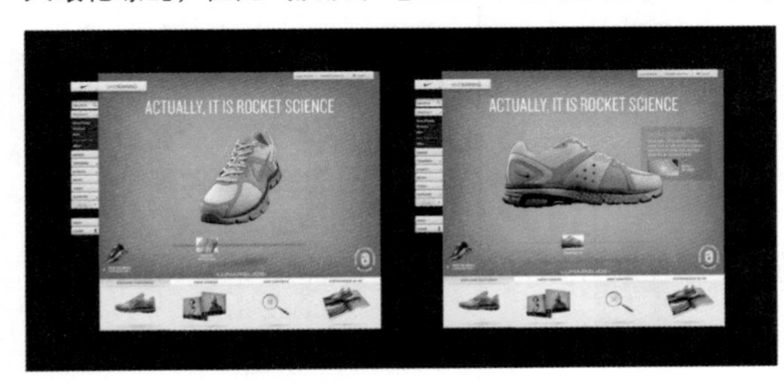

这是Nike品牌的官方网站页面设计，与已有的品牌形象明显相关，简捷的页面布局搭配大幅的产品宣传图片，突出表现最新的产品。在线品牌关联和定义线下品牌的关联一样，包括标识、颜色、口号等。

专家提示：视觉设计师的工作是传达区别于竞争对手且同时和公司其他产品保持一致的形象。虽然视觉设计师的工作与网站营销密切相关，但二者还是有一个关键的区别，即视觉设计师的目标是让用户的网站体验独特而愉快，人们不用的时候也能够记住网站。视觉设计师关心产品的直接体验，而不是市场对产品品牌的认知和接受程度。

如果已经定义了网站的目标受众，视觉设计师需要知道诸如与其他同类网站相比，我们的竞争优势在哪里；用户在看到界面时关心哪些内容，忽视哪些内容，以及他们认为重要的交互部分；网站的实际当前用户主要是哪些人，与我们的目标受众是否吻合等信息。

无论从当前看，还是从长期看，视觉设计的目标都是要创造令人满意而难忘的用户体验。

3.2 用户体验的要素模型

用户体验是一种用户在使用一款产品或服务的过程中建立起来的主观心理感受。由于是主观感受，就带有一定的不确定因素。同时，个体差异也决定了每个用户的真实体验是无法通过其他途径来完全模拟或再现的。

网站用户体验的整个开发流程都是为了确保用户在网站上的所有体验不会发生在明确的、有意识的意图之外。这就是说，要考虑到用户有可能采取的每一个行动的每一种可能性，并且去理解在这个过程的每一个步骤中用户的期望值。这听上去像是一项很庞大的工作，而且在某种程度上来讲也的确如此。但是，我们可以把设计用户体验的工作分解成几个组成要素，从而帮助我们更好地了解整个问题。

3.2.1 5个层面

很多人都有过在网上购物的经历，这种过程几乎是一样的：你访问购物网站，用站内搜索引擎或者分类目录寻找你想要购买的商品，把你的付款方式和邮寄地址告诉网站，然后网站则保证将商品递送到你的手中。

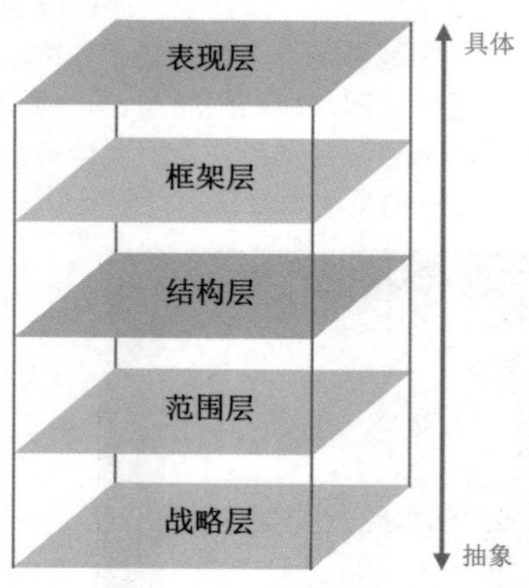

这个清晰、有条不紊的体验，事实上是由一系列完整的决策组成的：网站看起来是什么样子？它如何运转？它能让用户做什么？这些决策彼此依赖，告知并影响用户体验的各个方面。如果我们去掉这些体验的外壳，就可以清晰理解这些决策是如何做出来的了。

为了明确用户体验的整个过程，我们从网络交互最基本的形式——网页设计入手分析用户体验的要素，将用户体验的要素总结为 5 个层面：表现层、框架层、结构层、范围层、和战略层，并从每一个层面包含的子要素入手提出符合用户体验的设计原则。

1. 表现层

表现层主要是网站的视觉效果设计。在表现层中，我们看到的是一系列的网页，这些网页由图片、文字及音乐等多媒体元素构成。一些图片可能是可以点击的，会执行某种功能，例如一个购物车的图标，会把用户带到购物车页面，而有些图片可能仅仅是装饰而已。文字信息也是如此，有一些可能会有超链接。

在该摩托车品牌产品宣传网站中，运用深灰色与浅灰色倾斜分割的背景来突出表现产品的运动感和力量感，在页面中不同的位置放置具有提示作用的小图标、带有左右箭头的小图片提示用户单击可以切换当前页面中所展示的产品，而带有向下箭头的小图标则提示用户单击继续浏览网站中的其他内容，页面中每一个元素的表现都非常直观、易理解，方便用户操作。

2. 框架层

在表现层下面的是框架层，框架层利用按钮、控件、照片及文本区域位置等元素来优化网站的设计布局，使这些元素的使用效果和效率达到最大化，确定很详细的网站页面外观、导航和信息设计。

在框架层中主要是对页面中不同的内容区域进行划分，确定网站页面的布局，从而方便对网站页面的视觉表现效果的设计。该家纺品牌的宣传网站，页面布局结构非常清晰，各部分内容排列有序，非常方便用户浏览和查看相应的信息内容。

3. 结构层

在框架层下面的是结构层，框架是结构的具体表现方式。框架层设定网页上交互元素的位置，而结构层则用来设计用户如何到达某个页面，以及访问结束后能够去到哪里。框架层定义了导航栏中各要素的排列方式，允许用户浏览不同的分类，而结构层则确定哪些类别应该出现在哪里。

结构层主要用于表现用户如何到达某个页面，以及当前所在的位置。在该品牌手表的网站设计中，页面的结构与表现效果都非常简捷和直观，每个页面中都使用了不同的颜色作为背景色，搭配产品图片及简捷的说明文字。在页面底部应用特效的图形提示用户单击或滚动鼠标来继续浏览网站中的其他页面内容，在页面右侧也为用户提供了圆点提示，用户可以单击进行页面的跳转，当前所在位置则显示为红色图标，简捷的结构使得用户操作非常方便。

4. 范围层

结构层确定网站各种特性和功能最适合的组织方式，而所有这些特性和功能就构成了网站的范围层。例如，大多数电商网站都提供了这样一个功能，使用户可以保存以前的收货地址，这样当用户再次购买商品时可以直接使用所保存的地址，这个功能就属于“范围层”要解决的问题。

简单来说，范围层主要用于设定网站中所包含的内容及功能。例如，“京东”网站中包含了几乎所有大型电商网站都有的功能，详细的商品分类导航、为熟练用户提供的站内搜索，以及右侧悬挂的快捷功能图标等，当然每一个功能中都还包含很多功能体现细节，这些都是在范围层中需要考虑到的。

5. 战略层

成功的用户体验，其基础是一个被明确表达的战略。网站的范围基本上是由网站的战略决定的。这些战略不仅包括网站经营者想从网站得到什么，还包括用户想从网站得到什么。例如电商网站，一些战略目标是显而易见的：用户想买到商品，网站想卖出商品。另一些目标可能并不是那么容易说清楚，例如促销信息等。

战略层决定了网站的定位，由用户需求和网站目标决定。用户需求是交互设计的外在需求，包括美观、技术、心理等各方面，可以通过用户调查的方式获得。网站目标则是设计师和设计团队对整个网站功能的期望和目标的评估。

专家提示：**表现、框架、结构、范围和战略这5个层面中，每一层我们需要处理的问题既有抽象的，也有具体的。在最下面的战略层，我们不需要考虑网站、产品或者服务最终的表现形式，我们只关心网站如何满足我们和用户的需求。在最上面的表现层，我们则只需要关心产品所呈现的具体细节。随着层面的上升，我们要做的决策会逐渐从抽象变得具体。**

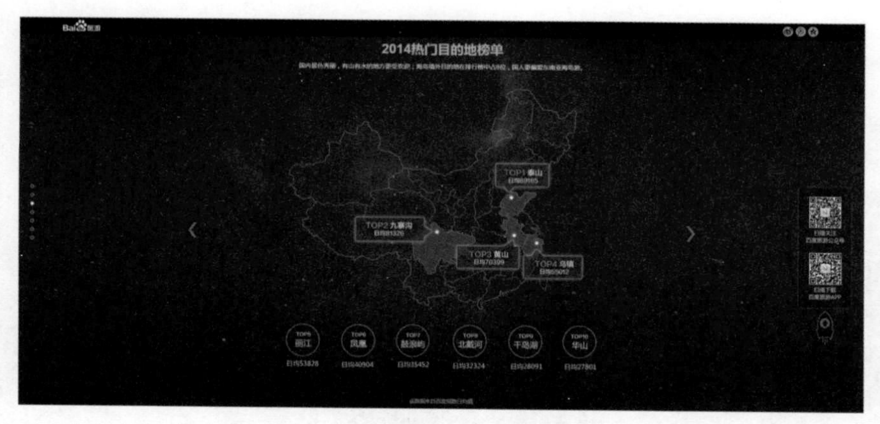

这是一个关于年度旅游指数的宣传介绍网站，其目的非常单纯和明确，就是通过全面、细致的全国旅游数据分析介绍，使用户相信其全面的数据分析能力和权威性，从而下载并使用该企业所开发的旅游 APP 产品。而用户则可以通过该网站了解到年度最热门的旅游目的地等相关信息，从而为自己的旅行做出相应的计划。

这 5 个层面定义了用户体验的基本架构，并且由“连锁效应”相互联系与制约，即每一个层面都是由它上面的那个层面来决定的。所以表现层由框架层决定，框架层则建立在结构层的基础上，结构层又受到范围层的影响，范围层则根据战略层来设计。在每一个层面中，用户体验的要素必须相互作用才能完成该层面的目标，并且一个要素可能影响同一个层面中的其他要素。

专家提示：通过以上5个层面及子要素的划分，用户体验不再是一个抽象的概括的理念，而是具体的可触控的设计方针。用户体验贯穿于网络交互设计的各个方面，在指导交互设计的同时也受到交互设计的影响。

技巧点拨：在产品或者项目的开发过程中，不要在较低层面的设计完全结束后才开始进行较高层面的设计。如果要求每个层面的工作在下一个层面可以开始之前完成，会导致设计师和用户都不满意的结果，更好的方法是让每个层面的工作在下一个层面结束之前完成。

3.2.2 要素模型

互联网站在出现之初，仅仅是一种互相沟通的方式。随着技术的发展，许多新特性被加入到网页浏览器和服务器中，网页开始拥有更多的新功能。在网页变得流行和普遍后，它具有更复杂和强大的功能，网站不仅能够传达信息，还能够收集和控制信息。网站与用户的互动性更强，响应用户输入的方式也类似于传统的桌面应用程序。在商业应用融入互联网后，这些功能被应用于更大的范围，购物网站、社区论坛、网上银行相继出现。网站从最初的静态地向用户展示信息内容，逐渐过渡到现在以数据库为基础，根据用户的需求动态地向用户展示信息内容。

信息和功能成为网站的两个方向，在网站的用户体验开始形成时，设计师可能会从功能的角度来看待网站，把每一个问题看成是应用软件的设计问题，然后从传统的桌面应用程度的角度来考虑解决方案。同时，设计师也可能会从信息的发布和检索角度来看待网站，然后从传统出版、媒体和信息技术的角度来考虑如何解决问题。这是两个不同的角度，究竟网站应该分类到应用程序，还是分类到信息资源，往往会让设计师产生困扰。

被称为“Ajax 之父”的 Jesse James Garrett，提出了用户体验的五层要素模型，为了解决

上述的双重性问题，模型中把这五个层面从中间分开。在左边，这些要素用于描述功能型的平台类产品；在右边，这些要素用于描述信息型的媒介类产品。

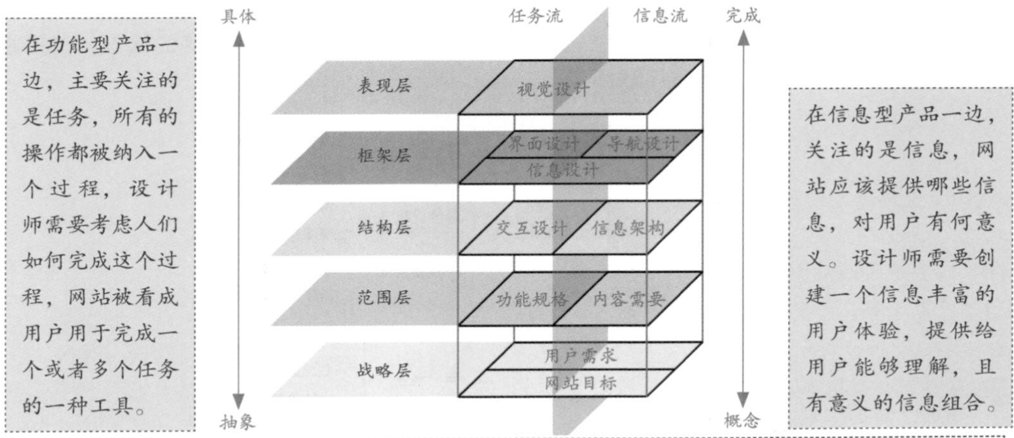

战略层	无论是功能型产品还是信息型产品，战略层所关注的内容都是一样的。来自企业外部的用户需求是网站的目标，尤其是那些将要使用网站的用户。在战略层要考虑用户希望从网站获取什么，他们想要达到的目标将怎样满足他们所期待的其他目标。除了用户需求外，还需要考虑网站的产品目标，也就是设计师对网站的期望目标，可以是商业目标，也可以是其他类型的目标。
范围层	对功能型产品而言，范围层需要创建功能规格，也就是对产品的功能组合的详细描述。而对于信息型产品来说，范围层需要定义内容需求，也就是对各种内容元素要求的详细描述。
结构层	在功能型产品一侧，结构层将从范围转变成交互设计，主要定义系统如何响应用户的请求。在信息型产品一侧，结构层则是信息架构，主要是合理安排内容元素从而促进用户理解信息。
框架层	框架层被分成了信息设计、界面设计和导航设计 3 个部分。信息设计是指通过合理的设计使得信息的表达更加清晰、明确，用户更容易理解。不管是功能型产品还是信息型产品，都必须完成信息设计。界面设计是针对功能型产品而言的，指的是安排好能让用户与系统的功能产生互动的界面元素。导航设计就是信息型产品的界面设计，指的是屏幕上的一些元素的组合，允许用户在信息架构中穿行。
表现层	不管是功能型产品还是信息型产品，在表现层都需要为最终产品创建感知体验，其中最主要的就是视觉设计。

3.3 战略层详解

明确的战略是用户体验设计成功的基础。能够明确企业与用户双方对网站的期望和目标，有助于促进用户体验各方面战略的确立和制定，这似乎是很简单的任务，但事实上却并非如此。

导致网站失败最常见的原因不是技术，也不是用户体验，而是在网站设计之初，我们没有明确两个问题。

（1）我们要通过这个网站得到什么？

（2）用户通过这个网站可以得到什么？

这两个问题其实就是我们明确网站的定位和用户的需求，这是我们在用户体验设计过程中做出任何决定的基础，但很多产品在进行用户体验设计时对此并没有明确的认识。在战略层中所涉及的相关元素和细节如下表所示。

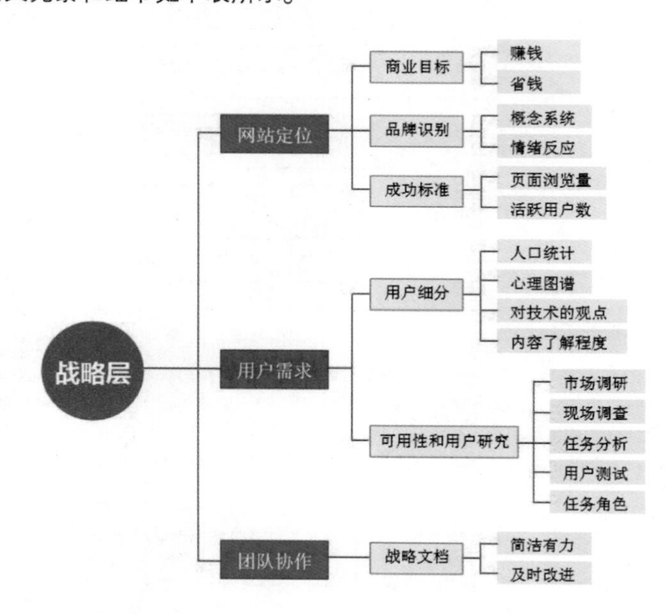

3.3.1 确定产品定位

对于任何一款产品，都不可避免地要同时考虑商业价值和用户需求。因为只有让用户满意，愿意使用产品，企业才能够从中获得商业价值。商业价值提升了，企业才能够花费更多的时间和精力在提升用户体验上。因此商业和用户两个因素，缺一不可。

当然，再好的需求也需要有开发人员的配合，要保证在时间允许的前提下项目可实现才行。因此在实际工作中，需要从商业、用户、技术三个角度来平衡考虑需求。

产品定位是产品设计的方向，也是需求文档和设计产出的判断标准。此外，产品定位也使团队成员形成统一的目标和对产品的认识，使团队更有凝聚力，使得沟通效率、工作效率得到大大提升。因此在确定具体需求之前，一定要首先考虑产品定位是什么。

产品定位实际上是关于产品的目标、范围、特征等约束条件，它包括两方面内容：产品定义和用户需求。产品定义主要由产品经理从网站角度考虑，用户需求主要由设计师从用户角度考虑。最终的产品定位应该是综合考虑两者关系的结果。

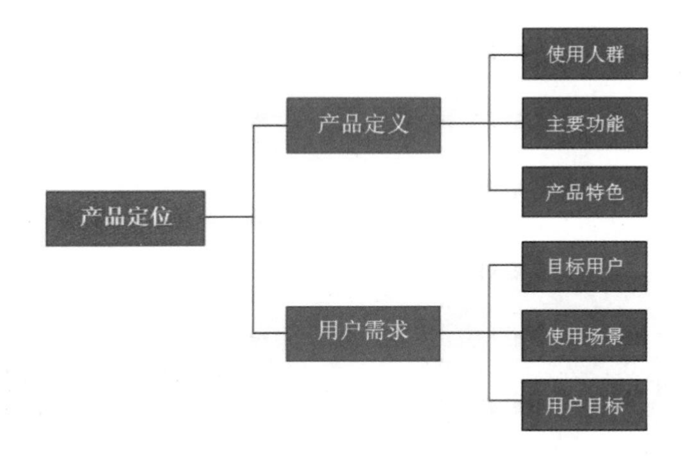

1. 什么是产品定义？

产品定义包括使用人群、主要功能和产品特色；用户需求包含目标用户、使用场景和用户目标。其中目标用户是在使用人群细分的基础上得到的，它也在一定程度上影响了使用场景和用户目标。

专家提示：**产品定义中的主要功能、产品特色和用户需求中的目标用户形成了产品定位中最核心的内容，是产品设计最主要的方向和依据。**

产品定义就是用一句话来概括某个产品，例如一个专门为设计初学者提供在线学习的网站，这里的使用人群是“设计初学者”，主要功能是“在线学习”，产品特色是“方便易用”。如果你的产品很难用一句话描述清楚，那么很可能是因为你的产品定位不够清晰、方向不够明确。

使用人群：明确产品主要为谁服务，所有的功能、内容、设计风格的设定都围绕这类人群来进行。

主要功能：划定了功能的范围和限制。

产品特色：使产品区别于同类竞争者，让所开发的产品在同类产品中脱颖而出，更具有竞争力。

这是一款儿童安全监控APP应用产品，搭配该企业所生产的儿童手表，该产品的定位非常明确，就是家里有儿童的父母，其主要功能是用户可以实时监测孩子的位置、与孩子进行通话等。该产品也充满足了用户的需求，用户可以随时随地掌握孩子的安全动态。

2. 产品定义的作用是什么？

首先，产品定义可以迫使产品经理努力去思考产品的方向和机会，在激烈的竞争中杀出一条血路；其次，产品定义为产品限定了大致的范围，让团队成员不至于在千头万绪中感到无从入手、难以取舍；最后，产品定义使团队成员的凝聚力更强、思想更统一，而不是各自为政。

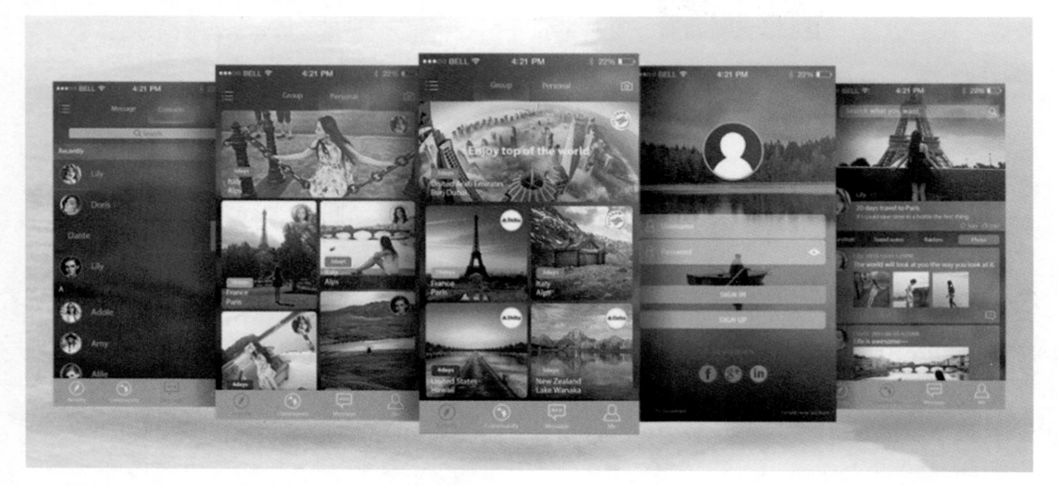

这是一款有关旅行的APP产品，为了突出产品的特点，在该产品中加入年轻人都非常热衷的社交功能，从而打造出一款独具特色的旅行社交产品，主要针对的目标群体就是那些热爱尝试新鲜事物、热爱交友和旅行的年轻白领。在该APP产品中用户可以分享自己的旅行见闻、回复其他网友的提问，或者一起结伴旅行，这也是该产品的主要功能与特色。

有了产品定义还不够，它只是给了我们方向和范围，我们需要在此基础上深入挖掘用户需求，提升用户体验，这样才能使产品一步步走向成功。

3.3.2 了解用户需求

用户需求的确非常重要。设计师往往容易陷入一个误区，认为用户和自己有完全一样的喜好，但事实上，我们并不是为自己设计，而是为其他人设计，如果想要用户喜欢并使用我们的产品，就必须了解他们是谁以及他们的需求是什么。只有投入精力去研究这些需求，我们才能够抛弃自己立场的局限，真正从用户的角度来重新审视产品。

用户需求主要包括目标用户、使用场景和用户目标。一条用户需求可以看作是“目标用户”在“合理场景”下的“用户目标”，其实就是解决“谁”在“什么环境下”想要“解决什么问题”。用户需求其实就是一个个生动的故事，告诉我们用户的真实境况。我们需要了解这些故事，帮助用户解决问题，并在这个过程中让他们感到愉快。

在目标用户、使用场景、用户目标3个因素中，目标用户是最关键的。一方面，明确明标人群可以使你更专注于服务某一类特定人群，这样更容易提升这类人群的满意度，你的产品也更容易获得成功；另一方面，目标用户的特征对使用场景和用户目标有较大的影响。因此目标用户的选择是非常关键的。

1. 用户细分

我们可以通过用户细分，把大量的用户需求划分为几个可以管理的部分。还可以将用户分成更小的群组，每一群用户都由具有某些共同关键特征的用户所组成。有多少用户类型几乎就有多少种方式来细分用户群，通常最常见的方法是依据人口统计学的标准来划分用户：性别、年龄、教育水平、婚姻状况、收入等。

创建网站时，另一组非常重要的属性也需要考虑：用户对技术和网页本身的观点。网站的用户每周花费多少时间使用网络？他们总有最新和最好的硬件，还是他们每5年才买一台新计算机？由于对技术一窍不通的用户和高级用户在使用网站的方式上完全不同，因此，网站的设计必须能够迎合不同类型的用户群。

网站色彩的搭配以及人物形象的应用，明确表明该网站所针对的用户群体

该网站页面使用纯度较低的粉红色作为网页的主色调，搭配同色系的洋红色和深红色，表现出女性的优美和知性，明显针对的是女性用户群体。女性图片形象的应用，也能够表现出主要针对具有一定经济实力的年轻白领女性，这样的色彩搭配非常容易唤起女性群体的情感共鸣。

专家提示：**创建细分用户群只是一种用于发现用户最终需求的手段。创建细分用户群不仅仅是因为不同的用户群有不同的需求，还因为有时候这些需求是互相矛盾的。**

2. 可用性和用户研究

要搞清楚用户需要什么，我们首先必须知道他们是谁。用户研究的领域致力于搜集必要的信息来达成共识。

像问卷调查和焦点小组这种市场调研方法是获取用户基本信息的宝贵来源。当你能够明确地表达你试图从用户身上获得什么信息时，这些方法才是最有效的。越是清楚地描述出你想要得到的信息，就越能够具体并有效地公式化你的问题，这样才能够确保你获得正确的答案。

技巧点拨：**一般来说，你在某个用户身上花费的时间越多，就能从对这个用户研究中得到越详细的信息。同时，在一个用户身上所花费的时间越多，也就意味着你不可能在用户调查中接触太多的用户。**

最后，网站目标和用户需求都将被定义在一个正式的战略文档中。这些文档不仅列出目标清单，还提供不同目标之间的关系分析，并说明这些目标要如何融入更大的企业环境中去。用户需求有时被记录在一个独立的用户调研报告中。一个有效的战略文档不仅可以在用户体验开发团队中起到试金石的作用，还可以成为企业其他部门的项目支持文档。

战略应该是设计用户体验流程的起点，但这并不意味着在项目开始之前你的战略需要完全确定下来。当战略被系统地修正与校正时，这些工作就能够成为贯穿整个过程的、持续的灵感源泉。

专家提示：战略文档在项目进行期间将会被频繁使用，所以不要把它作为少数人的资源，而要让所有参与者，包括设计师、程序员、信息架构师、项目经理等都能够阅读到这份文档，从而帮助他们在工作中做出正确的决定。

3.4 范围层详解

当我们把用户需求和产品定位转变成产品应该提供给用户什么样的内容和功能时，战略就变成了范围。

在范围层，我们从战略层的抽象问题“为什么要开发这个产品”，转而面对一个新的问题“我们要开发的是什么”。在这里，范围层被功能型产品和信息型产品分成两个部分。在范围层中所涉及的相关元素和细节如下表所示。

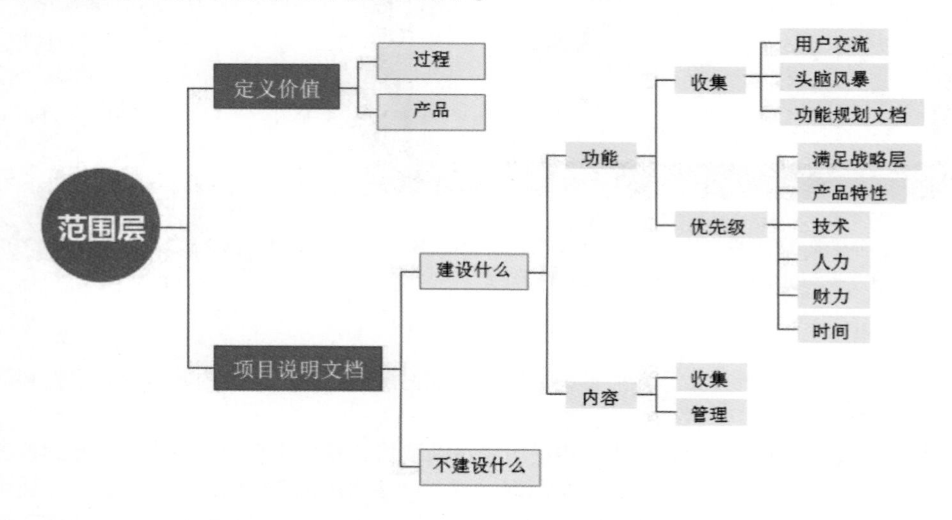

3.4.1 从哪里获得需求

“通过用户调研，发现用户在购买某类产品时，非常担心个人隐私泄露。所以我们是否考虑在页面明显的位置提示用户，打消用户的顾虑。”

“用户反馈找不到下载按钮，我们是否考虑在页面中突出一下？”

“通过竞品分析，发现不少网站都加入了某项功能，用户反馈很不错，我们所开发的产品是否也可以考虑加入。”

“通过产品数据，我们发现 80% 购买了 A 产品的用户都购买了 B 产品，那么我们是否可以考虑组合销售的方式？”

……

在实际项目中，采集需求的主要方式有用户调研、竞品分析、用户反馈（上线后）、产品数据（上线后）等，这些方法都是产品经理和设计师需要密切关注的。

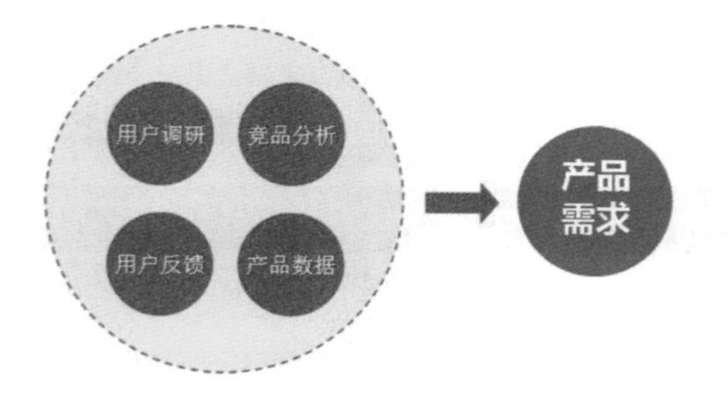

1. 用户调研

通过问卷调查、用户访谈、信息采集等手段来挖掘需求的方式。

要想真正了解用户的需求，就要尽量走到用户中去了解他们的想法，深入了解目标用户在真实使用环境下的感受、痛点、期望等。这个过程主要就是依靠用户调研的方法来进行的，一般由专业的用户研究员来完成。

2. 用户反馈

产品在测试阶段或正式发布后，我们可能会收到很多用户反馈，这些反馈可以帮助我们了解用户使用中存在的问题。毕竟设计人员都比较了解产品，很多现象已经习以为常，感觉不出来问题的存在，而用户一般是第一次使用，所以通过用户反馈，我们往往能发现很多之前意想不到的问题。

例如用户觉得网站不安全、不专业；找不到想要的内容；看不懂标题含义或容易理解偏差；误把不能点击的当成可点击的，把可点击的当成不能点击的，等等。

3. 竞品分析

找到有代表性的同类产品，对比产品之间的优势、劣势，从而发现产品的突破口。

竞品分析可以根据规划进行，也可以根据功能、设计细节来进行，这取决于项目情况和需要。在竞品分析过程中，我们可以研究别人是怎么拟定产品战略、方向的，怎么做用户体验的，怎么处理逻辑、界面层级、界面细节，等等。好的地方可以借鉴，不好的地方可以超越。竞品分析提供的内容也是重要的需求来源之一。

4. 产品数据

产品上线后，就可以收集到产品的相关数据了，比如常规的访问浏览数据、浏览痕迹、点击痕迹、在每个页面上的浏览时长、整体的浏览顺序等。

3.4.2 对需求进行分析筛选

通过用户调研、用户反馈、竞品分析、产品数据等需求采集方式，我们可以得到很多的备选需求，接下来就需要对它们进行分析和筛选。

一方面，采集需求方式的多样化会导致需求质量难以控制，比如不同需求间可能有冲突，对用户的理解可能有偏差，采集的需求不适合你的产品等。另一方面，产品的资源是有限的，时间、人力成本、商业价值等因素都是需要考虑的，这些都对需求的筛选起到重要作用。

在处理需求时，我们可以遵循以下的流程。

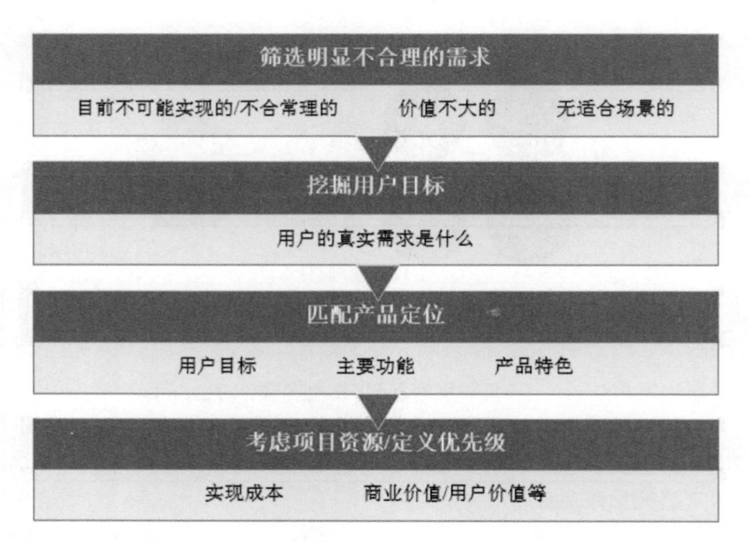

首先，我们可以筛选掉明显不合理的需求。例如，当前技术不可能实现的或是明显意义不大的、投入产出比低的、明显不合常理的需求等。

其次，要从现象看到本质，挖掘用户的真实需求，并考虑如何将其解决。例如，通过竞品分析发现某网站的提示功能很贴心，我们要做的不是把这个功能的设计立刻照搬到自己的网站上，而是要分析这个功能解决了用户什么问题，满足了用户的什么需求，实现了用户的什么目标，基于这个目标我们应该如何做得更好。

接下来，进一步分析提炼出的用户真实需求是否匹配产品定位（目标用户、主要功能、产品特色等），以此来决定如何取舍。被选中的需求可以根据匹配程度排列需求优先级。

最后，要考虑需求的实现成本（人力、时间、资源等因素）以及收益（商业价值/用户价值等），综合考虑是否将其纳入本阶段的需求库中，还是放到下一期执行。

3.4.3 确定需求优先级

我们先确定产品定位，然后通过不同的方式来收集大量的需求，识别这些需求的有效性和真实性后，根据定位和项目资源情况筛选、提炼出产品需求，定义出需求优先级。

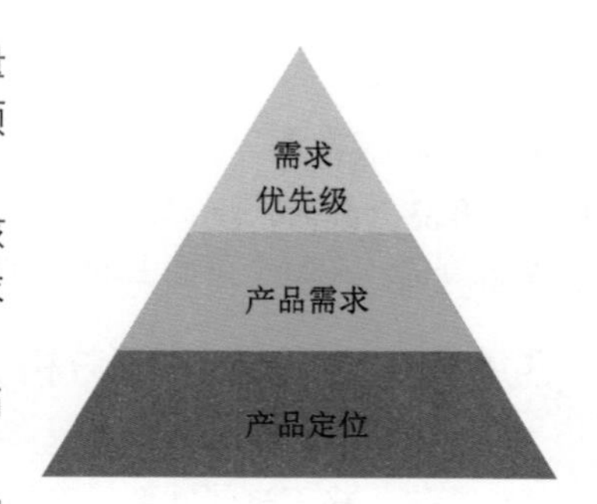

可以通过使用 KANO 模型来确定用户需求的优先级，该模型定义了三个层次的用户需求：基本型需求、期望型需求和兴奋型需求。

基本型需求：用户认为产品必须拥有的功能和内容。当产品无法满足基本型需求时，用户会对产品非常不满意。

期望型需求：用户要求提供的产品或服务比较优秀，但并不是必须拥有的功能和内容。在市场调查中，用户谈论的通常都是期望型需求。期望型需求在产品实现得越多，用户对产品越满意。

兴奋型需求：要求提供给用户一些完全出乎意料的产品功能或服务，使用户产生惊喜。当产品提供了这类需求中的服务时，用户就会对产品非常满意，从而提高用户的忠诚度。

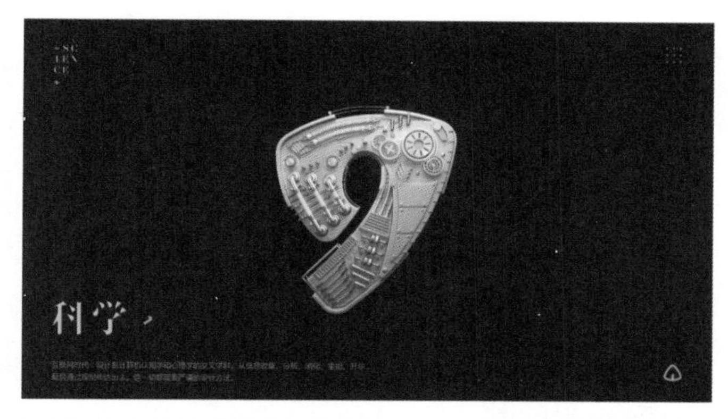

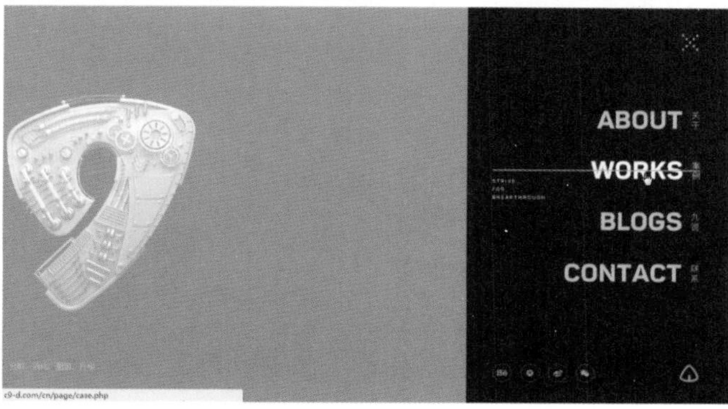

这是一个设计公司的宣传网站，针对这样的设计企业网站，用户最想要了解的就是企业的设计理念以及设计作品，至于其他的一些内容似乎大多数的用户并不是很感兴趣。在该网站的设计中，页面设计非常简捷、直观。当用户刚进入网站时，首先利用一组交互页面向用户介绍该企业的设计理念，页面中除了设计的Logo图形及简单的设计理念说明文字外，几乎没有其他任何内容，甚至连导航菜单都隐藏在右上角的图标中。只有当用户单击该图标时才会在页面右侧以交互方式显示出网站导航，网站中导航栏目的划分也非常简捷，突出用户需要的内容，范围明确、层次清晰。

专家提示：一旦每个需求都得到了明确的分类，就能够在需求收集过程中对用户需求进行优先次序的排序，从而在项目的开发和设计过程中进行优先安排。

3.5 结构层详解

在定义用户需求并排列优先级之后，我们就清楚了最终产品将会包含哪些功能和内容，但是，这些需求并没有说明如何将这些分散的片段组成一个整体。因此，我们需要为产品创建一个概念结构，也就是在范围层上构建一个结构层。

在功能型产品一侧，结构层涉及为用户设计结构化体验，我们称其为交互设计。而在信息型产品一侧，这一层主要通过信息架构来构建用户体验。无论交互设计还是信息架构，都需要确定各个方面将要呈现给用户的选项的模式和顺序。交互设计关注的是影响用户执行和完成任务的选项，信息架构则关注如何将信息表达给用户进行选择。

在结构层中所涉及的相关元素和细节如下表所示。

专家提示：交互设计和信息架构听起来很神秘，似乎属于高科技的范畴，但实际上它们关心的是理解用户、用户的工作方式和思考方式。将了解到的这些知识加入我们的产品结构中，通过这个方法来帮助我们确保那些使用该产品的用户的体验。

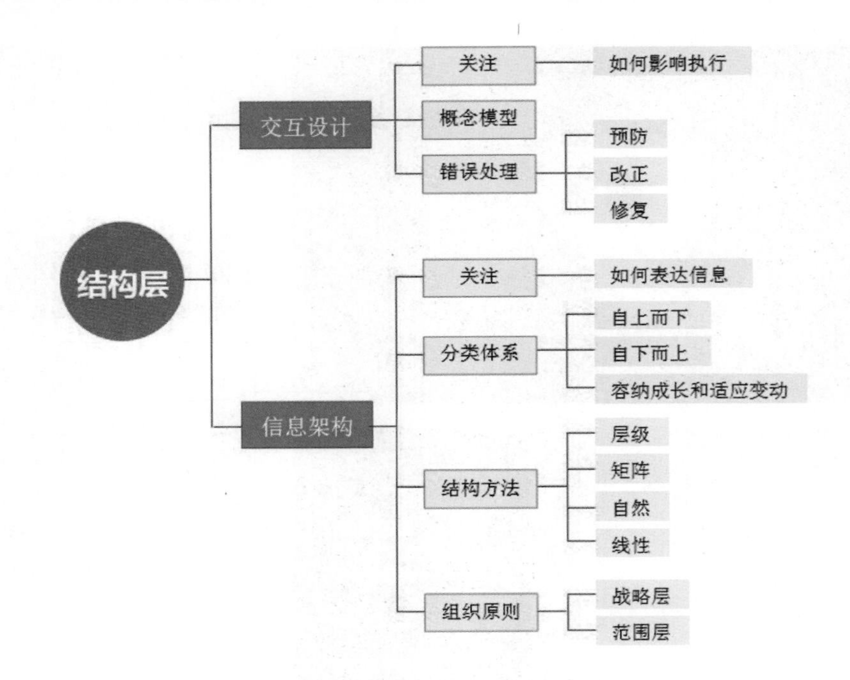

3.5.1 交互设计

交互设计关注与描述“可能的用户行为”，同时定义“系统如何配合与响应”这些用户行为。但往往设计师最关心的是：我设计的系统“要做什么”，以及“它要怎么做”。这样的结果就是，设计出来的产品是一个在技术上效率很高，但却忽略了什么才是对用户而言最好的系统。所以，与其针对机器的工作方式来设计，还不如设计一个对用户而言最好的系统。

交互设计的一个工作是规划概念模型，概念模型用于在交互设计的开发过程中保持使用方式的一致性。了解用户对网站模式的想法可以帮助我们挑选出最有效的概念模型。一般来说，使用用户熟悉的概念模型，会让他们很快适应一个不熟悉的网站。

简捷的功能操作按钮

为用户提供非常明确的交互操作提示

熟悉的视频播放控制组件

这是一个旅游宣传网站，该网站创意性地使用多段视频介绍来讲解不同的风土人情，避免了文字介绍内容的枯燥乏味。当用户进入该网站时，以几段简短的视频作为页面的背景，并且在页面中通过图标与说明文字相结合的方式给予用户非常明确的交互操作提示，用户通过键盘上的方向键可以切换页面的背景视频，选择好某一个视频后单击按钮，即可查看该视频内容。简捷的页面加上明确的操作提示，使用户很快就能够熟悉该网站的交互操作。

交互设计的项目都有很大的部分涉及如何处理“用户错误”。当人们犯错误时系统要如何做出反应？并且当错误第一次发生时，系统要如何防止人们继续犯错？

有效的错误信息和设计完善的界面可以在错误发生之前给用户以提示，在错误发生之后帮助用户进行纠正。对于那些不可能恢复的错误，提供大量的警告就是系统唯一能够给出的预防方法。

在该网站的注册页面中，用户在“注册邮箱”的表单项中完成内容的填写，当鼠标在页面中的空白位置或下个表单项中单击时，系统会自动对刚填写的表单项进行检查并及时给出相应的错误提示，这样用户就能够及时地发现错误并进行修改。当用户在“登录密码”的表单项中单击并输入内容时，在该表单项的下方会即时显示相应的设置提示和建议，这样就能够有效地避免用户填写错误。

3.5.2 信息架构

在以内容为主的网站上，信息架构着重于设计组织分类和导航的结构，从而让用户可以高效、有效地浏览网站内容。信息架构与信息检索的概念密切相关，即设计出让用户容易找到的信息系统。与此同时，信息架构也要求创建分类体系，这个分类体系将会对应并符合我们的网站目标、希望满足的用户需求，以及将被合并在网站中的内容。

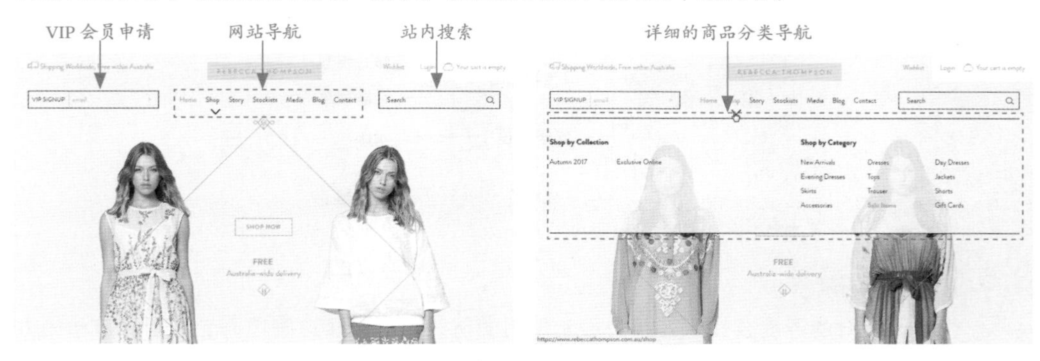

该网站是某品牌女装的宣传网站，也兼具商品在线销售功能，网站的信息架构非常清晰，在页面顶部的中间位置放置主导航菜单，并在主导航菜单的两边分别放置 VIP 会员申请和站内搜索。在主导航菜单中的 Shop 菜单中为商品的详细分类子菜单，方便用户快速找到所需要的商品。

3.6 框架层详解

结构层界定了我们的产品将使用什么方式来运作，框架层则用于确定用什么样的功能形式来实现。在框架层，我们需要更进一步地提炼这些结构，确定产品详细的界面外观、导航和信息设计，这些都让晦涩的结构变得更实在。

对于功能型产品，我们通过界面设计来确定框架，也就是大家所熟知的按钮、文本框及其他界面控件的安排设计。而导航设计针对信息型产品，用于呈现信息的一种界面形式。信息设计则是功能和信息两方面都必须要做的，它用于呈现有效的信息沟通。

在框架层中所涉及的相关元素和细节如下表所示。

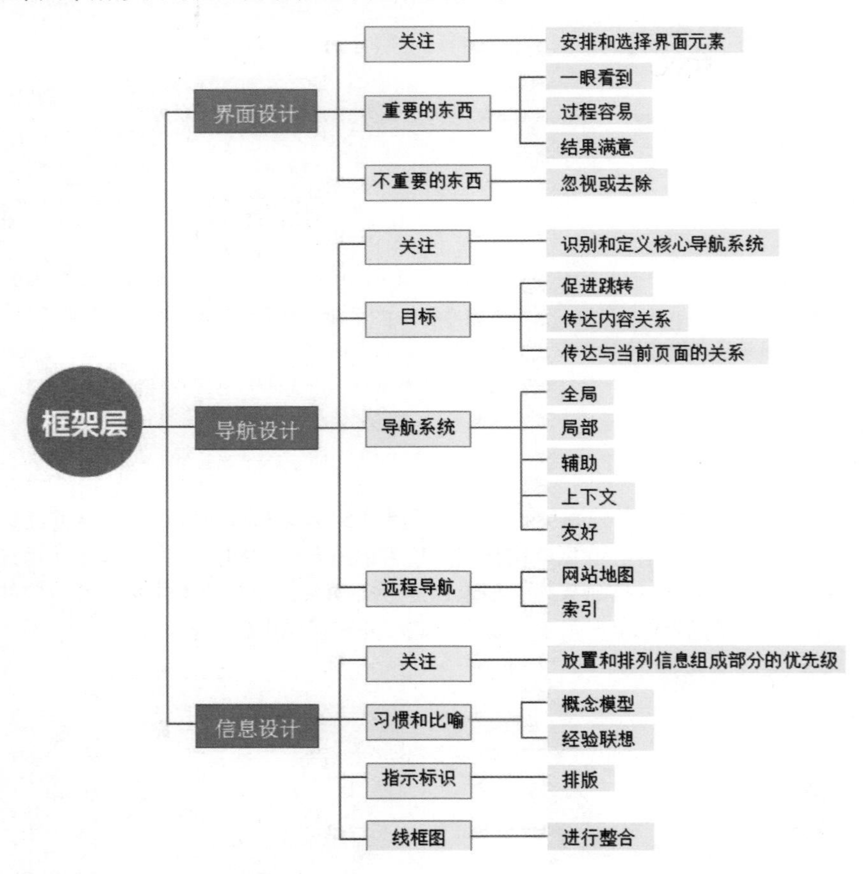

3.6.1 界面设计

一个设计良好的界面要组织好用户最常使用的行为，同时让这些界面元素用最简单的方式被获取和使用，让用户达到目标的过程变得容易。

在设计网站界面时，要对界面中每一个选项的默认值深思熟虑，确定大多数用户希望看到的内容，并能够让用户一眼就看到最重要的信息。如果是一个复杂系统的界面，则设计师需要弄清楚用户不需要知道哪些信息，并减少它们的可视性。

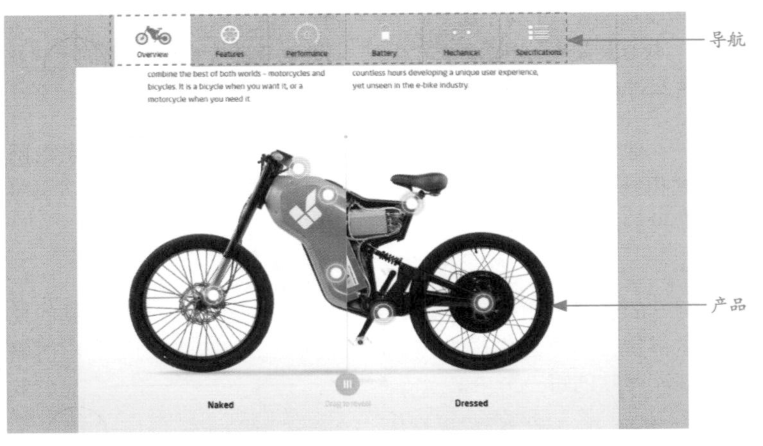

在该摩托车产品宣传网站中，用非常简捷的设计方式来突出表现网站的导航菜单和产品，关于产品的详细介绍信息内容则在页面中进行了隐藏，可以通过交互的方式进行查看，在产品不同的部位设计了闪烁的光亮，用户单击即可看到该部件的详细介绍信息。界面设计非常简捷、直观，重点突出。

技巧点拨：**任何时候系统都必须给用户一些信息，来帮助用户有效地使用这些界面，不管是因为用户操作错误还是因为用户第一次使用，这是信息设计的问题。**

3.6.2 导航设计

网页中的导航主要是为了方便用户浏览网站，快速查找所需信息。没有导航的页面会使浏览者无所适从。导航的形式看起来很简单，但其设计的过程却十分复杂。

导航可以设计得很简捷，也可以很精美，可以是图片，也可以是纯文字，可以在网站的顶部，也可以在网站的任何位置。但是任何一个网站的导航设计都要同时完成以下 3 个目标。

（1）可以使用户实现在网站之间跳转

这里所指的网站之间的跳转并不是要求将所有页面都链接在一起，而是指导航必须对用户的操作起到促进的作用。也就是说用户可以真实有效地访问到某一个或某一类页面。

（2）传达链接列表之间的关系

导航通常按照类别区分，一个类别由一个链接组成。这些链接之间有什么共同点，有什么不同点，都要在设计时充分考虑。这对用户选择适合自己的链接非常重要，可以大大提升用户体验。

（3）传达链接与当前页面的关系

导航设计必须传达出它的内容和当前浏览页面之间的关系，让用户清晰地知道其他的链接选项对于正在浏览的这个页面有什么影响。这些传达出的信息可以更好地帮助用户理解导航的分类和内容。

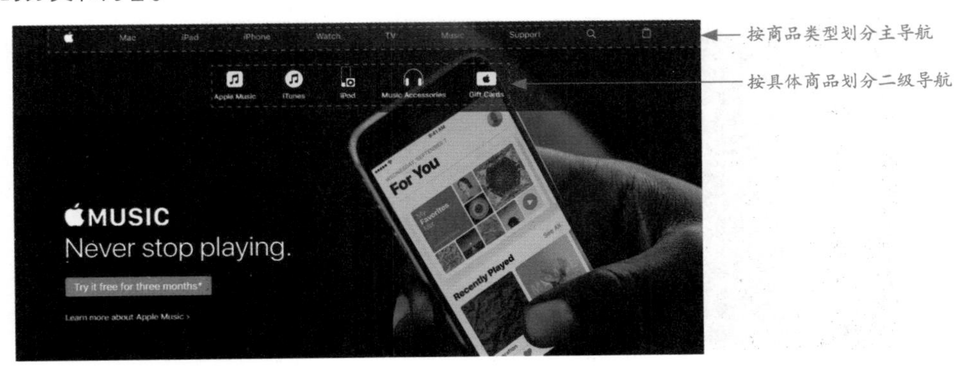

这是苹果公司的官方网站，在该网站页面中可以看到导航关系非常明确、清晰，按照商品类型来划分主导航菜单，选择某个主导航菜单后，该导航菜单文字会显示为灰色，与其他导航菜单区分，使用户明确当前页面。在其下方还会显示出按具体商品划分的二级导航，非常直观、清晰，便于用户理解。

在网站中，清晰地告诉用户“他们在哪儿”以及“他们能去哪儿”非常重要，大多数网站实际上都会提供多种导航方式相结合的网站导航系统，无论在什么情况下都能够成功引导用户。接下来介绍几种网站中常见的导航系统。

1. 全局导航

这种导航提供了覆盖整个网站的通路。用户通过网站中的全局导航可以随时从网站的任意页面到达其他任何一类页面的关键点，不管你想去哪里，都能从全局导航中到达。同时需要注意，全局导航不一定会出现在网站的每一页中。

在该冰箱产品的宣传网站设计中，将网站的全局导航菜单设置在网站页面的底部，并使用与页面背景形成强烈对比的红色来突出全局导航表现，用户通过全局导航可以到达网站中的任意一个页面。

2. 局部导航

局部导航可以为用户提供到附近页面的通路。通常只提供一个页面的父级、兄弟级和子级通路。这种导航方式在网站规划中会经常被使用，除了可以清楚地引导用户访问页面外，还可以以一种潜移默化的方式引导用户理解网站的多层结构，有点类似于网站中的面包屑效果。

在该网站页面的设计中，为全局导航中的栏目设置了局部导航菜单，通过局部导航菜单用户可以非常方便地访问该全局栏目中的其他子页面。类似的局部导航设计也能够清晰地体现网站的信息结构层次。

3. 辅助导航

辅助导航为用户提供了全局导航或局部导航不能快速到达的内容的快捷途径。使用这种导航，用户可以随时转移到他们感兴趣的地方，而不需要从头开始。例如经常出现在页面两侧的快速导航条。

在该咖啡馆的宣传网站中同时应用了多种导航系统，包括全局导航、局部导航和快速导航，通过多种导航系统的同时应用，为用户在网站中各页面的跳转提供清晰的指引。在网站页面的右侧位置通过悬挂的方式放置侧边快速导航，在快速导航中为用户提供快捷功能的访问，以及快速返回页面顶部的功能，非常方便。

4. 上下文导航

用户在阅读文本的时候，恰恰是他们需要上下文辅助信息的时候。准确地理解用户的需求，在他们阅读的时候提供一些链接（例如文字链接），要比用户使用搜索和全局导航更高效。

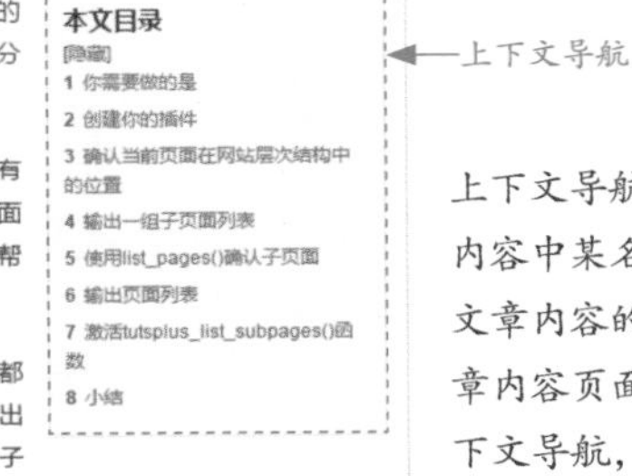

有时我得到一项业务，我的客户要求建立一个完全由众多网页构成的网站——没有花哨的数据库查询，也没有额外的模板文件，只有在分层结构中的一大堆网页。

对用户来讲，一个非常庞大且内嵌有众多网页的网站，如果导航没有做好的话，就会变得非常混乱而难以操作。因而，在每一个网页页面层次的当前分支中，提供一个包含所有页面的导航列表就显得很有帮助了。

例如，如果你为一个机构建立一个网站，这个机构的每个功能展示都要有一个顶级页面和各个部门相关的子页面来完成，然后你想要列出所有的部门以及一个指向顶级功能页面的链接，并且无论在哪一个子页面和哪一个部门的页面上，它们都会和顶级页面同时存在。

本文目录
[隐藏]
1 你需要做的是
2 创建你的插件
3 确认当前页面在网站层次结构中的位置
4 输出一组子页面列表
5 使用list_pages()确认子页面
6 输出页面列表
7 激活tutsplus_list_subpages()函数
8 小结

上下文导航有多种表现形式，可以是内容中某名词介绍的链接，也可以是文章内容的快速导览。在该网站的文章内容页面中，为内容部分提供了上下文导航，用户可以通过上下文导航快速跳转到感兴趣的部分。

5. 友好导航

友好导航提供给用户的是他们通常不需要的链接，这种链接作为一种便利的途径来使用。这种信息并不总有用，但却可以在用户需要的时候快速有效地帮助到他们。页面中的联系信息、法律声明和调查表等链接都属于友好导航的一部分。

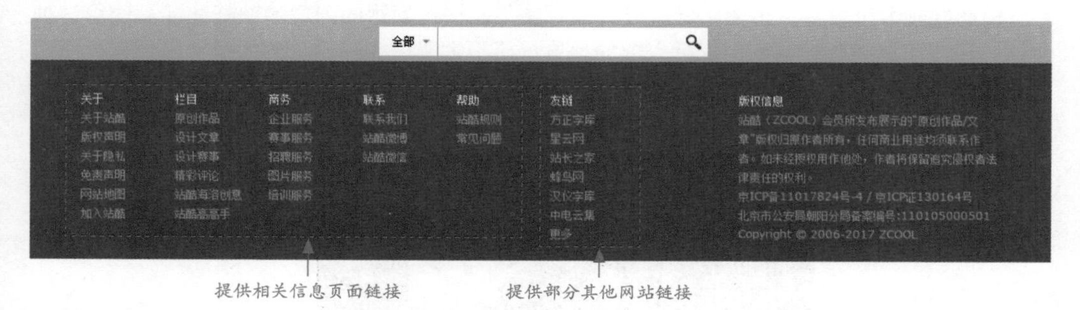

友好导航通常位于网站页面的下方，与版底信息内容放置在一起，为用户提供一些相关信息页面的链接以及部分站外链接。

> 专家提示：网站中的一些导航并没有包含在页面结构中，而是以自己的方式存在，独立于网站的内容或功能。这种导航称为远程导航工具，通过远程导航用户可以快速了解网站的使用方法和常见问题的解决方法。

6. 网站地图

网站地图是一种常见的远程导航工具，它为用户提供了一个简单明了的网站整体结构图。方便用户快速浏览网站中的各个页面。网站地图通常作为网站的一个分级概要出现， 提供所有一级导航的链接，并与所有的显示的、主要的二级导航链接起来。而且网站地图通常不会显示超过两个层级的导航。

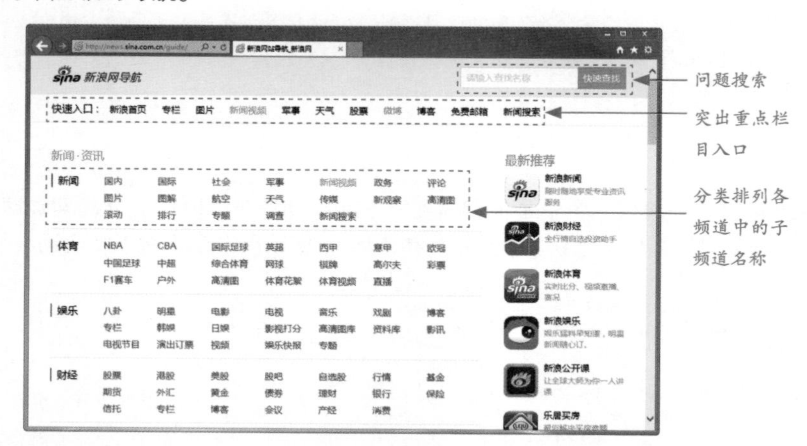

这是“新浪网”的网站地图页面，在该页面的顶部提供了重点频道的快速入口，下方则按频道分类排列了各频道中的子频道页面，分类清晰、简捷，用户很容易找到需要的页面。针对像“新浪网”这样的大型门户网站，在网站地图页面中还提供了内部搜索的功能，从而为用户提供更加便捷、高效的服务，有效提升用户体验。

7. 索引导航

索引导航是按照字母顺序排列的、链接到相关页面的列表，它与一些书籍最后所列的索引表基本一样。这种类型工具比较适合不同主题、内容丰富的网站。索引表有时是为了网站的某个部分单独存在，而不是去覆盖整个网站。对于网站试图相对独立地服务于拥有不同信息需求的用户，索引导航会非常有用。

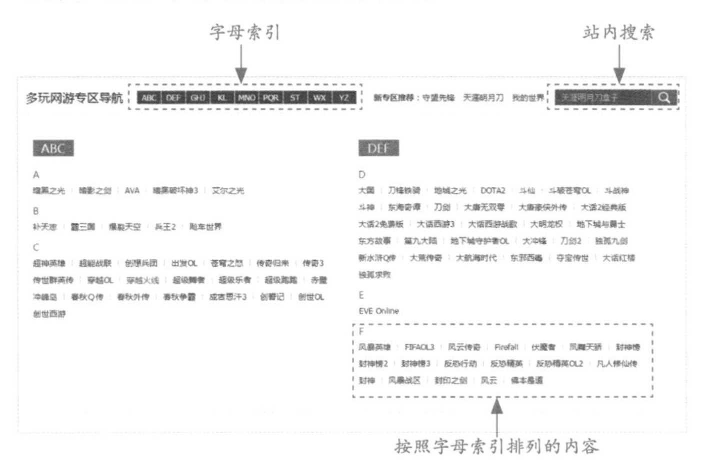

这是某游戏网站的索引导航页面，因为网站中所提供的游戏非常多，所以在该索引导航页面中使用字母索引的方式对游戏进行分类。用户单击相应的首字母，即可快速跳转到页面中该首字母列表的位置，显示名称是以该字母开头的游戏列表，非常方便查找。

3.6.3 信息设计

信息设计常常充当一种把各种设计元素聚合到一起的黏合剂的角色，更重要的是让用户更好地理解，对散乱的信息进行分组和整理，优化信息的展现形式。收集用户信息并呈现信息，用一种能“反映用户思路”和“支持他们的任务和目标”的方式来分类和排列信息元素，给用户标识用来识别，如颜色区分等。

接下来通过整理注册用户的信息，来说明信息设计的重要性。

一般用户注册信息有以下内容。

- 省份
- 电话
- 地址
- 姓名
- 职称
- 性别
- 邮政编码
- 所在城市
- E-mail 地址

这些信息内容太多，用户阅读起来很不方便。可以通过调整顺序实现较好的表现方法。

- 姓名
- 性别
- 职称
- 省份
- 所在城市

- 地址

根据信息的内容作用可以进一步整理，得到下面的组合方式。

- 个人信息
  - 姓名
  - 性别
  - 职称
- 联系方式
  - 省份
  - 所在城市
  - 邮政编码
  - 地址
- 其他联系方式
  - 电话
  - E-mail 地址

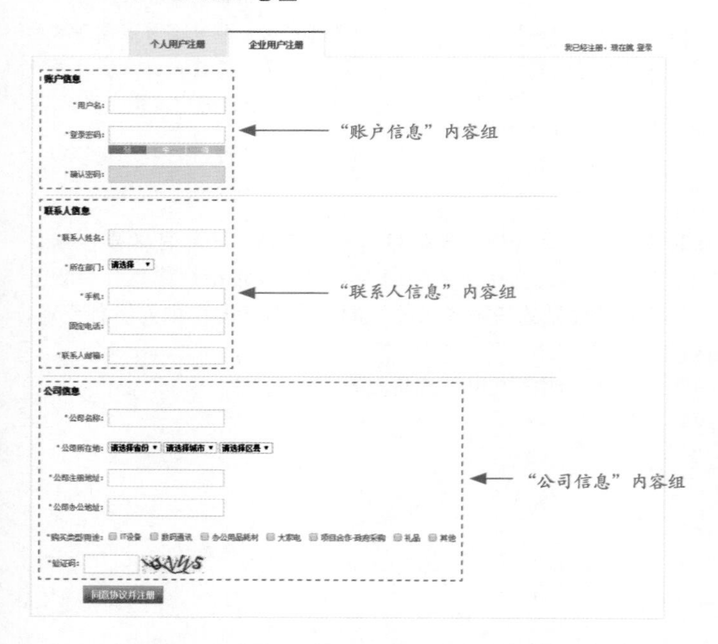

该网站的企业用户注册需要填写的表单项目较多，将该部分表单选项按照逻辑划分为三个内容组：“账户信息”“联系人信息”和“公司信息”，通过分割线区分内容组，结构清晰，非常方便用户浏览。考虑区分内容组时，应当考虑采用较少的视觉信息，过多的视觉信息可能会导致用户注意力的分散，在用户填写表单的过程中带来大量的视觉噪声。

专家提示：要用一种能反映用户思路和引导完成用户目标的方式来分类和排列信息元素。这些元素之间的概念关系属于信息架构的一部分。通过信息设计可以使用户更好地理解网站信息的层次和结构，更有利于用户得到想要的信息。

3.6.4 线框图

线框图是框架设计中非常重要的一个工具，它将信息设计、界面设计和导航设计整合在一起。线框图通过安排和选择界面元素来整合界面设计；通过识别和定义核心导航系统来整合导航设计；通过放置和排列信息组成部分的优先级来整合信息设计。通过把这三者放到一个文档中，线框图可以确定一个建立在基本概念结构上的架构，同时指出视觉设计应该前进的方向。

对于小型的网站，使用一个线框图即可将一个页面中的信息表现出来，轻松建立网页模板。但对于较复杂的项目来说，则需要使用多个线框图来传达复杂的预期结果。

专家提示：并不需要为网站中的每一个页面绘制线框图。可以根据页面分类的不同绘制不同的线框图，对整个页面结构加以引导说明即可。太多的线框图对于界面设计有一定的束缚。

在正式建立网站的视觉设计流程中，通常会首先绘制线框图。因为网站建设中的每一个参与者都会使用它。设计师可以借助线框图来保证最终产品可以满足他们的期望。网站负责人则可以使用线框图来讨论关于网站应该如何运作的问题。

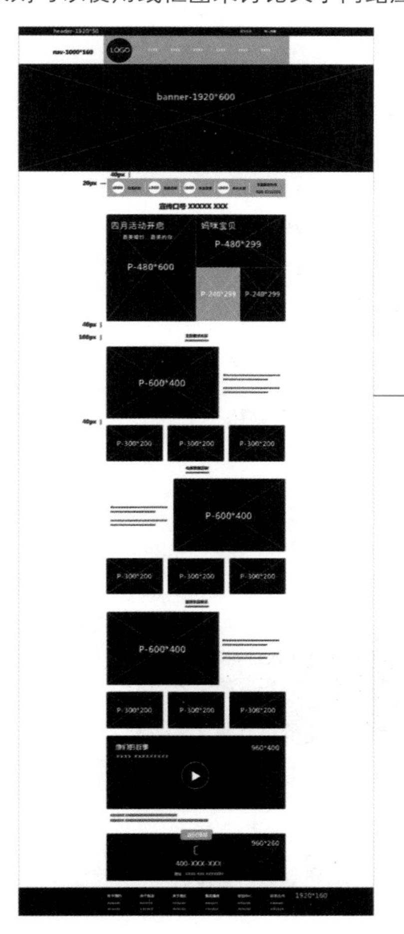

网站页面线框图

绘制线框图是我们在制作一个网站前必须要经历的过程。线框图能够帮助我们合理地组织并简化内容和元素，是网站内容布局的基本视觉表现方式，是网站开发过程中一个重要的步骤。

明确了页面中各元素的位置、大小以及排版方式

根据线框图设计的页面

使用线框图可以让用户、设计师在初期就可以对网站有一个清晰明了的认知；能够激发设计师的想象力，使其在创作过程中有更多发挥的空间；能够给开发者提供一个清晰的架构，让他们知道需要编写的功能模块；能够让每个页面的跳转关系变得清晰明了；能够很容易地改变页面布局。

3.7 表现层详解

在框架层，我们主要解决的是放置元素的问题，界面设计考虑可交互元素的布局，导航设计考虑在网站中引导移动元素的安排，而信息设计则考虑传达给用户的信息元素的排列。在表现层，我们则要解决弥补网站框架层的逻辑排布的视觉呈现问题。在表现层中，产品的内容、功能和美学聚集到一起产生一个最终设计，完成前 4 个层面的所有目标，满足用户的感官感受。

在表现层中所涉及的相关元素和细节如下表所示。

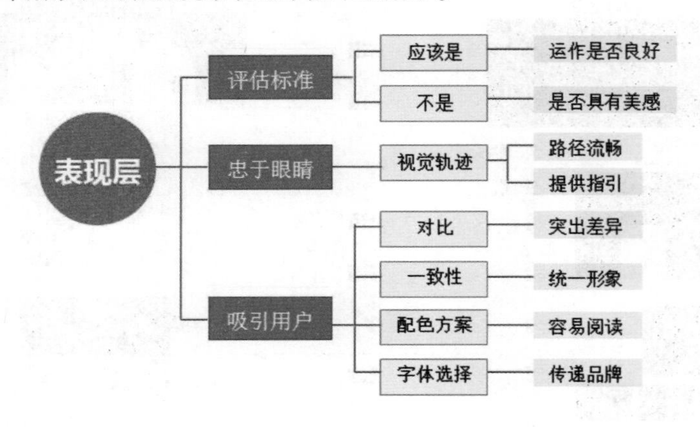

3.7.1 如何评估网站的视觉设计

评估一个网站页面的视觉设计，简单的方法之一是提出这样的问题：你的视线首先落在什么地方？哪个设计要素在第一时间吸引了用户的注意力？它们对于战略目标来说是很重要的东西吗？或者用户第一时间注意到的东西与他们的（或你的）目标是背道而驰的吗？

如果你的设计是成功的，那么用户的眼睛在页面中移动的轨迹模式应该有以下两个重要的特点。

第一，它们遵循的是一条流畅的路径。如果人们评论一个设计是忙碌或拥挤的，这就反映了该网站页面的设计不能顺利引导用户在页面中进行移动。相反，用户的眼睛在各式各样的元素之间跳来跳去，所有的元素都在试图引起他们的注意。

第二，页面的设计不需要有过多的细节，而是需要为用户提供有效的、正确的引导。就像我们一直说的那样，这些引导应该支持用户试图去完成他们的目标和任务。

在该网站页面的设计中，运用不同的背景颜色对页面中不同的内容进行划分，使得页面中各部分内容的层次划分非常清晰、易读，并且为页面中相应的元素添加交互效果，通过合理的交互给用户明确的提示，整个页面的层次结构整洁、清晰。

创意图形的设计，使页面形成一个整体

该网站页面的设计非常富有创意，将大自然的图片与产品巧妙地结合在一起，表现出产品的自然、纯净，使用创意图片作为页面的背景，使整个页面形成一个整体，将页面中的内容沿主体图形放置在两边，用户的浏览视线会跟随图形向下移动。富有创意的网站视觉设计，非常容易吸引浏览者的关注。

3.7.2 对比

太过单调平凡的页面会使浏览者视线游离。在网页视觉设计中，通过合理运用对比， 可以成功吸引浏览者注意到界面中的关键部分。页面中使用对比可以帮助用户理解页面导航元素之间的关系。同时，对比还是传达信息设计中的概念群组的主要手段。

在对比的使用中，最常用的就是颜色的对比。通过给文本设置不同的颜色或使用一个醒目的图形，使它们凸显出来，就可以让整个界面与众不同。

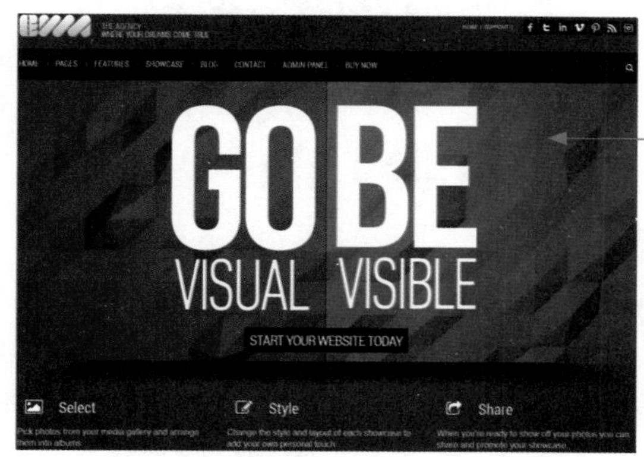

色彩、面积、字号大小和粗细都应用了对比处理

在该网站页面的设计中应用了多种对比效果，包括冷色与暖色的对比、色彩面积的对比，以及字号大小和字体粗细的对比。通过这些对比手法的应用，形成网站页面视觉上的强对比和刺激感，能够有效地突出表现网站的主题，并给人留下深刻印象。

局部的色彩对比，有效突出页面中的重要元素

在该网站页面的设计中，在页面局部位置通过色彩对比的方法来突出相应的页面元素。网站中导航栏和其下拉列表使用了橙色的背景，与页面背景的蓝色形成对比，通过高对比度的色彩，使得整个页面充满活力，并能够有效突出网站导航的表现。

技巧点拨：使用对比时要让“对比差异”足够清晰，只有两个设计元素看起来相似又不太一样的时候，才会抓住用户的眼球，引起他们的注意。

3.7.3 一致性

页面设计中的另一个重点就是设计的一致性。所谓一致性指的是页面中的重要部分保持一致，包括位置、尺寸或颜色，这样更有利于浏览者快速理解并接受网站内容，而不至于迷惑或焦虑。

将界面中的同类视觉元素的大小保持一致的尺寸，可以方便设计师在需要的时候调整组合方式，得到一个新的设计方案。界面中同类的视觉元素采用相似的颜色，除了可以更方便用户查找相关信息外，对于平衡页面重量和质感也有很重要的作用。而且同类元素摆放位置的高度也会对页面布局的好坏产生影响。

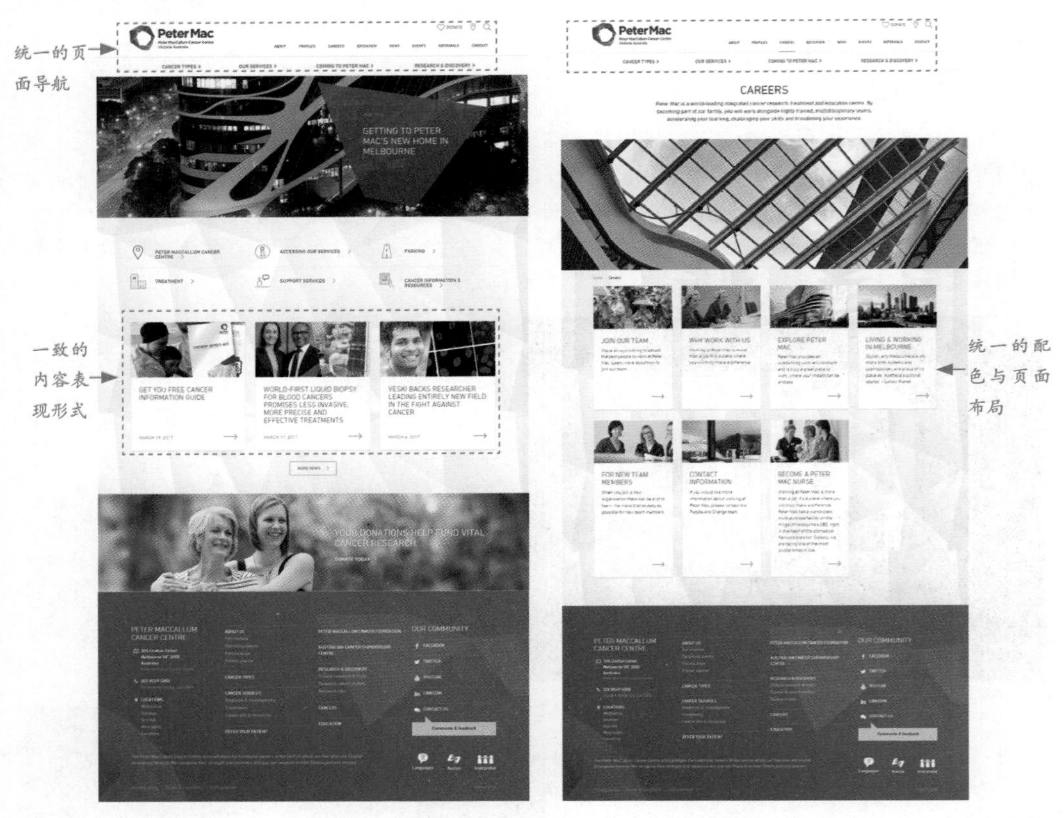

在该企业网站的设计中，我们可以看到首页与该网站内页的视觉表现效果保持了高度的统一，无论是页面的布局、配色，还是页面内容的表现形式，都具有一致性，使得整个网站形成统一的视觉形象，用户在浏览过程中也更加方便，能够有效地提升用户的浏览体验。

关于设计的一致性要考虑两个方面：一方面是网站中其他页面中的设计是否一致；另一方面，网站设计是否与企业其他设计达成一致。网站内容的一致性处理方法很简单，在设计最初页面时，就将页面的一些共用部分确定下来。例如按钮、导航条、项目条、字号大小和字体颜色等。在设计其他页面时，都采用确定了的设计，这样可以保证同一个站点中所有页面的风格一致。可以在页面选图和细节部分稍做调整，使每个页面有自己的特点。

该知名的巧克力品牌宣传网站，为了保持与其品牌形象统一，在页面设计中不仅网站配色使用了该品牌一致的配色，页面中图形的设计也尽可能地使用户联想到该品牌的产品。网站视觉设计与品牌形象保持一致性，有助于在用户心目中塑造统一的品牌形象。

专家提示：即使将网站中大多数的设计元素相对独立地设计出来，它们最终还是要放在一起的。一个成功的设计不仅是收集小巧的、精心设计的东西，同时要能够利用这些东西形成一个系统，作为一个有凝聚力、连贯的整体来使用。

3.7.4 配色方案

色彩是浏览者打开网页后首先注意到的。每个品牌都有属于自己的标准色，品牌网站的成功与色彩的使用有着直接的关系。

网站的主色最好与企业标准色或行业标准色一致。例如联想公司的网站大都选择蓝色作为主色，可口可乐公司则使用红色作为主色，数码摄影网站和汽车网站大都采用黑色作为主色。常年坚持使用同一种很特别的颜色，会为浏览者带来强烈的视觉刺激，同时在脑海中留下强烈的感觉。

这是某知名奢侈品网站，其网站的配色和设计风格非常简捷，页面使用黑色作为背景色，搭配大幅的产品海报图片和简捷的版面内容，有效地突出表现产品海报和页面内容，黑白的设计配色也体现出品牌的高档感。

确定主色以后，还要根据网站类型选择辅色和文本的颜色。一套完整的配色方案应该是将整合的颜色应用到网站的广泛范围中。在大多数情况下，可以将靓丽的颜色应用到前景色设计中，以吸引更多人注意，将暗淡的色彩应用到那些不需要跳出页面的背景元素中。

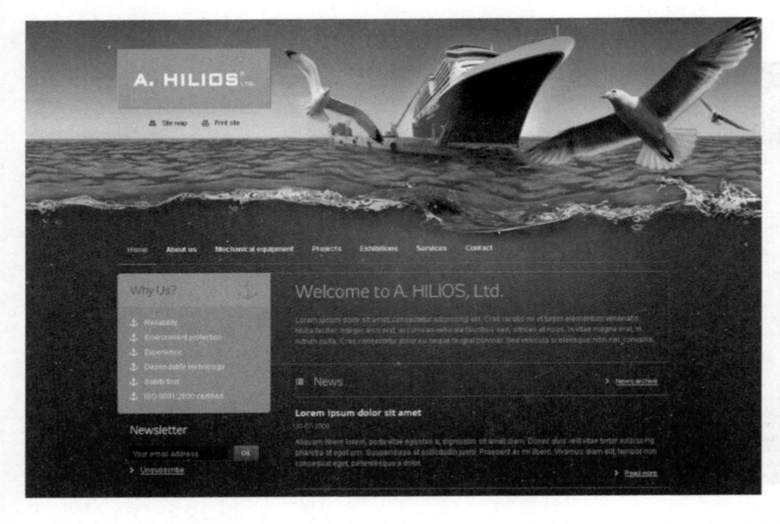

因为该企业与海洋运输有关，所以使用蓝色作为页面的背景主色调，将Logo和内容栏中的背景色设置为与网页背景截然相反的色相，在视觉效果上形成对比，增加页面的活力。页面的文字颜色也需要设置为背景色的对比颜色，从而保证页面中文字内容的清晰、易读。

技巧点拨：网站的配色在网站建设中扮演着非常重要的角色。同色系的颜色搭配加上中性色调是最简单的配色方案。如果想增加页面的对比，可以使用差别较大的补色搭配，只需要降低补色的亮度或纯度即可。也可以利用对比色面积的对比实现较好的配色方案。

3.7.5 字体选择

如何在网站页面中选择合适的字体或字型，创建出一种特殊的视觉样式，对于品牌识别非常重要。许多企业，包括苹果电脑、大众汽车等都设计了特殊的字型来专门供自己使用，这在它们的品牌传达中创建了强烈的印象。即使在网站页面中不创建特殊的字型，字体选择仍然可以用来有效地传达视觉形象。

在苹果官方网站设计中，都选择了比较纤细、简捷的无衬线字体，并且通过不同的字号大小，能够清晰地划分内容的视觉层次。产品展示文字以64px和32px搭配，文字内容简短有力，可读性强，同时非常具有视觉冲击力，突出显示了“苹果”的品牌特征。

对于网站页面中的正文内容，一般都会占据较大区域并被用户长时间注视，因此，字体的选择越简单越好，大片华丽的字体组成的正文内容，会让用户的眼睛快速疲劳。页面中较大的文本元素或者在导航元素中的短标签，则可以选用稍具个性的字体。

设计页面需要传达不同的信息时，才使用不同风格的字体，而且风格之间要有足够的对比，这样才能吸引用户的注意。例如页面中所有的栏目可以使用同一种字体。风格独特的字体可以为页面增添更好的视觉效果。但是也要注意，同一个页面中不要使用多种字体，否则整个页面会看起来凌乱，视觉效果涣散。

同样的字体，通过不同的字号大小和颜色表现出内容的视觉层次

在网页界面中最好只使用1至2种字体，最多不能超过3种字体，通过字号大小的对比同样可以表现出精美的构图和页面效果。在左侧的网站页面中，只使用了2种字体，内容标题使用大号的非衬线字体“微软雅黑”，正文内容则使用了衬线字体“宋体”。

3.8 拓展阅读——用户体验的一般设计流程

1. 原型

设计的第一个阶段，我们称为原型设计，主要是设计产品的功能、用户流程、信息架构、交互细节、页面元素等。也可以简单地理解为：原型设计，就是完全不管产品长得好不好看，只把它要做的事情和怎么做这些事情想清楚，把它怎么和用户交互想清楚，而且把所有这些都画出来，让人可以直观地看到。

技巧点拨：至于怎么画原型，有很多方法可供选择，用纸笔、Photoshop、Visio，或者使用专业的原型创建软件Axure，都是可以的，只要把上面提到的这些都事无巨细地在原型中表达出来即可。

在原型的交付物中，最重要也是最常见的就是线框图，在本章前面的内容中已经进行了介绍。

某移动端APP应用的原型设计

在画线框图的时候，要把握好细节的刻画程度。有些元素只要画个框就可以了，而有些元素需要把文案都设计好，以免被老板或需求方揪住诸如角落里的广告banner该有多大的问题与你纠缠不休，而忽视了最重要的页面主体部分。

此外，还需要牢记：原型就是用来让人修改的，它存在的价值就体现在被修改了几次，被更新了几次，以及它的下一步被少改了几次。

2. 模型

在原型被大家接受之后，就该关心产品长得好不好看了，我们以“模型”这个词来统称该步骤的交付物。和原型相比，它关注于产品的视觉设计，包括色彩、风格、图标、插图等。

要清楚的是，这不是一步由“美工”来“美化”的工作。视觉设计师需要对原型设计有深刻的理解，对交互设计和尚未进行的 HTML、CSS 和 JavaScript 的代码都要有充分的了解。如果不能从全局的角度来做视觉设计，则对产品本身没有任何有价值的帮助。

例如通过原型，大家一致认为页面中 A 元素比 B 元素重要，那么视觉设计师的脑海中就要有十七八种可以表现 A 元素比 B 元素重要的视觉语言可供选择，这是对设计原型的视觉设计师的基本要求。

更高一些的要求才是视觉设计的原始功能，“到底使用什么设计风格？”“这个按钮使用什么颜色？”等。这一类的思考和选择，应该着眼于产品的气质、品牌等，在各种企业的各种产品间保持一定的统一，在用户心里打下视觉的烙印。

有些问题用交互设计是很难解决的，这时就需要一个有创造力的视觉设计师，可以从视觉设计的角度来创造性地解决问题。

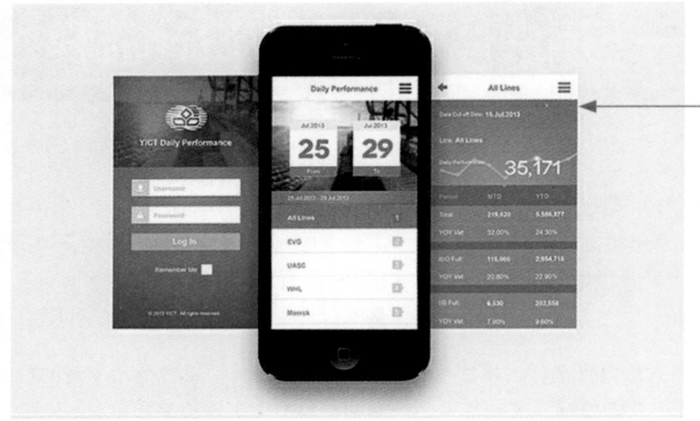

根据原型可以设计出产品模型

总的来说，模型设计是一件非常困难的事情。它的工具是感性的，但设计过程又要求非常理性，必须在各种约束条件中解决问题。而目前能从较高的高度来看视觉设计的人还不多，大多还停留在效果、风格等表面上。

3. 演示版

演示版就是按照原型和模型使用 HTML、CSS、JavaScript 等前端技术将网站实现出来，以便后端的开发工程师可以接手功能的开发。这个过程比较复杂，个人认为前端开发从很大程度上来说是对用户体验的提升和保证，开发只是它的一个形式和手段。

4. 中间步骤

居然还有很多个中间步骤？是的，这是我们的用户研究过程。在各个阶段的前后，可以根据具体情况选择是否投入精力到用户研究上。用户研究的形式也很自由，可以采用多种方式对用户进行调研，听取用户的意见。关键是，用户研究的结果如何表现到产品上，如何采纳少数用户的意见来服务所有用户。

最后……

关于流程，要注意：

设计流程的目标在于保证“无论谁来做这个产品的设计，都能达到 80 分”。100 分的完美作品，很有可能没有遵循流程，而是天才融合了创新、传承和执行力的作品。“流程”这种东西，只有与环境相匹配才能够带来正面的作用。

3.9 本章小结

在用户体验的整个开发流程中需要考虑用户有可能采用的每一种操作的可能性，并且去理解在这个过程的每一个步骤中用户的期望值。用户体验的要素模型包括战略、范围、结构、框架和表现 5 个层面，每一层我们要处理的问题既有抽象的，也有具体的。每个层面都是建立在其下面的层面之上的，层次之间这样的依赖性，意味着在战略层上的决定将具有某种自下而上的连锁效应。也就是说，每一层中我们可用的选择，都受到其下层所做决定的约束。

04 Chapter

关注用户体验的交互设计

用户体验是用户在与产品进行交互时的所有心理感受的总称。交互设计的可用性影响着用户体验，但是可用性不是用户体验的全部，可用性强调人机交互的有效性和高效性。在交互过程中，除了可用性外，用户还会经历一种更加微妙的纯主观的心理和情感体验，这种体验难以表达和度量，却极大地影响了用户体验。本章从可用性、心流、沉浸感、情感和美感5个方面来介绍对用户体验的影响。

4.1 可用性设计

随着计算机网络技术的发展以及交互设计研究的深入，20 世纪 80 年代中期，在设计领域中流行“对用户友好”的口号，后来这个口号被化作“可用性”的设计理念。

4.1.1 什么是可用性

可用性是指用户在使用交互产品时的有效、易学、高效、易记、少错和令人满意的程度，即用户能否使用交互产品完成相应的任务，效率如何，主观感受怎样。也就是从用户的角度来感受产品的质量，是用户在交互过程中的体验。

尽管可用性目前已经被广泛认可为衡量交互设计的重要指标，但是至今没有形成统一的定义，不同的组织对可用性有不同的解释。ISO9241/11 国际标准将可用性定义为：产品在特定使用环境下为特定用户用于特定用途时所具有的有效性、效率和用户主观满意度。

其中，有效性是用户完成特定任务和达到特定目标时所具有的准确度和完整性；效率是用户完成任务的准确度和完整性与所使用资源（如时间、体力、材料等）之间的比率；满意度是用户在使用产品过程中的主观反应，主要描述了产品使用的舒适度和接受程度。

4.1.2 可用性的表现

在交互设计领域中，尤其是软件设计中，可用性通常表现在以下几个方面。

➢ 能够使用户把认知思维集中在当前任务上，可以按照用户的行动过程进行操作，不必分心寻找人机界面的菜单、导航或理解设计结构与图标含义，不必分心考虑如何把当前任务转换成计算机的输入方式和输入过程。
➢ 用户不必记忆面向计算机硬件软件的知识。
➢ 用户不必为手上的操作分心，操作动作简单重复。
➢ 在非正常环境和情景中，用户仍然能够正常进行操作。
➢ 用户理解和操作出错较少。
➢ 用户学习操作时间较短。

由此可见，可用性涉及交互设计的方方面面，从创意理念到技术实现。

对于可用性和用户体验的关系，有些学者将两者并列为用户在交互过程中的不同感受和体验，认为两者在实现目标和实现方法上有所不同。可用性要求交互设计具有易用性、易学

性、安全性、容错性等特点，从而使用户有效、高效地参与到互动中；用户体验则更强调用户在交互过程中的审美、心理和情感体验，如让人满意、富有美感、让人得到精神上的满足等。然而，这是一种对用户体验的狭义理解。从本书第 1 章对用户体验的定义可以看出，用户体验的内涵广泛，涉及人机交互的方方面面，指的是用户在人机交互过程中综合的心理感受。因此，可用性包含在用户体验中，是影响用户体验的重要因素之一。

专家提示：除了可用性外，用户体验还要受到品牌、功能、内容等其他因素的影响。交互设计应该符合可用性的设计原则，从而保证交互设计满足用户体验。

4.2 可用性设计原则

可用性是交互设计的核心和基本点，尽管到目前为止，还没有一个被普遍认可的概念来定义可用性，但是对于它的核心特征却达到共识，可以概括为以下 5 个方面。

- 易于学习：一个从来没有使用过交互产品的用户能否容易地学习并使用该产品。
- 高效率：一个有经验的用户使用该交互产品完成某项任务的效率。
- 可记忆性：如果一个用户之前曾经使用过该产品，他能否顺利地再次使用该产品而不必重新学习。
- 容错性：用户使用产品的出错频率，这些错误是否是致命性的，如果用户犯了错误，产品能否及时发现并帮助用户改正错误。
- 满意度：产品是否令人愉悦，用户是否对交互设计满意。

围绕这 5 个方面，具体的设计原则如下。

4.2.1 简捷性

1. 少即是多

设计领域的一个重要理念就是化繁为简、少即是多，交互设计将高效率作为可用性的设计目标之一，更应该强调设计的简捷性。因此对用户来说，在网站中每增加一项不必要的功能，都需要花费时间去学习，或者每增加一条无关紧要的信息，都会增加用户在网站中查找信息的工作量。因此，交互设计应该以一种尽可能简捷的方式满足用户的需求和体验，从而提高用户完成交互操作的效率。

清晰、精美的图片给用户带来最直观的吸引

导航放置在下方，满足用户了解更多信息的需求

这是一个牛肉品牌的宣传介绍网站，该网站页面的设计非常简捷，仅仅放置了网站 Logo、宣传图片、导航菜单和版底信息内容，重点是通过清晰、精美的大幅产品图片来吸引浏览者的注意。浏览者进入到该网站，立即能够明白该网站的主题内容。而如果用户需要详细了解，可以通过下方的导航菜单进入到相应的分页面中进行详细了解。

技巧点拨：在交互设计中，简捷不仅体现在形式和内容上，也体现在功能和行为的设计上。简捷的设计既要用最少的视觉和听觉元素传达最明确的设计理念，又要用最少的功能和行为最有效地达成目标。

通常，界面设计中使用的颜色最好控制在 3 种以内，不同的颜色能够形成界面的层次感，将不同的信息划分开，并增强重要信息的视觉冲击力。但是，颜色数量不宜过多，且区域不宜太大，否则会造成眼花缭乱的视觉效果。尤其是一些鲜艳饱和的颜色直接搭配，会极大地影响视觉接收。所以，可以选择一些调和色作为过渡，削弱色彩的对立面，制造出融合的氛围。通常黑色、白色和不同明度的灰色是最好的选择，尤其是大面积的区域分割使用灰色能够降低其他颜色的张扬耀眼，吸收其他色彩的活力。

有效吸引浏览者对该区域内容的关注

这是腾讯招聘的网站页面，采用纯度较高且色相互补的绿色、黄色、橙色和蓝色 4 种颜色。如果直接搭配在一起，色彩碰撞，不利于视觉接收。于是设计师巧妙地在色块之间加入间隔，使整个页面看起来活泼而不失安静，跳跃而不失和谐。不仅如此，还有效地区分了不同的页面内容和吸引浏览者的视线。

该网站页面使用大幅的偏灰色图片作为页面的整体背景，与浓烈的半透明暗红色相搭配，削弱了红色的视觉张力，在突出内容重心的同时，给人简捷、大方的视觉享受。并且色块的倾斜处理，还能够使页面更加具有现代感。

技巧点拨：字体的变化也应该控制在3种之内，设计师应该时刻牢记字体以传达信息为主要目标，所以尽量不要选用过于繁复的字体，以免影响用户对内容的阅读。

简捷性设计还要求摒弃无关信息的堆砌，利用有限的界面元素突出功能的强大。理想状态是只呈现用户完成任务所需要的信息量，相关的信息要放在一起，至少是在一个窗口中显示。

极简主义设计风格很好地传达了网站的设计理念——对简捷风格的追求，这也反映了网站产品的设计风格。同时，简捷的视觉元素突出了对产品信息的展示，用户可以很快地获得所需要的信息，提高了网站的功能可用性。

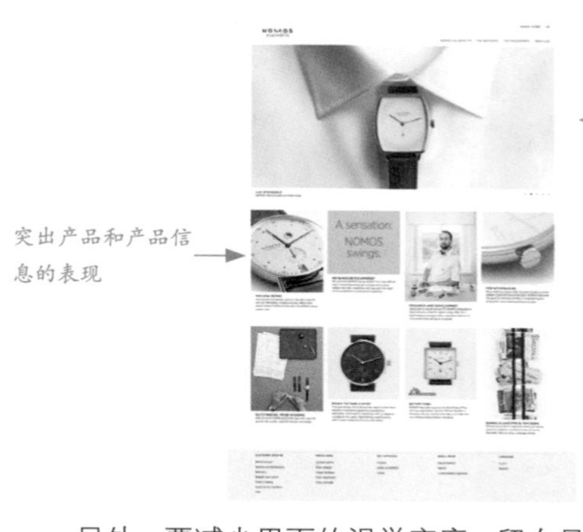

纯白色页面背景，无任何装饰性元素

突出产品和产品信息的表现

这是一个产品宣传和销售网站，使用最简捷的设计元素传达设计理念。界面中使用纯白色作为页面背景颜色，没有任何的装饰性元素，页面中只有网站Logo、导航菜单文字、产品图片以及相应的文字介绍。当鼠标移至某个产品图像上方时，会通过色块的方式显示该产品的详细介绍内容。极其简约的设计，有效地突出了页面中产品及内容的表现。

另外，要减少界面的视觉密度，留白是非常好的方法。留白与设计元素的大小直接相关，因为设计元素的比例决定留白的空间，增加设计元素的尺寸，而在其边缘留白，就像在白纸上的一个黑点一样，很容易将浏览者的注意力牵引到设计元素上。不仅如此，留白还可以减少眼睛的疲劳感，调节心理节奏，引起轻松与惬意的心理感觉。

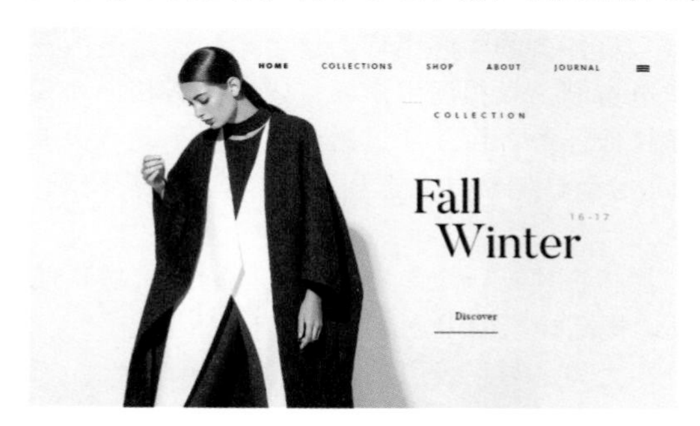

该时尚女装品牌网站采用极简主义设计风格，首页以及各内容页面的设计都非常简捷，在页面中运用大量的留白，只是通过精美的人物模特图片与简捷的文字相结合来表现页面内容，给浏览者一种简捷而优雅的感受，并且大量留白的运用也能够更好地突出页面中内容的表现，使浏览者更加专注于页面中内容的阅读。

以Google为代表的Web 2.0网站的重要设计理念就是追求简捷，简捷的布局、简单的操作，Google被奉为极简设计的典范。Google搜索界面由一个文字输入区域、两个按钮、一个Google标志和一些其他的功能链接组成，极少的界面设计元素却很好地实现了Google的功能，并创造出一种井然有序的秩序感。

Google的界面设计是由它的功能目标决定的，因为Google的主要功能就是提供搜索服务。

相比较而言，Yahoo 和 MSN 的搜索引擎看起来比较复杂，因为它们具有多样功能，而且它们把所有的功能选择都放在了主页上，方便用户使用。

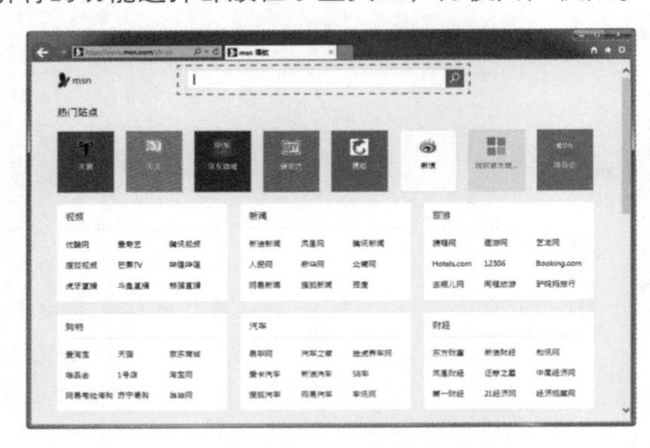

在 MSN 中国的官方网站上，除了为用户提供了搜索引擎功能外，还为用户提供了各种不同类型的网站导航，方便用户快速访问常用网站。

专家提示："少即是多"不仅适用于界面上的信息，也适用于程序中的功能选项和交互机制。交互设计是关于行为的设计，烦琐的交互机制和功能设置比起复杂的界面设计更容易给用户带来不便和低效率的操作。

追求交互操作的简捷性应该做到以下几点。

首先，交互操作要按照用户能最有效地完成目标任务的顺序出现。这个顺序通常是由界面布局和交互设计决定的，但是还可以让用户自己控制，并根据用户要完成的任务和个人喜好进行调整。即便如此，系统应该帮助用户理解操作任务，可以通过给予适当提示或者提供偏好设置的方式来实现。例如，下拉选项框中通常会默认给出几个选项，这样就给用户暗示，应该选择怎样的信息。

其次，将交互目标划分为不同的操作任务，用户在执行一个单独任务的同时，提供其他相关任务的链接或快捷方式，避免用户重复操作，提高执行效率。

再次，为用户提供进行某项操作的快捷途径，尤其是对高级用户。

为熟练的老用户提供了"一键下单"的功能，实现快速购买商品操作

这是"亚马逊"网站中某商品详情页面，对于经常使用该网站购物的用户来说，他们已经熟悉了网站的交互机制，并建立起了对网站的信任，如果每次购物都要输入配送地址、支付方式、密码等，会耽误很多时间，降低操作效率，所以该网站中提供了"一键下单"功能，输入并确认用户名后，直接点击支付，就可以完成购买商品操作。当然，该功能可以在用户账户中进行更改或取消，方便不同用户的需求。

2. 减少附加工作

追求简捷的设计还应该减少不必要的附加工作，这样能够改善交互产品的可用性，提高交互的效率，优化用户体验。

通常情况下，引入附加工作的情形之一是为新手或者临时用户提供帮助，辅助他们进行学习，使他们尽快了解产品的功能和交互方式。这种附加工作对于新手是完全必要的，但是当新手成为中间用户之后，这些帮助信息就成为了附加工作。所以，在设计中应该保证这些帮助信息随着用户经验水平的提高而能够设置关闭。

除此之外，大量的视觉附加信息也充斥在交互界面中，当然有些附加工作是用户不得不做的，如视觉信息的分析——确定哪些元素是可以点击的，哪些元素是装饰性的；判断从哪个位置开始阅读屏幕等。

有些附加信息则会造成“视觉噪声”，这些都会加重用户的认知负荷，产生“信息焦虑”的情绪，这将影响用户的操作速度、理解能力和任务完成。为了减少视觉噪声引起的焦虑情绪，界面设计应该提供有效的提示，帮助用户尽快地完成这些附加工作，如采用对比突出或者引导用户的视觉走向等方法。

在该网站页面的设计中，虽然页面中有许多不同颜色的矩形设计元素，但是通过体积对比和绿色箭头的引导，能够有效地将浏览者的视线集中在界面中间的方块按钮上，吸引用户去点击。用户也很容易能够分辨出哪些是装饰性元素，哪些是可以交互的元素。

专家提示：所谓视觉噪声一般是由过多的视觉元素造成的，这些多余的视觉元素将人们的注意力从那些直接传达信息和交互行为的主要对象上转移到其他地方。这些视觉噪声包括过分的装饰、错误使用的视觉元素属性、繁多的交互功能等。

还有一些界面设计添加了很多无意义的视觉附加信息，使得界面的信息传达不够直接和自然。这其中最大的问题就是很多界面设计过分地依赖视觉隐喻，突出表现在图标或者按钮的设计上，使用大量的图形象征意义和功能。

另外一种视觉附加信息是由于过度使用风格化的图形和界面元素引起的，而实际上，视觉风格的运用首先是要支持清晰的信息传达和交互行为。针对有些网站，页面设计可以使用一些风格化的设计语言，例如娱乐型网站，但是如果过度使用，就会造成视觉噪声。

在该网站页面的设计中，设计师为页面元素运用了高光、阴影等多种视觉表现手法，而且页面中装饰性元素非常多，这就会对用户造成视觉噪声，用户刚进入网站页面，很难直接获得网站的主题和信息，信息内容的表达不够直接、自然。

4.2.2 易于学习

网络交互与其他传统艺术最大的差别在于受众的参与，有参与就意味着用户必须找到参与的方法和途径。一般的交互作品不会直接告诉用户应该如何操作，这就要求他们调动自己的思维发现问题、解决问题，完成一个自我学习的过程。对于网站这种操作模式相对固定的交互设计，或许 1 分钟的学习时间已经让浏览者厌烦，而对于一些环节复杂的游戏等，10 分钟的学习又是远远不够的。不管怎样，好的界面设计应该能够激发用户探索界面操作的意愿并提供有价值的线索。

1. 符合用户的概念模型

在交互设计中，三种模型被广泛使用，分别是系统模型、概念模型和表现模型。系统模型也被称为实现模型，指网络交互的实际工作方式和流程，描述了代码实现程序的细节；概念模型也被称为心理模型，指用户对交互产品如何工作，以及如何参与交互的认知；表现模型是指设计师如何将网络交互的参与方式展示给用户。

> 专家提示：所谓交互产品的概念模型是用户在使用产品时下意识形成的心理印象。概念模型都是基于每一个用户对产品的期待和理解的，同时又受到每个用户的经验、经历和认知的影响，因此没有两个用户的概念模型是完全一样的。

交互设计很大程度上是基于人类赋予事物和活动的意义，以及人们如何表示这些意义的。通常，表现模型越接近于概念模型，交互设计就越容易学习，用户就越容易理解交互机制，明白如何参与交互。因此交互设计应该符合用户的概念模型，而不能基于系统模型，这个原则在界面设计和信息架构上需要更加突出地表现出来。

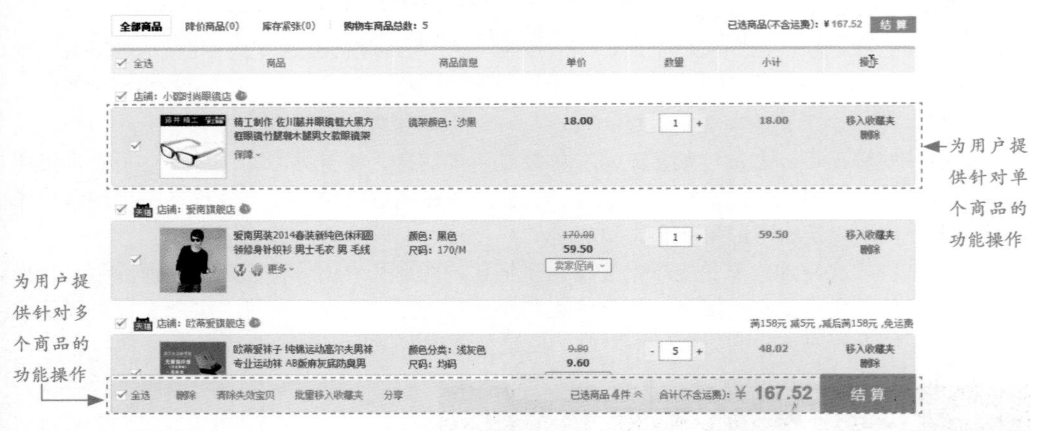

电子商务网站中的“购物车”功能就是根据用户的概念模型来设计的。不仅如此，购物车的概念模型还影响了界面设计和网站可提供的交互行为设计。在现实生活中，购物车作为一个存放商品的容器，用户既可以将选定的商品放进去，也可以将不需要的商品拿出来，另外当结束购物后用户还可以对购物车中的商品进行支付。因此电子商务网站的设计必须提供能够完成这些功能的交互操作。

2. 恰当地使用隐喻

通过将现实生活中物体的视觉表现和操作方式直接搬到交互产品中，隐喻方便了用户的学习、识别和操作过程。交互设计中的隐喻以用户感知过的事物为蓝本，对界面元素和交互方式进行比拟。设计师利用用户对于客观事物的知识经验，通过隐喻的认知机制使得界面的感知特性和操作方法与用户原有的经验知识产生映射。交互设计中的隐喻主要体现在三个方面：概念隐喻、视觉元素隐喻和交互行为隐喻。

图标是视觉元素隐喻的最好体现，图标还通过视觉设计暗示其可以执行的交互行为。例如 Windows 操作系统桌面上的“垃圾桶”图标，就生动地体现了这个图标是用来存放不用的信息的，同时也暗示了可以对垃圾桶执行的操作，包括将不用的文件删除到垃圾桶，随时将垃圾桶中的内容清空，并且当用户不慎将有价值的东西丢到垃圾桶后，还可以通过恢复操作找回它们。

这是丰田汽车的一个活动宣传网站，运用冉冉升起在夜空中的光点来隐喻每一个平凡的愿望，仿佛是夜空中的点点星光，寓意每一个美好的愿望都会被看到，最终都能够实现，引起用户在情感上的共鸣。

> 专家提示：**隐喻的使用虽然使交互设计的表现更加直观形象，但是不恰当和过度使用隐喻也会影响用户对交互产品的理解。隐喻有时候会将界面元素和物理世界的事物不必要地捆绑在一起，造成可扩展性差。而且，由于文化、认知能力的差异，用户对隐喻的理解也不尽相同。**

好的隐喻设计应该符合用户的概念模型并且容易识别，避免产生歧义和误解，隐喻的设计最忌讳仅仅按照字面意思来套用或者过度追求真实感。

不仅如此，隐喻设计应该针对特定的文化语境。隐喻是用户生理和心理共同阐释的结果，也是用户与交互设计之间建立心理、情感和认知关系的重要手段。隐喻是人类思维的重要表现形式，也是人类文化的一部分。在交互设计尤其是界面设计中，隐喻主要通过图标来体现。图标是一种视觉符号，从符号学的角度来说，任何符号都具有一定的文化属性，即不同文化语境中的人对相同的符号有不同的理解，进而导致用户对相同的隐喻产生不同的理解。因此，设计师在设计过程中应该时刻考虑隐喻所适用的文化语境，并将这种文化语境贯穿于交互设计的始终。

采用简约线性风格设计的各功能图标环绕排列，具有很强的整体性，便于用户理解和操作

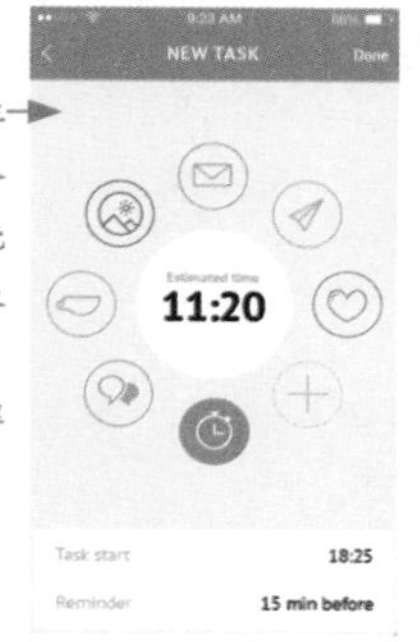

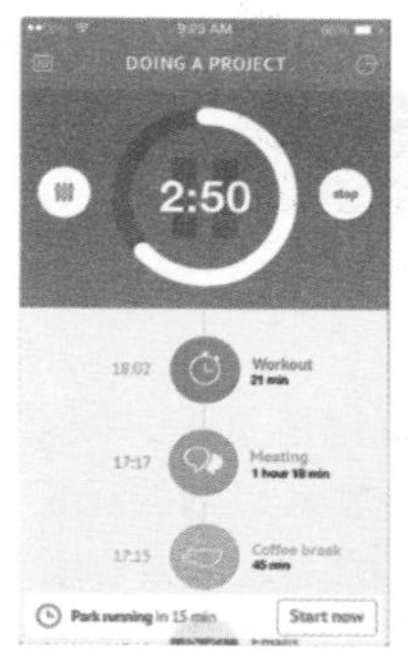

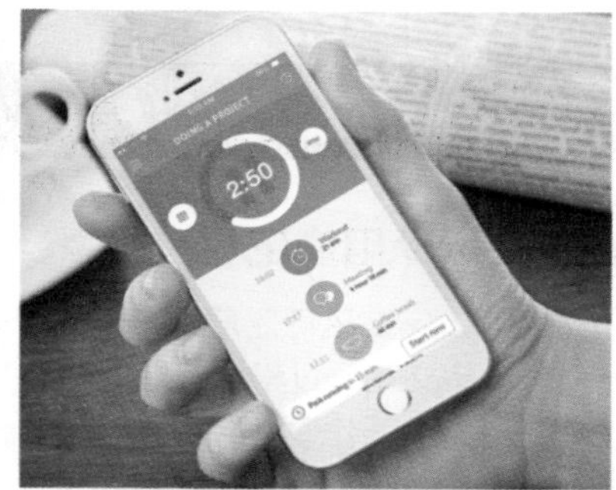

图标在交互设计中的应用非常广泛，特别是在移动端的交互设计中，是移动交互设计中非常关键的视觉元素。例如在该移动端的界面设计中，为每一个重要的功能选项都设计了风格统一的图标，每个图标的

设计都非常简捷，很好地抓住了该功能的特征，具有很好的辨识性，可以起到突出功能和选项的作用。

3. 启示

启示英文为 Affordance，也被翻译为功能可见性或可承担性。启示是交互产品对其功能的暗示，通过交互设计的启示，用户能够更容易地理解交互机制和功能特点。启示是交互设计的重要原则之一，可以帮助用户更好地理解交互产品。

交互产品可以通过启示激发用户参与的欲望，还可以暗示用户该如何进行操作。现在流行的虚拟 3D 系统设计，如 Windows7 的主界面利用阴影和分层使屏幕图像显示得更加立体。这样的图像处理方式能够给用户一种暗示，很好地激发了用户参与交互的愿望，并且让用户知道哪些地方是可以交互的。在物理世界里用户可以通过实际的操作立即获知，对于交互设计来说，设计师也应该提供一些补充说明，如文字和图片等，使启示更加直观，用户更容易明白。

交互产品的启示应该匹配其实际用途。在计算机屏幕上，用户看到突起的三维矩形，会认为它是一个按钮，产生点击操作的启示。但实际上，这个三维矩形可以触发各种操作，或许不用单击只是鼠标经过，就会链接到其他页面。甚至可能不是一个按钮，只是一个图标，用于强调某个信息而不能触发其他操作。为了避免这些歧义，启示应该匹配产品的实际功能。

在交互设计中，符合匹配的启示关系包括：

- 操作意图与可能的操作行为之间的关系；
- 操作行为与操作效果之间的关系；
- 系统实际状态与用户通过视觉、听觉和触觉所感知到的系统状态这两者之间的关系；
- 所感知到的系统状态与用户的需求、意图和期望之间的关系。

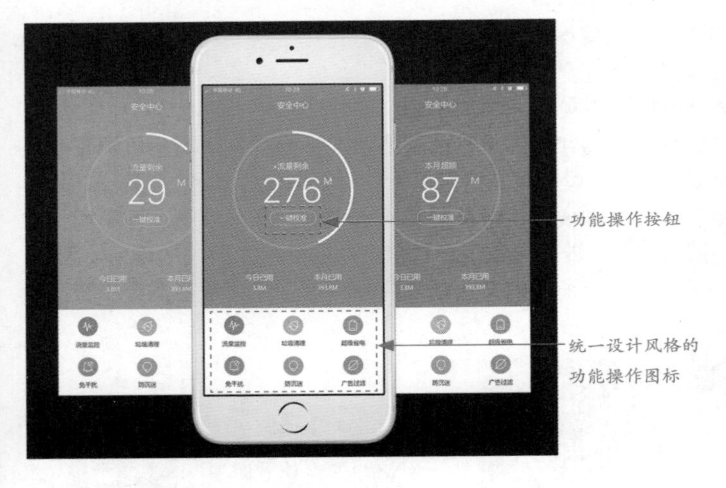

在交互界面设计中，能够与用户进行交互操作的元素需要在视觉效果上给用户一定的启示。例如该移动端的界面设计，功能操作按钮使用细线的圆角边框表现，不同功能的操作则使用了统一设计风格，不同颜色的简捷图标进行表现，当用户看到界面时，一眼就能够分辨出界面中哪些元素是可以进行交互操作的。

4.2.3 减少用户记忆

交互设计应该尽可能避免给用户带来记忆负担，以增加交互效率，提高产品的可用性。在用户与产品交互的过程中，短时记忆是最常用到的记忆方式。

在执行交互操作时，记忆并不是唯一的决定因素。所有的按钮和选项都是可以被浏览的，不管参与者是否记忆了按钮和选项是什么、在哪里，他们都可以通过再次浏览找到所需要的信息，这就意味着界面设计应该能够更好地被注意和感知而不是被记忆。但是从另一方面来说，如果界面中的功能操作按钮少于 7 个，根据短时记忆理论，用户更加容易记住按钮的名称和位置，这就提高了他们再次参与交互的效率。

在该网站页面的设计中，为网站中的主要功能选项设计了线框按钮并且搭配了使用线条勾勒出的简约线框图标，极大地丰富了网页设计效果。虚化的远景和清晰的近景相得益彰，也使得按钮和图标在页面中格外突出。页面中信息内容较少，使用按钮来表现主要内容，更容易让用户记忆。

可视化是减少记忆负担的方法之一，图形用户界面相比命令操作界面能够减轻用户的记忆负担，这在很大程度上归功于信息的可视化。在遵循简捷和“少即是多”的设计原则下，尽可能将用户需要的信息以可视的方式显示在界面上，对于输入操作，应该为用户提供关于输入格式的描述。

这是一个酒类产品的网站，当浏览者需要访问该网站时，出于对未成年人的保护，首先需要浏览者选择自己的出生年月，从而确定浏览者是否可以继续浏览该网站。在网站页面中为浏览者提供了清晰、简捷的说明，并且使用下拉列表选择的方式也避免了用户的输入操作，方便用户操作。

最好设置一个有效输入描述的例子，并将用户可能输入的信息以下拉框或者菜单的形式直接显示在界面上，以供用户选择而不是输入。另外，系统还应该提供有效合法的信息输入范围的描述，而不应该让用户去猜测，并且只有当输入超过范围时才弹出错误提示。

这是某信用卡支付的表单页面，当用户激活输入框时，右侧会出现可视化的帮助信息，更加简捷直观，使用户能够更好地理解并填写表单选项。

技巧点拨：在交互设计中，声音可以起到辅助作用，通过声音提示操作并判断操作执行的正确与否，尤其对于那些用户看不到的操作过程。但这同时也是一个缺点，因为声音有可能对用户造成干扰。因此，在使用声音时要格外小心，避免分散用户的注意力或让人心烦。

减少记忆负担的另一个方法是采用较少的交互规则，并将这些规则贯穿于整个交互设计中，成为标准。例如粘贴操作，在文字、图像、视频等不同操作对象上的操作规则应该是一样的，这样既减少了用户在操作其他对象时的学习时间，也方便记忆。

除此之外，在交互产品中，记住用户的行为和偏好，是减轻用户记忆负担的最好办法，记忆在这里指的是在多次会话中跟踪和响应用户行为的程序和代码，例如 IE 浏览器可以记住用户经常访问的网站，在网上填写的表单内容等。

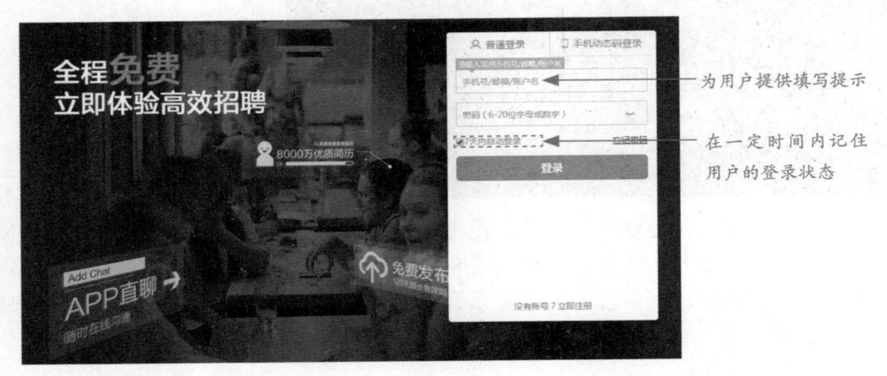

这是某招聘网站的登录页面，在该页面的设计中，不仅为表单元素设置了默认的填写内容提示，并且能够对用户所填写的内容进行实时验证，而且该登录表单还添加了“7 天内自动登录”的记忆功能，方便用户在一定时间内访问该网站时能够自动登录，减少了用户记忆的负担。

> 专家提示：**记忆的好处是能够预测用户下一步要做什么，这样在用户操作之前，产品就会自动给出方案，提高交互效率，并从心理上给用户带来体贴感和积极的影响。**

有记忆的交互产品能够带给用户人性化的感觉。对于用户来说，产品的记忆特性可以减少附加工作，省去重复的信息输入。不仅如此，由于用户输入的信息大量减少，更多的信息可以通过程序的记忆直接获得，还可以降低用户犯错的次数并保护用户个人信息的安全性。

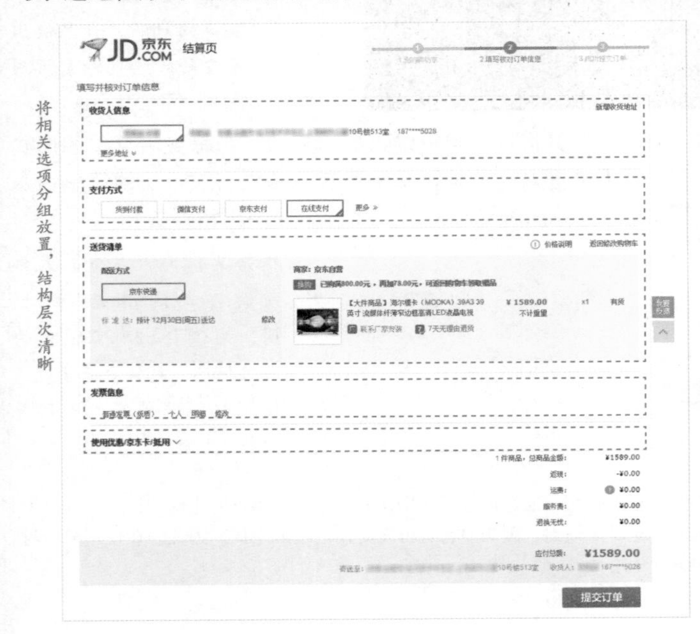

这是“京东”网站的订单结算页面，按照传统的方式在该页面中应该有许多的表单项让用户填写相应的内容等，但是该页面智能默认与用户相关的收货人信息、支付方式、发票信息等内容，基本不需要用户进行任何表单的填写就可以直接提交订单。当然，在页面中还为用户提供了对相关信息进行修改的链接方式。例如，如果用户需要修改收货人信息，可以单击该内容区域右上角的“新增收货地址”链接，即可在表单中填写新的收货地址。

4.2.4 一致性

一致性是可用性要求中最基本的原则，保持设计的一致性可以有效地传达信息，对于方便用户的学习和减少记忆负担也起到非常重要的作用。交互设计的一致性既表现在界面设计上也表现在功能操作上。

界面设计一致性的基本要求是界面元素的大小、色彩保持一致，相同的信息放置在界面的相同位置并以相同的表现方式出现。在交互设计中，与其一次又一次地设计各个图标、导航等反复出现的界面元素，不如独立地设计一次，然后将这个设计方案应用到整个交互产品中去。

该食品的宣传网站设计就充分利用了一致性原则，网站中的每个页面都采用了相同的版式和主色调进行设计，网站页面中标志、导航和主内容区都出现在各子页面中相同的位置，并且采用了相同的设计方式。界面设计中较高的一致性表现，能够有效提升产品的可用性，使用户能够快速掌握该产品的操作。

> 专家提示：一致性并不是要求每个界面中所有元素的设计都完全相同，没有丝毫变化，一致性更加强调的是产品内在气质和设计理念的延续，注重变化，并在变化的基础上给人整体感。

该产品宣传网站的界面设计更富于变化，根据不同的产品，每个页面都使用了该产品包装上的相近色彩进行搭配，使每个页面都能够给用户带来不一样的感觉。尽管如此，用户仍然能够感觉到页面内在的延续性，这主要是因为网站中每个页面的元素布局和设计风格都是统一的。

不仅要求设计风格和形式的一致性，交互产品的功能和操作也应该保持一致。也就是说，第一，相同类型的操作对象应该采用相同的操作方式。例如，无论设计成什么样子的按钮，都应该使用相同的激活方式，如鼠标单击或者滑过。第二，相同的功能或操作应该产生相同的效果。例如，不管是在网站还是其他网络应用中，拖动总是将操作对象从源位置移动到目标位置，不应该出现其他的交互效果。

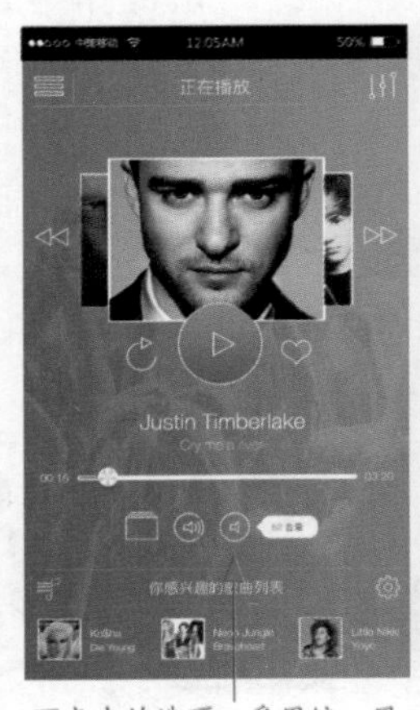

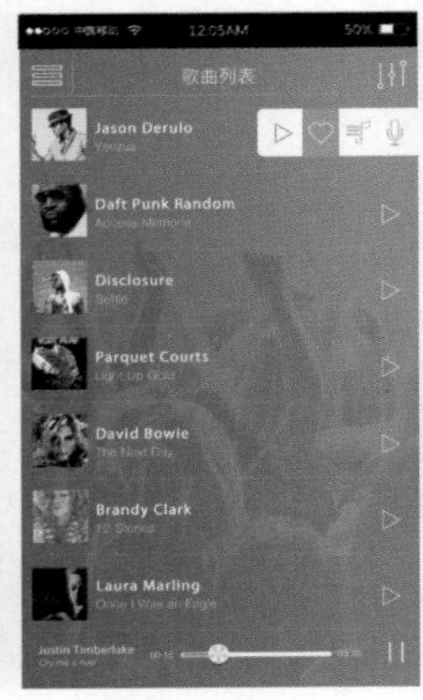

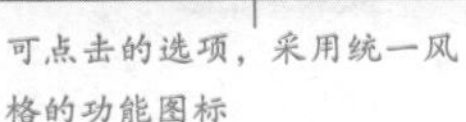
可点击的选项，采用统一风格的功能图标

可调节的功能选项，采用滑块的方式

这是移动端的一款音乐 APP 界面，使用音乐相关的素材图像作为界面的背景，使界面具有律动感，并且每个界面都采用了统一的设计风格和配色，使得整个 APP 界面具有很强的整体性和一致性。不仅如此，界面中功能选项的操作方式也保持了一致的操作方式，例如图标可以进行点击，音量和进度的调节都可以使用拖动的方式。

> 技巧点拨：一致性的交互设计不一定都是标准化的设计，保持设计的一致性并不是要一味地以遵守某些设计标准为真理，而是要通过保持界面设计和功能操作的一致性来提高设计的可用性，最大限度地优化用户体验。

4.2.5 提供反馈

根据人的认知特点，在人机交互过程中清晰地显示用户的每个操作状态和结果是非常必要的。所谓反馈是“向用户提供信息，使用户知道某一操作是否已经完成，以及操作所产生的结果”。如果用户在尝试一种自认为可能的问题解决方法之后，却没有得到任何响应和反馈，用户就会失去进一步参与的兴趣。所以，在交互设计中建立合理和及时的反馈机制是十分必要的。

例如网站注册时需要输入用户名及其他验证信息，对于有些网站，由于注册人数较多，有些用户名可能已经被其他用户注册。对于这个问题，之前的网站设计是在所有信息输入完毕点击提交之后，才能给用户反馈让其知道由于用户名已被选择而无法完成注册，并需要返回前面的页面重新填写全部信息。现在的网站设计改进了这一点，用户在每次输入用户名之后且没有填写下面的信息之前，就可以验证这个用户名是否已经被注册。及时的反馈让用户了解交互操作的状态，节省发现及纠正错误的时间，提高了网站的可用性。

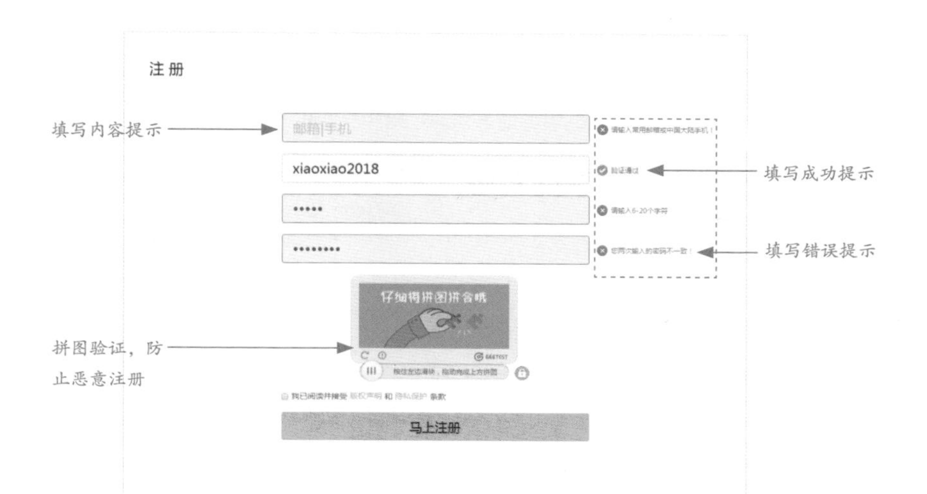

这是某网站的用户注册页面，在页面中设计了充分的反馈机制，首先为每个表单项都设置了填写内容提示信息，防止用户填写错误；其次，当用户完成每一个表单项的填写后，在该表单项的右侧都会使用图标与文字相结合的方式反馈填写成功或错误的提示。并且成功与错误的反馈信息还采用了不同的颜色进行表现，充分提高了页面的可用性。

反馈不仅是对错误操作的通知，如网络页面无法找到时的反馈页面404的设计，还应该包括对正确操作以及操作过程中的交互状态的提示。一旦用户明确了操作目标，交互产品必须一步步引导用户，让用户了解目标的完成程度，以及离目标还有多远。

网站的404出错页面采用幽默风趣的表现手法，卡通插图搭配幽默风趣的说明文字，使得出错页面的表现更加人性化。人们对视觉信息的回应往往比纯文本要好一些，这样也会对网站的用户体验更加有益。并且在404页面中以特殊颜色的文字提供返回链接，使用户能够轻松地返回到网站首页继续浏览网站。

交互设计应该及时并随时给予用户反馈，而不是等到错误出现时才通知用户。根据用户对响应时间的感知，反馈信息可以分为以下几个时间段显示。

- 接近0.1秒的情况下，用户认为系统的反应是实时的并感觉自己在直接操作，因此除了显示操作结果外，不需要特别的反馈提示。
- 接近1秒的情况下，用户认为交互过程没有被打断且系统是有反应的，但是会注意到反应的延迟，但这个延迟对他们来说很短，因此也不需要特别的反馈信息。
- 接近10秒的情况下，用户很清楚地注意到系统变慢了，他们会走神，但仍能将注意力放在交互产品上，此时提供一个进度条或者对话框是很有必要的。

- 超过 10 秒之后，用户的注意力就不再集中于程序，他们会走神或者想去做其他的事情。可以使用百分比进度条来显示目前进行到哪里，还有多少任务需要完成，还需要多少剩余时间等，这时提供一个可以取消操作的机制也是关键的，以防有些用户不愿意长时间等待。

4.2.6 错误提示及避免错误的发生

错误的出现使用户不能顺利地完成交互任务，但是，用户在交互操作过程中不可避免地会产生错误。因此，当错误出现时，产品应该恰当地显示错误提示信息，帮助用户明白错误出现的原因并提供解决方案。

错误提示信息的设计应该符合以下原则。

- 语言表述明确，避免代码。
- 不要使用概括的错误描述语言，而应该精确地描述错误。
- 尽可能帮助用户改正错误。
- 错误提示信息应该是有礼貌的。

除了上述原则外，错误提示信息可以采用简短的方式表述，帮助用户快速意识到错误的出现。还应该为用户提供一个链接，链接到系统内部的帮助文档或者在线帮助页面，使用户可以进一步了解错误的详细信息或解决方法。

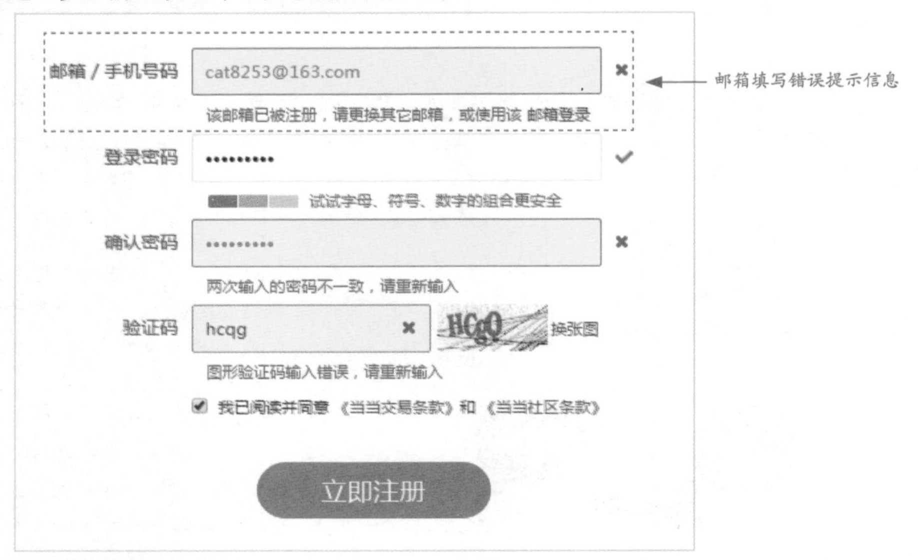

这是“当当网”的用户注册表页面，系统告诉用户邮箱已经被注册，然后还给出了“邮箱登录”的链接选项。下方的“确认密码”表单项的错误提示信息直接表明两次输入的密码不一致；“验证码”表单项的错误提示信息直接说明图形验证码输入错误，每一个错误提示都非常直接、明确。

恰当的错误提示对交互操作是有益的，但最好的设计应该避免用户在交互过程中出现错误。在交互设计中，当使用条件没有满足时，常常通过使功能失效来避免错误的发生。同时，尽可能地通过图标和其他方式表明哪些条件可以让功能生效。例如，在文本输入时可能出现拼写错误，那么系统可以给出一些候选拼写方案，让用户选择，避免用户再次输入错误。

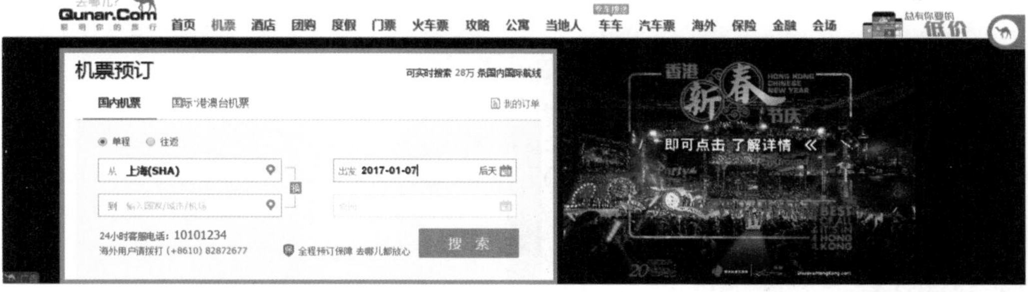

在“去哪儿”网站的机票预订表单中，用户可以直接在填写城市的表单中输入城市名称，在该表单中单击还可以在该表单项的下方显示出城市列表，可以直接选择所需要的城市，这样就避免了输入错误。在预定日期的表单元素中单击可以在该表单元素的下方显示日期选择器，可以让用户选择今天或未来的日期，而过去的日期显示为灰色无法选择，这样就迫使用户在正确的日期范围内进行选择，并且还对相应的节假日进行了标注，使用户的选择更加方便、快捷。

专家提示：**还有一种避免错误发生的方法就是在用户执行操作之前进行确认，如“你确定删除该文件吗”。但是这种确认提示应该在执行不可逆转的危险操作时出现，避免使用在每一个操作中，以免造成用户的惯性思维全部都选择“确定”，并且会让用户认为系统不信任用户，破坏系统和用户之间的友好沟通。**

4.2.7 高效率

高效率是指交互设计能够使用户以快捷、容易的方式并且不必经过复杂和无关的过程来完成任务。效率可以用时间作为衡量的标尺之一，虽然很多时候，用户在参与交互的过程中，对时间的感受被忽略了，但是当网站的效率变差会引起用户显著的操作和心理波动时，时间的长短就至关重要了。在交互设计中经常通过衡量完成一个交互任务所需要的时间来衡量效率的高低。

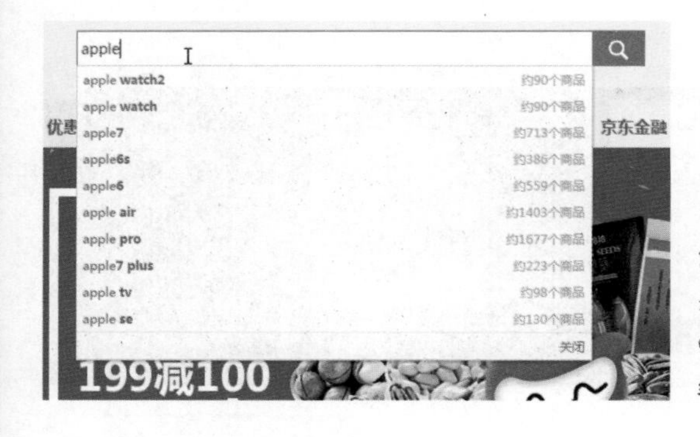

目前，各大搜索引擎以及电商网站中的搜索功能，都提功了搜索历史、推荐关键词、自动补全、关联搜索等多种即时反馈功能，这样的功能能够大大地提高用户使用搜索功能的效率，从而给用户带来更好的用户体验。

4.3 心流体验

心流（Flow）是由心理学家米哈里·齐克森米哈里（Mihaly Csikszentmihalyi）在 1975 年首次提出，并系统科学地建立了一套完整的理论。目前，心流的概念已经被广泛地应用在设计领域，尤其是交互式设计中，成为衡量用户情感体验的重要标准之一。

4.3.1 什么是心流体验

许多人在从事某些活动时会有一种像行云流水般的体验发生，这种体验指的就是一个人深深地融入某个活动或事件时的心理状态。一般而言，当这种体验发生时，人们会因为太融入其中而出现忘我，或忽略其他周围事物的情况；而当这种体验结束后，人们通常会觉得时间过得挺快，并感受到情感的满足感，这就是通常所说的心流体验。

> 专家提示：心流是人们在从事某项活动时暂时的、主观的体验，也是人们乐于继续从事某种活动的原因，例如长时间玩网络游戏。但是，心流并不是一种静止的状态，会随着技能和挑战难度的变化而变化。

心流体验是个体完全投入到某种活动的整体感觉，心流体验的 9 个特征被概括如下。

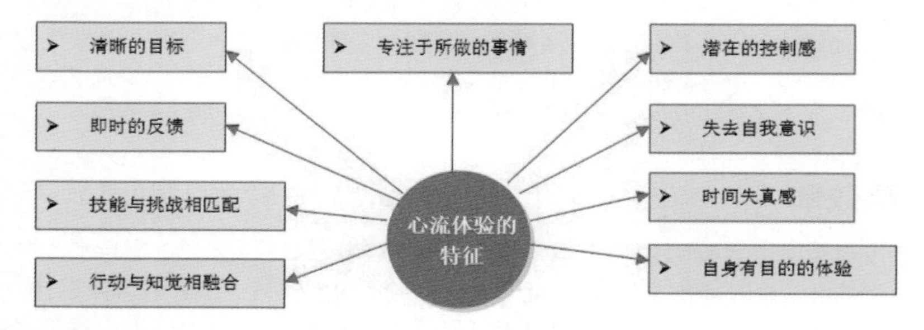

根据心流体验产生的过程，这 9 个特征又被归因为 3 类因素。

- 条件因素：包括个体感知的清晰目标、即时反馈、技能与挑战的匹配。只有具备了这 3 个条件，才会激发心流体验的产生。
- 体验因素：指个体处于心流体验状态的感觉，包括行动与知觉的融合、注意力的集中和潜在的控制感。

➢ 结果因素：指个体处于心流体验时内心体验的结果，包括失去自我意识、时间失真和体验本身的目的性。

造成心流体验的一个重要因素是技能与挑战的平衡，也就是解决问题的能力与问题难度的匹配度：当技能不足以解决困难时就会引起用户的焦虑，而太多技能遇到低难度的问题时又会让用户感觉无聊。心流体验发生在当技能和挑战都最高的时候，介于焦虑和无聊的感受之间。

专家提示：心流是由对解决问题的能力的评估，以及对即将到来的挑战的认知所决定的。随着技能级别的提升，也需要承担更高难度的挑战来达到"心流"状态，这就是为什么游戏要设计递增的难度级别，而且有些玩家在玩通关后就不想再从头开始玩的原因。

4.3.2 两种不同的心流体验类型

在交互网站中可以将心流体验分为两种类型：体验型和目标导向型。

体验型强调的是将网站交互当作一种娱乐方式，例如在网站中听音乐、看电影等；目标导向型则是将网站作为一种工具用以完成某个目标，例如在线购物、搜索等。

这是一个运动品牌的活动宣传网站，属于典型的体验型网站。在该网站设计中充分运用视频、音频等多媒体资源，给浏览者带来一种强烈的视觉体验。并且在网站中应用了相应的交互效果，能够让浏览者参与到网站互动中来，将网站的交互作为一种娱乐方式。

突出表现酒店预订功能

这是一个连锁酒店的官方网站，属于目标导向型的网站。在该网站页面中采用了图文结合的方式对酒店的环境、配套、美食等优势进行介绍，最重要的是用户进入该网站可能是需要预订房间的，所以在该网站中将房间预定功能操作选项放置在了页面顶部主导航菜单的下方，非常明显和突出，从而帮助用户能够顺利地预订酒店房间。

通常情况下，新手用户倾向于将网络作为一处娱乐的平台，在网站交互中，他们喜欢更少的挑战、更多的探索发现。有经验的用户则希望利用网络来完成某项任务，因此喜欢较少的探索发现和较多的挑战。

针对这两种不同类型的心流体验，交互设计应该突出不同的表现特征。

体验型	大多数宣传展示类网站都属于体验型的心流类型，这种类型的网站需要给用户一种身临其境的感受，使用户在网站浏览过程中能够集中注意力，忽视时间感，积极地在网站中进行探索和发现。
目标导向型	例如搜索、在线购物等网站都属于目标导向型的心流类型，这种类型的网站需要能够充分展示内容的重要度，以及用户对于网站的操作控制。目标导向型着重于用户在网站完成任务所需要的活动体验。一般来说，心流体验更容易在目标导向的交互中产生。

4.3.3 心流体验设计的要点

一个好的用户体验产品，必定会使用户产生心流。一个产品的用户体验值越高，用户产生的心流就越高，因此用户会持续努力以继续获得这种感受，就会对产品产生巨大的依赖性和黏性，产品的用户体验就能得到显著提升。

以下 5 个要点可以帮助设计师培养用户的心流体验。

1. 平衡挑战与用户技能

平衡挑战与用户技能之间的差异是激发心流体验的最重要的设计原则。根据用户技能水平的差异以及两种不同类型心流的特点，交互设计应该采用不同的原则和方法。网站交互带来的挑战可以是视觉、内容和交互方式上的。简单来说，一个网站的一切，包括内容、信息架构、视觉设计等都对心流体验有所帮助。

以娱乐为导向的心流体验设计应该满足用户以创造性的思维来浏览和探索网站的需求，很少或根本不建立挑战，避免引起用户的焦虑。因此，网站设计主要通过视觉元素，如亮丽的颜色和高对比度，引起浏览者感官刺激和内心的愉悦。

在该电影网站的设计中，充分充分运用电影场景、人物和道具等素材，给浏览者带来一种身临其境的感受。在页面中通过丰富的视觉表现，在带给用户娱乐享受的同时，也吸引用户去探索电影的内容。

专家提示：体验型网站的心流设计应该通过在网站页面中使用更多的视觉元素来吸引浏览者的注意力，从而达到心流体验。

在目标导向型的心流体验中，完成任务的难度越大会给用户带来越多的激励，但是也会让用户感到焦虑，并且在遇到困难时较少地进行创造性的思考。所以对目标导向型的心流设计来说，应该尽量减少不必要的干扰因素，为用户完成任务提供方便，包括使用较少的视觉元素、即时地提供明确的反馈，也就是说要提高互动设计的可用性。除此之外，对于目标导向的互动设计，加入适当的娱乐元素比单纯的目标导向操作更能够激发心流体验，例如定制个性化的界面。

“百度”就是一个典型的目标导向型网站，其页面采用极简化的设计使其功能突出，减少对用户操作的干扰。同时它也提供了个性化的页面风格，当用户通过所注册的账号登录以后，可以看到在其主体搜索功能的下方显示了相应的推荐信息，并且页面背景显示了个性化的背景图片，增强了搜索页面的个性与趣味性。

技巧点拨：**当网站的交互操作特别困难或者无聊时，用户通常很难有足够的动力去完成它，这个时候，在网站中通过故事性的描述通常能够有效地提高用户的激励水平，吸引用户浏览。**

用户成功登录后，“百度”网站首页中主体搜索功能下方的推荐内容不仅可以让用户自定义感兴趣的内容，而且也可以自定义隐藏该部分内容。并且在网站左上角位置提供了多种个性化定制功能，例如可以定制天气预报，根据自己的喜好选择不同的背景图片等。个性化的设计增加了用户对“百度”网站的访问率和忠实度。

2. 提供探索的可能

心流的定义告诉我们当用户的技能超过网站交互操作带来的挑战时，用户就不会全身心地投入到网站体验中，甚至会觉得无聊。为了避免这种情况的出现，交互设计必须提供探索更多功能和任务的可能性。

对于以内容诉求为主的交互设计，例如新闻类网站，需要及时更新内容并通过适当的方式吸引用户的注意。

以功能诉求为主的交互设计，例如在线购物网站等，可以通过扩展交互功能的方式帮助用户进行探索。

例如“凤凰网”的社会新闻频道首页，在页面右侧的广告图片下方提供了最热门的社会新闻资讯排行，按照3种方式组织排序，分别是“即时排行”“24小时排行”和“评论排行”。即使这些新闻的选择不是基于每个用户的，但是却反映了多数用户的关注点，因此能够吸引用户的注意力。

例如“苏宁易购”网站的商品页面中，不仅为用户提供了商品分享、商品收藏、用户评论、在线咨询等交互操作，还为用户提供了商品对比的功能。单击商品名称右侧的“对比”按钮，即可将该商品加入到页面右侧的对比栏中，帮助用户探索页面中更多的交互功能。

3. 吸引用户注意并避免干扰

将用户的注意力集中在正在执行的任务上是实现心流体验的基本要素之一。网站交互应该通过合理的设计，长时间吸引用户的注意力，避免干扰。因此，应该尽量避免使用弹出式对话框，即使一定要出现，也应该采用合适的形式和语气。很多网站在设计时就试图把对话框的出现频率降到最低。

这是一个鱼类海鲜企业的官方网站页面，在该网站页面的设计中运用大幅的与企业产品相关的美食图片作为展示，充分吸引浏览者的关注，并且大多数人对于美食都是没有抵抗力的。在页面顶部的左右两侧则分别放置了搜索和购物车的图标，方便用户访问，但是其在页面中的分量较小，不会影响到页面美食图片的表现。甚至在页面中连导航菜单都进行了隐藏，只有当用户将鼠标移至Logo图形上方时，才会以交互动画的方式显示出导航菜单，从而有效地避免了对用户的干扰，吸引浏览者对网站内容的关注。

另外一个避免干扰的方法是通过交互动画效果来实现两个屏幕显示的切换。尽管动画在交互设计中可以以很多方式出现，但是这样的方式会让用户明白页面是怎样发生变化的，避免用户需要花费精力去搞清楚这两个页面是如何进行切换的，也有助于将用户的注意力集中在交互操作上。

这是一个汽车介绍网站，根据该汽车产品的定位以及外形设计特点，该网站采用了卡通手绘风格的表现方式来获得年轻用户的关注。该网站页面通过交互动画的方式来显示网站内容，用户通过单击页面下方的小圆点来切换页面中显示的内容，并且页面的切换方式也是通过交互动画的方式来完成的，避免对用户浏览造成干扰，也为整个网站注入了活跃的动力。简单直接的交互方式，非常便于用户操作。

> 专家提示：**在网站中具有联系的页面之间使用交互动画的方式来显示页面的过渡和切换效果，不会干扰用户在网站中的操作，而且有助于保持心流状态。**

4. 给用户控制感

心流体验要求建立用户对网站交互的控制感。目前交互设计中常用的适应性界面，即交互产品自动根据用户的行为调整界面设计，尽管从某种程度上让互动产品看起来非常人性化和智能化，但是剥夺了用户对界面的控制权，实际上有损用户的心流体验。合理的解决方案就是不要让交互设计自己决定界面该怎么变化，而是全权交给用户决定。

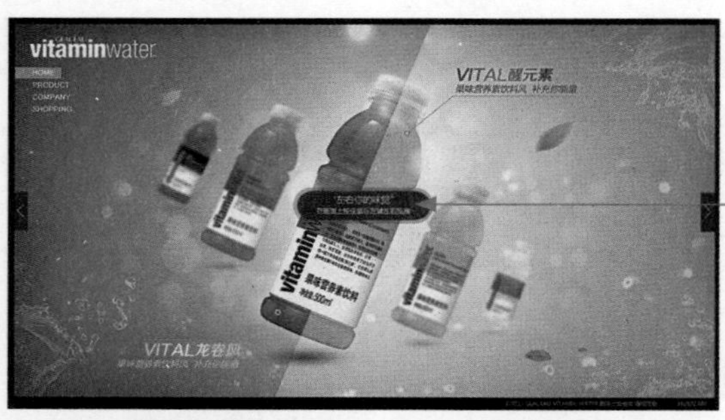

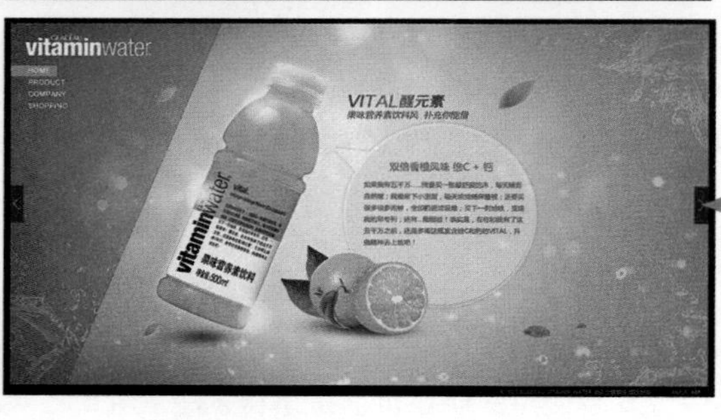

该网站是某品牌饮料的宣传网站，运用了交互设计的方式来吸引用户参与到网站互动中来。当浏览者进入到网站页面中时，在页面中间位置就会出现非常明显的交互操作提示文字，将整个网站的控制权交给用户，用户可以在页面中通过拖动鼠标以及单击左右两边的箭头来查看网页面中的内容，以及切换不同的页面。用户掌握了交互操作的控制权，使用户更有兴趣去探索网站中的内容。

5. 对时间的失真感

处于心流状态时，用户常常感觉不到时间的流逝，但是，如果交互过程被中断，用户会认为他们花费了比实际更长的时间进行操作，这种现象被称为相对主观时间持续感。除此之外，如果让用户执行一系列复杂的网站任务，并给予相应的帮助，然后要求每个用户估计他执行每个任务的时间。通常，任务越困难，用户越认为他们花了比实际更长的时间去处理。尽管这个发现不能转化为直接的交互设计原则，但是相对主观时间持续感可以用来测试干扰和任务设计的难度和复杂度，有助于设计决策。

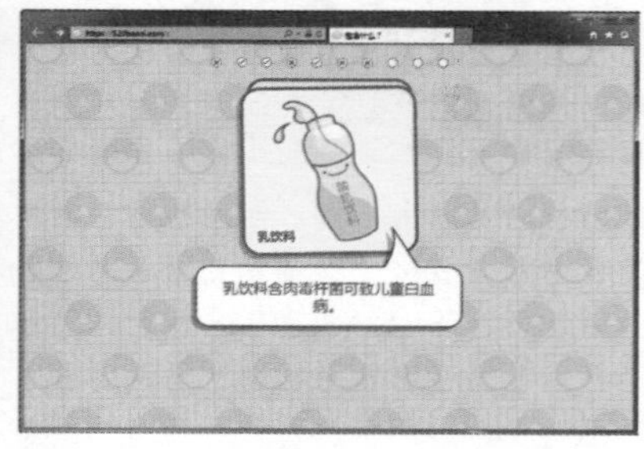

这是一个有关食品安全的交互网站，该网站打破了以往用户被动接受知识的方式，而是采用交互小游戏的方式，使用户沉浸在网站页面的交互操作中，从而主动地接受了网站中所宣传的相关食品安全知识。并且用户在网站的交互操作中，往往会忘记时间的存在，交互方式便捷，并且很容易理解，能够有效地激发用户的心流体验。

4.3.4 用户体验的经验设计

可用性较高的产品并不一定能带来好的用户体验，而用户体验好的产品也可能具有不良的可用性设计。例如，高速公路又直又宽，具有很好的可用性，但是在上面驾驶十分乏味；而盘山公路曲折狭窄，也不安全，可用性较差，但是司机开在上面却别有一番乐趣。

这种看似无准则、无定论的关系，也引发了不少设计过程中的争端。不同部门、不同专业背景、不同性别甚至不同心情的参与者都试图按照自己的逻辑为用户创建最好的体验。

1. 忘掉“三次点击”法则

“三次点击”法则是指用户在网站页面中通过最多三次有效的点击即可到达自己需要的页面，“三次点击”法则有助于建立更直观、逻辑性更强的网站结构。从逻辑上说这无可厚非，用户为了查找自己需要的信息不停重复点击动作，的确会产生挫败感，但为什么一定是三次？用户在进行了三次点击后会突然放弃自己要查找的东西吗？

有研究报告证实，用户并不会因为点击次数达到三次或者更多就会放弃查找，所以不要为了某些数字而故意减少用户需要点击的次数，实用程度才是关键。

2. 别让用户等待

用户是缺乏耐性的，没有人喜欢漫无目的的等待，过长的等待时间会降低他们的满意度，减少他们点击网页的可能性。如果非常在意搜索引擎的排名，那么页面的访问速度就变得至关重要。

如果在等待网页载入期间，网站能够向用户显示反馈信息，比如一个进度条，那么用户的等待时间会相应延长。

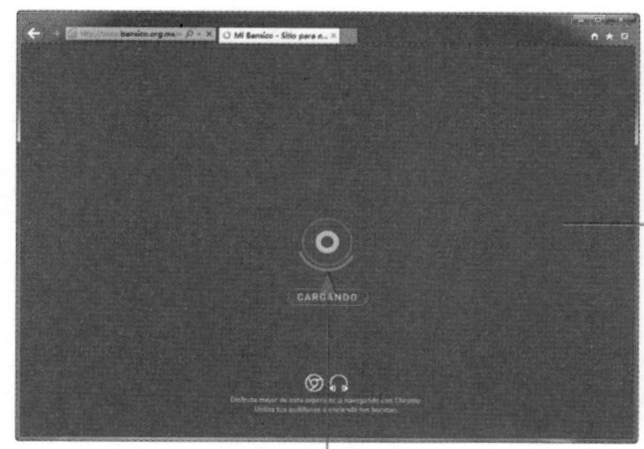

网页载入动画

载入完成进入页面

当用户访问该网站时，首先为用户提供了一个载入进度页面，通过动画的形式实时向用户反馈当前网站内容的载入进度，避免了用户长时间等待而不知道网站正在做什么，也使得用户能够多一点耐心等待网站内容加载完成。网站内容加载完成后直接进入网站，这时观看网站中的视频则更加流畅，用户的浏览体验也获得提升。

> 专家提示：网站页面的打开速度对于电子商务网站来说尤其重要，页面载入的速度越快，就越容易使访问者变成你的客户，降低客户选择商品后，最后却放弃结账的比例。

3. 让网页内容更易读

大多数互联网用户并不会“真的阅读”在线内容，分析表明，浏览者只阅读某个网页中约 28% 的内容，网页上内容越多，浏览者阅读的内容就会越少。

要想增加浏览者看完你的网页中的内容的可能性，可以使用一些让内容更易读的技巧，例如使用高亮显示、标题、短段落、列表等。

在该网站页面中，通过留白的应用我们能够清晰地分辨每一组信息内容。在每一组内容中都包括图片、标题和正文，图片与文字介绍采用了垂直居中的对齐方式，而标题文字与正文则采用左对齐的方式，使得页面中的内容排版非常清晰、直观，给人简捷而整齐的视觉印象，非常便于阅读。

4. 不用担心首屏和垂直滚动条

在网站页面中，首屏是指在浏览器中第一屏所能显示、不需要向下滚动的那部分内容区域。有一种说法是要把网站页面中所有重要的内容放置在页面首屏显示，让浏览者不滚动页面就可以看到网站内容。长页面就不受欢迎吗？用户真的不会阅读首屏以下的内容吗？

相应的研究表明，在可以使用滑块的情况下，用户会自然地滚动页面来寻找内容，页面的长度并不会影响用户查看首屏以下的内容。有研究指出，较少的首屏内容甚至有助于促进用户浏览首屏以下的内容。

由此我们得出的重要结论是，并不一定要把所有的重要内容集中在页面首屏，运用视觉原理和设计技巧去排版，例如良好地利用空白和图片能够促使用户浏览更多的内容。一个适合快速扫视的第一屏页面其实更能够有效地展示品牌。

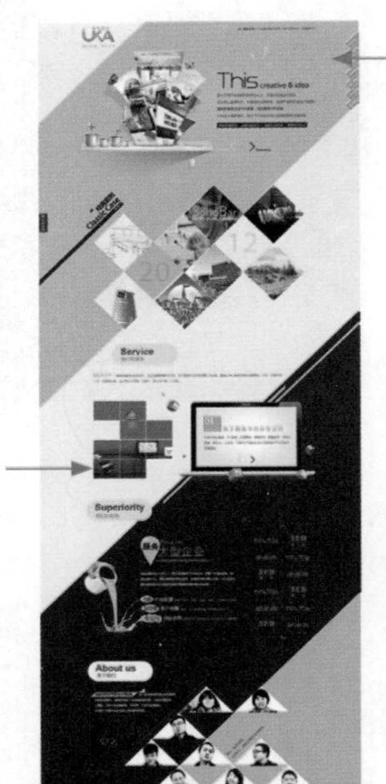

通过倾斜的背景色块划分，使页面产生动感，并使得较长的页面形成一个视觉整体

元素自由地排列放置，更加凸显了页面的时尚感和现代感

目前，很多小型网站在设计时会将网站中的主要内容都设计在一个很长的页面中，这也成为了一种设计趋势。例如该设计公司网站就是将主要的栏目内容都设计在一个页面中，页面背景通过倾斜的背景色块进行划分，使整个页面形成一个统一的视觉整体，并且能够给浏览者带来动感。页面中大量使用留白来突出内容的表现，浏览者在浏览网站的过程中会不自觉地滚动页面来查看页面内容，当然也可以通过顶部的导航菜单来跳转到感兴趣的部分进行浏览。

5. 把重要信息安排在网页左侧

大部分语言的阅读、书写顺序都是从左至右的，那么这种语言文化下培养出来的人也会习惯于从左至右浏览网页。眼动实验显示，超过 69% 的时间里视线都停留在页面左侧，所以网页设计师把设计重点分布在网页左侧不是没有道理的。

在该企业网站的设计中，将页面的主导航菜单放置在页面的左侧位置，并通过鲜明的洋红色块来突出主导航菜单的表现，使浏览者进入到网站页面中一眼就能够看到。而右侧则放置了快捷导航，作为主导航菜单的补充，提供一些常用功能的便捷访问。

专家提示：**在阅读、书写顺序从右至左的语言环境中，例如阿拉伯语，研究结果恰恰相反，人们会更关注页面的右侧。眼动实验表明了这样的规律，人们更倾向于将阅读重点放置在所用语言的阅读顺序的起点侧。**

6. 文本的空白区域会影响阅读效果

文字的易读性可以提高用户对内容的理解力和阅读速度，也降低跳出率，增大了用户继续阅读的可能。有很多因素可以改善易读性，包括字体、字号、行高、前景色、背景色及文字间距等。

一份关于网站内容易读性的报告，对 20 名参与者进行了阅读表现测试，这些参与者被要求阅读段落相同但页边空白、行间距不同的材料。测试结果表明，阅读没有页边空白的材料时，阅读速度更快，但对内容的理解力会下降。没有页边空白的内容会加快阅读速度，这是因为文字和段落更加紧凑，节省了视线在行与行、段落与段落之间移动的时间。

在该化妆品网站页面中，我们可以看到正文内容主要由主标题、副标题和正文内容构成，分别使用了不同的字号大小来区分主标题、副标题和正文内容，并且各部分都设置了相应的行间距，使得文字内容清晰、易读。

专家提示：**网站页面中内容的排版会对用户体验产生极大的影响，颜色、行间距、段落分布等细节都会影响到浏览者的阅读感受。**

7. 合理的导航与页面框架比搜索更重要

互联网用户希望他们访问的网站都有结构鲜明且易用的网站导航，即使网站中的搜索功能再强大，浏览者仍然会先尝试在导航中查找自己需要的信息。因此，不要以为好的站内搜索功能可以弥补网站糟糕的内容、结构。导航、页面框架及内容组织应该是首先需要改善的，其次才是网站的搜索功能。

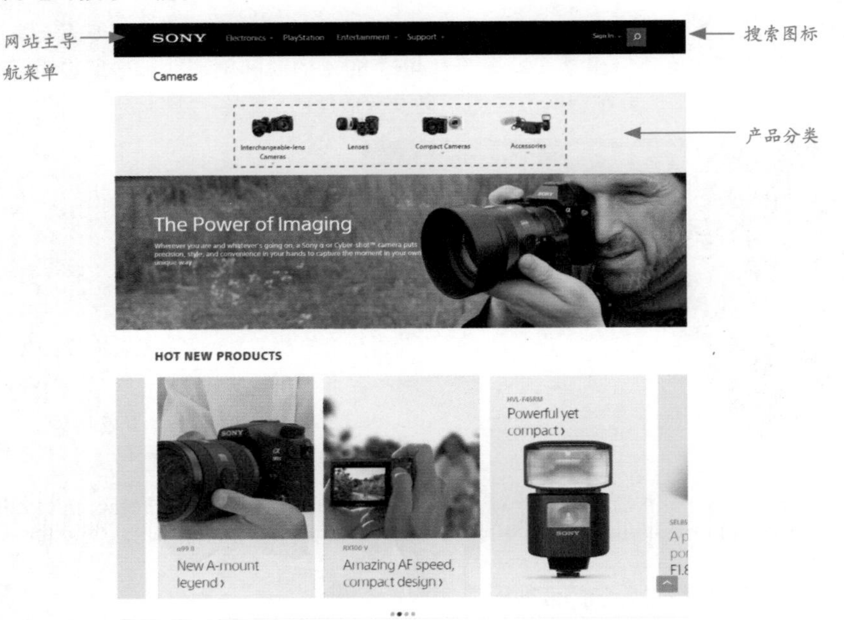

这是SONY官方网站的相机系列产品页面，可以看到在页面顶部使用黑色的背景色块来突出导航菜单的表现，并且导航菜单紧靠着网站Logo排列。左上角是浏览者刚进入网站页面的视觉焦点，最能够引起用户注意，页面的导航的信息架构非常清楚，便于用户在网站中查找相应的内容。而搜索功能则安排在顶部的右侧，仅仅显示为一个搜索图标，只有当用户需要使用时，单击该图标才可以展现搜索框。

8. 网站主页并没有想象中那么重要

通常情况下，用户在网站主页中停留的可能性很小，搜索引擎是个主要原因，因为搜索结果可以链接到网站中的任何页面，并且来自其他网站的链接，也不是仅仅指向网站主页。

研究表明如今的访问量越来越多地来自外部资源，如搜索引擎、社会化媒体网站、新闻聚合网站及订阅器等，因此网站内部页面的内容、设计、排版远比登录页和主页上的优化更加重要。

4.4 沉浸感设计

在网站设计中既包含丰富的感官经验，又包含丰富的认知体验的活动才能创造最令人投入的心流。沉浸式设计要尽可能排除用户关注内容之外的所有干扰，让用户能够顺利地集中注意力去执行其预期的行为，并且可能会利用用户高度集中的注意力来引导其产生某些情感与体验。

4.4.1 什么是沉浸感

沉浸感也称为临场感，最早用于虚拟现实，指用户感觉其作为主角存在于模拟环境中的真实程度。在网站设计中，良好的沉浸感可以使用户被网站深深地吸引，从而获得更好的用户情感体验。

在某些资料中，沉浸感被认为和存在感是同一概念，但实际上，两者有很大的区别。存在感强调对虚拟环境的感官知觉，主要用于描述现实技术带来的感知仿真性。沉浸感则强调对虚拟存在的心理感受，不一定是在虚拟的环境中，也可以用来描述任何置身于非现实世界的体验，如对文学世界的沉浸等。

沉浸感经常被认为是游戏中用户体验的重要维度。游戏中的沉浸感可以分为两个层次：一是由叙事所构建的游戏世界；二是玩家对互动参与游戏策略的兴趣。这两者在一定程度上是互斥的，因为游戏中的叙事目前主要是通过线性视频来实现的，不需要玩家的参与，所以，强调叙事就会增加视频而减少玩家的互动参与，反之亦然。

4.4.2 沉浸感设计原则

网站设计需要实现用户的沉浸感，通过沉浸在网站所营造的世界中，用户更加容易体验心流，从而享受网站设计所带来的心理和精神上的愉悦体验。实现沉浸感的设计原则如下。

1. 多感知体验设计

多感知是指除了一般计算机所具有的视觉能力外，网站设计还应该具有听觉、触觉，甚至味觉和嗅觉等感知能力，这些主要是通过多媒体技术来实现的。

专家提示：现代多媒体技术是将声音、视频、图像、动画等各种媒体表现方式集于一体的信息处理技术，它可以把外部的媒体信息，通过计算机加工处理后，以图片、文字、声音、动画、影像等多种方式输出，以实现丰富的动态表现。通过多媒体技术可以激发用户的多感知体验。

理想的网站设计应该能够激发用户的一切感知，但是由于目前基于网络的互动设备一般是由显示器、音响、鼠标和键盘等组成的，所以用户最容易获得视觉和听觉方面的体验。但是由于人的各种感知相互连通、相互作用，因此对视觉和听觉信息的巧妙设计有时也会引起用户其他的感知体验。

这是一个牛奶产品的活动宣传网站，在网站页面中通过大自然的背景音乐搭配自然的场景设计，给浏览者带来一种舒适、自然的心理感受，而不会对该产品广告感到厌烦。页面中的元素也都采用了交互设计的方式进行呈现，浏览者单击页面中的某个元素，则会在弹出窗口中以音频故事的方式来阐述每个普通人的梦想和心愿，很容易激发浏览者的情感共鸣，使浏览者沉浸于网站中。

在网站设计中，色彩和构图是实现用户感知的重要途径，每种颜色都会反映一定的情感，这些情感会触发用户的其他感知。反过来，在进行网站设计时，也可以通过其他的感知来指导网页的配色。

在该茶饮品的宣传网站中，使用不同明度和纯度的棕色进行搭配，使整个页面表现出一种温馨、舒适的情感印象。并且在页面中通过对木纹素材的透视处理，使页面构图表现出立体空间感，更触发了用户的空间感知体验。在页面中使用红色的 Logo 以及蓝色的茶壶进行点缀，更加突出了页面元素的对比，使整个页面的表现富有戏剧性，吸引浏览者注意。

2. 直接操作的交互设计

用户在生活中与产品的互动不会通过点击按钮去触发，而是直接操作。营造沉浸感的交互设计，不应该通过对话框或者命令来实现某项功能，而应该通过直接操作。例如用户看见门上的把手，就会采用推或者拉的动作将门直接打开。因此，合理的设计应该打破界面的限制，将直接操作作为理想的互动方式。

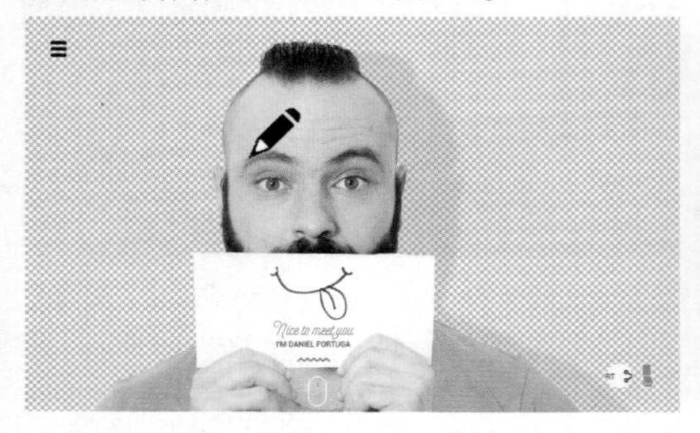

这是一个非常有个性的设计类网站，当打开该网站页面时，页面中的光标会显示为铅笔形状，可以模拟现实生活中铅笔的使用方法，在页面中人物图片上的任意位置绘制图形，增强了页面的趣味性。并且在

网站右下角还设置了一个开关按钮，单击该开关按钮，结合动画与声音的表现实现页面背景的切换，该开关按钮的图形与交互表现都是完全模拟现实生活中的表现，具有很强的个性。

3. 超越界面的设计

界面设计的终极目标就是让人们根本感觉不到物理界面的存在，使交互操作更加自然，类似于现实世界中人与物的互动方式，随着技术的发展，这一天一定会到来。在目前浏览器和鼠标为主的互动条件下，设计师也采用一些方式来打破“界”的限制，将互动空间和互动方式进行扩展，其中一个趋势就是三维界面。

三维界面是将用户界面及界面元素以三维的形式显示，从而在浏览器中创造一个虚拟的三维世界。三维界面具有丰富的多媒体表现力、很强的娱乐性和互动性。三维界面使用虚拟现实技术模仿真实世界，因此，声音、影像和动画元素是必不可少的。

这是一个科技感十足的设计网站，在网站页面中通过各种交互效果及三维影像来塑造沉浸的空间，设计师将未来城市场景与三维技术相结合展现在网页中，浏览者在网页中通过拖动鼠标控制，可以 360° 查看所设计的未来城市空间，感觉就像是自己置身其中，或仰视、或俯视，完全是一种身临其境的感觉。

技巧点拨：**目前网页中实现的三维技术主要是通过全景视频来实现的，通过拍摄真实世界，然后利用拼接柱形或球形的全景图来实现。全影视频是连续的全景图片展示形式，可以在任意一点展示360°全景图片，突破了点与点相连接的方式。**

专家提示：**与二维界面相比，除了视觉元素呈现三维立体感外，三维界面中的音效也是立体的、富有真实感的。在三维界面中，动态视频影像仍然是不可或缺的媒体要素，并且是实时渲染的，增强了界面的互动能力。**

与二维网页相比，三维网页具有更强的娱乐性和交互性，比较适合虚拟博物馆、景点宣传、网上商店及网络游戏等领域。

4.4.3 沉浸感在游戏网站中的应用

1. 尽可能打造一个偏真实的场景

用户往往对真实的场景有一种亲近感，因此，如果能够将真实场景融入到网站设计中，很容易让用户产生一种愿意自我代入情境的感觉，有利于引起他们对网站中的其他内容的兴趣。

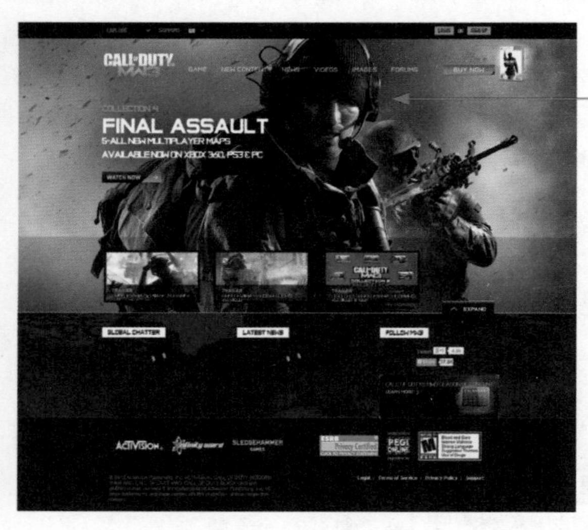

通过逼真的人物与战争场景设置，配合视频、音效等多媒体元素，使浏览者有一种身临其境的感觉

逼真的游戏场景配合视频、动画、音效的效果表现，当浏览者打开网站时就能够被精美的视听感受所吸引，仿佛置身于虚幻的游戏世界当中，从而使浏览者对该游戏产生兴趣，并能够逐渐沉浸其中。

2. 通过讲故事来带动用户的情绪

生动有趣的情节能够将用户吸引到整个故事中，这对引起用户情感上的共鸣有很好的效果，故事情节不仅可以带动用户的情绪，也能够让用户顺势展开想象，逐渐沉浸在网站中。

这是某游戏官方网站中的游戏角色介绍页面，将游戏中的角色造型与简捷的介绍文字以及视频内容相结合，使浏览者对游戏中的角色有更深入的了解，加深用户对游戏故事情节的好奇，从而带动用户的情绪，使用户沉浸其中。

3. 利用小的交互设计让用户充分参与到网站中

前期由于用户长时间观看网站进入疲劳阶段，此时，如果出现一个非常适宜的小交互操作，让用户亲自操作去达成相应的效果，无疑可以将用户的情绪重新唤醒至兴奋状态。

这是某游戏官方网站，为了使浏览者能够参与到游戏中来，在网站中设计了大量的交互动画操作，给用户很强的控制感，增强用户对于该游戏的兴趣，从而更好地吸引用户参与到该游戏中来。

4. 尝试唤醒用户内心潜在的情绪

这方面其实在目前朋友圈里广泛传播的一些 HTML5 页面中有很好的体现，可以想象一下当我们体验完一个 HTML 页面准备分享的那一刻，除了对创意、执行、技术方面的赞叹以外，是不是还有别的原因？一定是触发到了你内心的情绪，从而你看完后会心甘情愿地帮他去推广。

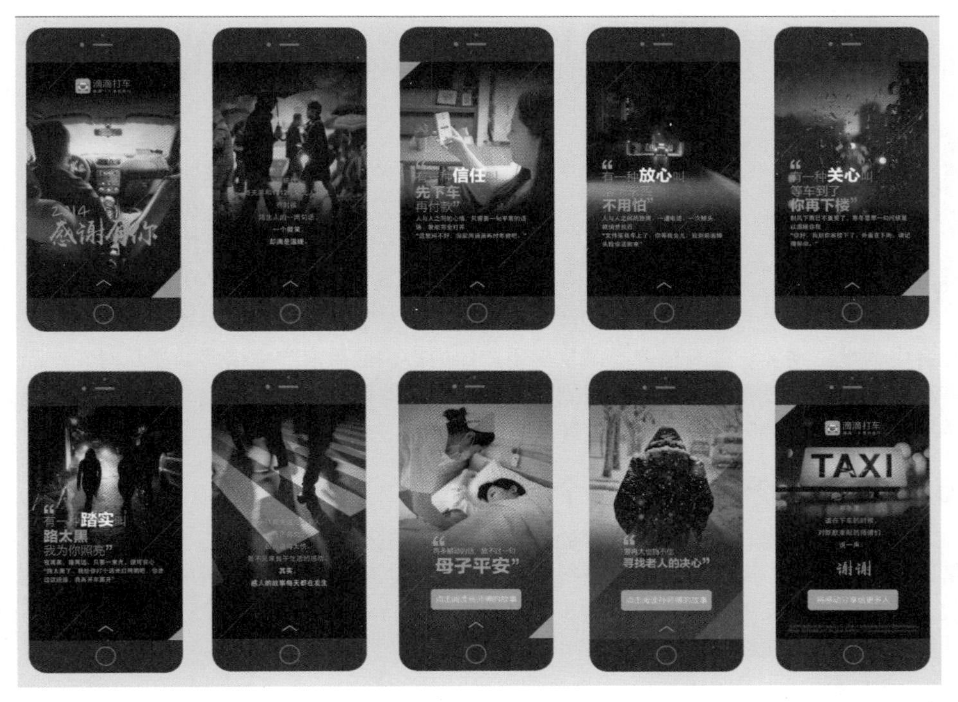

这是“滴滴打车”在移动端的一个 H5 宣传页面设计，设计风格非常简捷、直观，使用平凡人日常生活中的黑白影像图片作为页面的背景，突出表现页面中精选的文案内容，将该企业的核心理念融入到文案中。并且还在页面中融入了普通平凡人的感人故事，从而拉近与普通用户的情感。虽然页面的设计非常简单，但却能够真正触发到用户内心的情绪。

4.5 情感化设计

功能是理性的，带有逻辑性思维的认知，而情感是感性的，用户对于一个界面的第一印象往往决定了他们对其的喜爱程度。情绪可以左右人们的思维，我们应该学会换位思考，将自己想象成用户，真正地将人性化的理念带入到设计中去，让用户与网站进行朋友般的情感互动，产生对网站的情感依赖，才能设计出更好的网站。

4.5.1 什么是情感化设计

传达情感是人类最重要的日常活动之一，是人类适应生存的心理工具，也是人际交流的重要手段。情感化设计是指旨在抓住用户注意、诱发用户的情绪反应（有意识的和无意识的），从而提高执行特定行为的可能性的设计。情感影响着人类的感知、行为和思维方式，进而影响人类与一切事物及其他个体的互动行为。

情感是人类最敏感和复杂的心理体验。网页设计经常讲到的要简捷、要大气，这些都说得比较宽泛，什么是简捷？怎样算大气？没有一个具体的标准。所有这些都要靠网页设计师主观去判断，主观的东西就往往会带有情感了。所以归根结底，网页设计就是将情感融入里面的一种设计，也就是我们今天要讲的情感化设计。

人性化是人机交互学科中很重要的研究，充分考虑到用户的心理感受，将产品化身成一个有个性、有脾气的人，相比冷冰冰的机器更能够得到用户的好感和共鸣。

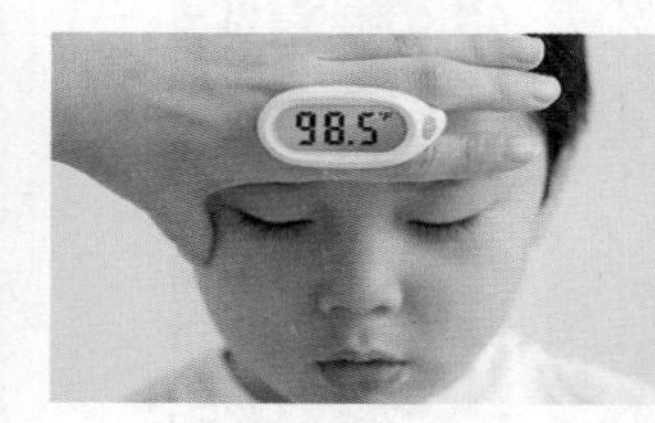

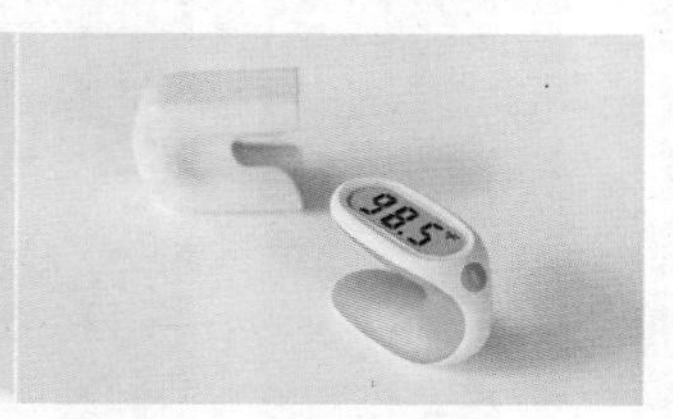

该温度计产品设计将充满距离感的温度计和最自然的手结合在一起，用最自然的方式来替自己的小孩量体温。这样的设计是不是更加人性化，更加能够引起用户的情感共鸣呢。

产品真正的价值是可以满足人们的情感需要，最重要的一个需要是建立其自我形象和其在社会中的地位需要。只有当产品触及到用户的内心，使用户产生情感的变化时，产品便不再冷冰冰。用户通过眼前的产品，看到的是设计师为他设计的使用体验，对每一个细节的用心琢磨，即便是批量生产也依然有量身定制的感觉。

4.5.2 互联网产品设计的3个层次

从设计角度来看，没有情感因素的网站会让人感觉非常冰冷，无法与浏览者建立起良好的情感联系。通常，用户在与网站进行交互时会产生 3 种不同层次的情感体验，分别是本能体验、行为体验和反思体验。根据这 3 个层次的不同特点，网站交互设计也应该遵循不同的设计原则，从而建立起网站与用户之间的情感纽带。

1. 本能体验

本能体验是指在交互操作发生之前，用户对网站的视觉、听觉、触觉等感官感觉的本能直接反应，也被称为直觉反应。简单来说，本能体验就是指网站设计给用户带来的感官刺激，一般指用户界面、专题、视觉风格等设计对用户的刺激。

专家提示：本能体验通常是由网站的视觉表现所激发的，形成了用户对网站的第一印象，可以很快帮助用户做出判断，什么好，什么不好，是否安全等。

本能体验设计的基本要求是符合人类的本能。本能体验是用户情感体验的基础，也是网站能否引起用户的兴趣，进而产生后续两个体验过程的决定因素。

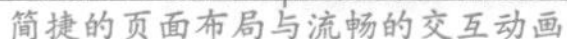
简捷的页面布局与流畅的交互动画　　鼠标移至上方，显示相关信息　　单击切换页面显示

这是某摩托车品牌的宣传网站，使用红色与深灰色对页面背景进行倾斜分割，使页面表现出很强的动感效果，并且红色与产品本身的色彩能够相呼应。在该网站中无论是页面的切换还是产品介绍内容的切换，都使用了流畅的交互动画效果来吸引浏览者，引起用户的兴趣，页面中色彩的搭配则主要以简捷为主，通过红色来突出页面中重要信息的展现。

技巧点拨：本能体验的设计超越了文化和地域的限制，好的本能体验设计会在不同文化和地域的用户中达成共识。在网站设计中，本能体验设计更加关注网站内容的直观性和感性设计，使用户的视觉、听觉甚至是触觉处于支配地位。

2. 行为体验

行为体验是情感体验的中间层，发生在用户与网站的交互操作过程中。在行为体验中，用户开始真正地使用网站，与网站进行互动，超越了感官的视觉层面，开始在网站中有了实际的操作行为。

行为体验的设计讲究的是效用和性能。行为体验的设计原则应该包含 4 个方面：功能、易懂性、可用性和物理感觉。以往的交互设计基本都仅仅考虑了“行为体验”水平上的“本能体验”，在行为体验的设计中可用性是首要关注点。

该网站页面突破了传统网站以图文结合进行展示的方式，通过简捷的主题文字搭配动态交互背景，页面的表现效果非常简捷，使浏览者仿佛置身于该网站的自然环境之中，搭配悠扬的背景音乐，更加能够渲染整体环境的气氛。整个网站以交互的方式进行体现，能够给浏览者带来很强的交互体验感。

专家提示：行为体验的设计以理解用户的需求和期望为起点，强调以用户为中心的设计。用户的行为体验可以增强和约束较低层的本能体验和较高层的反思体验。反之，行为体验也受到本能体验和反思体验的制约。

3. 反思体验

反思体验设计位于用户情感体验的最后水平，是由于本能体验和行为体验的作用而在用户内心中产生的更深层的情感体验。反思体验的设计注重信息、文化以及网站功能的意义。

反思体验建立在行为体验的基础之上，和本能体验没有很直接的联系。因为反思体验主要依靠假想记忆和重新评估的认知过程，而不是通过直接的视觉感官产生。但这并不是说，本能体验的好坏不影响用户的反思体验，而是反思体验更加注重用户在网站的交互体验与网站设计的内在联系，随着时间的推移，将网站的意义和价值与网站本身联系起来，决定用户对网站的总体印象。

激发用户情感体验的有效方法之一就是增加设计的趣味性。例如该企业的活动宣传网站，将在线小游戏与企业形象巧妙地结合起来，并通过交互的方式使用户参与到网站互动中来，增加了设计趣味性，吸引了用户参与，在用户与网站互动的过程中，品牌与产品自然被用户注意和接受。

专家提示：反思体验不仅仅是互动过程中的一种体验，更是互动之后用户对网站意义和价值的体会，从而建立起长期的用户与产品的关系。因此，反思体验设计关注的文化意义和带给用户的感受和想法，超越网站可用、易用的特性，让用户得到情感上的升华与反思。

4.5.3 互联网产品的情感化设计

根据产品设计的不同层次对应产品设计的不同环境，互联网产品情感化设计的着力点也有所差异。互联网产品的情感化设计，主要针对产品的界面和视觉表现效果。

1. 别出心裁的创意

创意是设计的灵魂。设计的基本概念是人为了实现意图的创造性活动，它有两个基本要素：一是人的目的性，二是活动的创造性。人们最初设计出一些东西，往往只是为了方便自己的生活，注重实用性，但是日子一长，人们往往会觉得这些用品变得枯燥乏味，于是开始探寻一条新的设计之路，将感性的情感和抽象的创意思维融入设计中去，于是便有了与众不同的设计理念，将设计变成一件有意义的事情。

该设计公司的网站设计非常特别，网站页面的设计非常简捷，在页面中间位置使用各种符号图形与字母相结合来表现网站的主题，具有很强的个性和设计感。当用户在页面中滚动鼠标时，页面会通过非常自然的交互动画切换到下一个需要显示的页面内容中。无论是页面的构图还是流畅的交互动画效果，都给浏览者留下了深刻的印象，也表现出了该设计企业的独特创意。

2. 打动人心的色彩

通常当用户浏览网页的时候，留下的第一印象就是网页的色彩设计。网页中色彩要素的设计主要包括网页的主色调、文字的颜色和图片的色调等。

该产品宣传网站使用绿色作为页面的主色调，搭配同色系的黄色，使整个页面表现出清新、自然的氛围。页面中木纹素材的运用，强化了整个网站所需要表现的自然、纯净、健康的理念。网站的色彩搭配特别能够打动人心，给人留下舒适、自然的印象。

3. 合理统一的布局

一个网页布局的成功与否在于它的元素编排是否能够有利于信息传达，以及是否能让用户产生视觉记忆。网页的布局是指在一个有限的网页界面中，将图形、文字、色彩等多种元素进行有机的组合、合理的编排，使整个画面和谐统一、均衡调和。以人为本的情感化设计也正是网页布局中应该重视的内容，合理的布局，以易操作性为主导思想，使用户在使用过程中觉得便捷、高效，并能够产生情感依赖是一个网页设计成功的标志。

在该运动品牌的宣传网站中，使用色块对页面内容区域进行倾斜分割，倾斜分割的版面能够表现出强烈的动感效果，与该运动品牌的形象相契合。网站页面中无论是色彩的搭配还是页面元素的布局都保持了高度的统一，使用户的浏览更加便捷、高效，简捷而统一的布局方式给浏览者带来一种简捷、舒适的感受。

4. 方便易用的功能

设计的最初目的是使生产、生活工具变得简单易用，所以在网页设计中，设计师应该以易操作性为设计的前提，方便易用的功能能够帮助用户更快地接受这个应用，更好地进行操作。

5. 和谐统一的交互

交互设计是一种如何让产品易用、有效，并且可以让人产生愉悦心情的技术，是检验网页设计是否成功的一个重要环节。一个好的应用，是可以进行交互，活生生地动起来，完成用户的需求和情感表达的。网页应用界面中的人机交互需要设计师灵活运用各种设计方法，让人机信息交互顺利地进行，使设计的产品更加打动人心。

这是微软公司一款产品的交互网站设计，在页面的首屏位置对相关的产品使用交互的方式进行展示，并且不同的产品采用了不同的背景颜色进行区分，非常容易辨识，该部分内容能够间隔一定时间自动进行切换，用户也可以通过右侧的垂直菜单选项来进行控制。流畅的交互效果与便捷的用户控制，给用户带来强烈的心理满足感，并且页面内容简捷、主题明确，交互操作统一，这些都能够提升用户的浏览体验。

4.6 美感设计

设计的目的之一就是传达美感，交互设计应该在交互过程中为用户创造出一种美感体验。

4.6.1 什么是美感设计

我们通常所说的美感是狭义上的，也叫审美感受，是审美主体在审美活动中由具体的审美对象所激起的兴奋、愉悦等情感状态。广义上的美感叫作审美意识，是审美意识活动的各个方面和各种表现形态，包括审美感受、审美体验、审美观点、审美理想等共同组成的审美意识系统。

不管是狭义的还是广义的定义，美感体验都是多维的，并且对不同的审美客体有不同的评价标准。美学可用性的研究表明，那些审美上令人愉悦的界面设计更容易被用户接受，而那些不吸引人的界面不容易被用户接受。

这是某牛奶品牌的宣传网站设计，页面的设计非常简捷，重点突出产品的表现。使用蓝色的径向渐变作为页面的背景色，运用交互动画的方式多角度表现产品，在页面中的局部位置点缀红色，与蓝色的背景形成对比，有效突出页面中重要选项的表现效果，整个页面让人感觉简捷、自然、精致，具有良好的视觉表现效果。

这是某品牌汽车的宣传网站设计，该网站页面使用黑色作为页面的背景主色调，将主要内容设计在一个长页面中，通过多个倾斜的红色矩形与图片相结合使整个页面形成一个整体，并且能够与红色的汽车产品形成呼应。倾斜的矩形使页面表现出很强的动感和现代感，而有彩色与背景无彩色的强烈对比，又使得页面中的内容非常清晰，整个页面的设计给人带来时尚、动感、现代的视觉感受。

4.6.2 交互设计中的美感体验

网络交互的发展冲破了技术的牢笼，为交互设计带来了更多的可能性和创造性。同时，新的互动形式拓展了美感的内涵，信息科技放大旧有的美感价值并创造新式的美感体验。交互设计中的美观体验不仅来自于产品的静态造型和功能性、可用性，更是一种潜在的用户和产品在交互过程中所产生的“交互美感”。

交互美感包含外观、活动及角色的丰富性，可以将交互美感总结为以下 5 个必要条件。

- 产品功能的合适性及性能；
- 使用者的欲望、需求、兴趣及技能（感知、认识及情感的）；
- 一般的背景；

➢ 所有感觉的丰富性；

➢ 创造故事及习惯的可能性。

具体来说，这些美感要素包括了无障碍的基本沟通、用户生活经验的嵌入、与环境背景的关系、感知的多元化，以及经验个人化的创造及保留。

由此可见，美感体验是一种涉及感官、心理认知和情感的综合体验。激发美感体验的交互设计不仅包括用户对过去经验的回顾和总结，也构成了用户改变未来、创造更深层次感官、认知和情感体验的基础和核心。

这是一个数码产品的宣传网站，页面运用无彩色进行配色，给人很强的科技感和时尚感。使用浅灰色作为网站页面的背景主色调，搭配深灰色的栏目和文字，色调统一，再为产品部分应用少量的有彩色系颜色进行点缀，使得整个网页给人带来很强的时尚感和潮流感。并且在网站中通过交互动画的应用，使得页面中产品图片的切换效果更加富有科技感，给人完美的感官体验。

4.7 用户体验差异设计

当我们在对产品进行设计之前，首先需要确定产品的用户群体，针对不同的用户群体需要考虑到不同用户群体的特点，从而有针对性地进行用户体验设计。

4.7.1 可访问性设计

可访问性是实现和提高交互设计可用性的最基本的原则和要求。从广义上来说，可访问性是要让包括残疾人在内的所有用户，无论使用何种软硬件配置、网络基础设施、语言文化背景、地理位置，以及不同的身体条件和智力经验水平都能够无障碍地访问和参与互动。

1. 针对视觉障碍的设计

针对有视觉障碍的用户，尤其是盲人，在访问互联网时可以使用屏幕阅读器，如JAWS、Hal、VoiceOver或Orca等辅助浏览和阅读。屏幕阅读器通过语音合成技术读出屏幕上的文字及图形元素的文本描述。另外盲文键盘和可刷新的盲文显示器也可以为失明者提供网络访问的便利。但是由于盲文的识别具有一定的局限性，不是所有的盲人都可以识别盲文，因此这种方法没有被广泛应用。在使用屏幕阅读器或盲文显示器时应当尽量减少界面的特效，如延时的视觉效果等，避免两个页面之间的切换需要很长时间。另外，盲人无法使用指点设备如鼠标等，因此要保证产品能够通过键盘进行浏览。

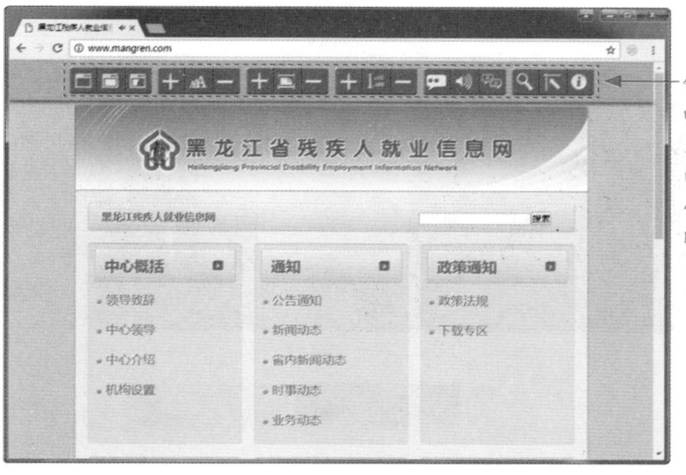

针对有视觉障碍的用户，提供了多种辅助功能，包括调整字号大小、调整行距、阅读内容等

这是一个专门针对盲人的网站，当进入该网站时，网站会自动通过语音讲解该网站的操作方法，为盲人用户提供操作指引。并且在该网站的顶部，针对有视觉障碍的用户，提供了多种辅助功能，包括调整字号大小、调整行距、阅读内容等，并且该网站还可以通过相应的快捷键进行全键盘操作。

对于弱视用户，操作系统自带的屏幕放大镜会提供阅览便利。对于色盲用户，在设计中避免完全依赖颜色传达信息，避免在设计中使用单一色相的颜色，并通过适当地增加对比度将颜色区别开来。还可以添加附加信息，如纹理或者文字摘要等起辅助说明的作用。

这是“中国盲文图书馆”网站页面，在该网站的设计中，尽可能运用简捷的设计来表现网站内容。在网站顶部的工具栏中针对弱视用户提供了页面放大、缩小以及辅助线等功能，针对色盲用户提供了更改页面对话框的选项，在下拉列表中选择一种页面对比方式，即可将网站切换为该对比模式，方便不同色盲用户的阅读。

技巧点拨：**在完成网站页面的设计后，可以使用Colorblind Web Page Filter或Visual Check工具将网页样式和图像转化成各种色盲用户所看到的模式，进行预览并查找问题。**

2. 针对听觉障碍的设计

听觉障碍对基于网络的交互产品的访问限制相对较少，因为目前大部分的网站都是依靠视觉传达信息和执行操作的。但对于网站中某些声音内容的应用，如网络音频、视频等，则应该显示同步字幕并利用语音识别技术将音频转换为文字，充分利用用户的视觉感知。另外还应该尽量减少噪声使声音清晰，并允许用户控制声音的回放和音量，为听觉困难的用户提供便利。

网站中无论是声音还是视频内容都为用户提供了同步字幕

“手语视点”网站是一个专门针对聋哑人的网站，页面中的字号大小、排版方式、交互效果等都与普通的网站并没有什么区别，但是该网站中所提供的所有视频和音频内容都提供了同步的字幕说明，为听觉障碍的用户提供了很大的便利。

3. 针对行动障碍的设计

行动障碍的用户在利用视觉和听觉获得信息上没有太大的障碍，但是在进行交互操作时会有困难。因此他们需要非常规的键盘和指点设备，与普通人使用的键盘、鼠标完全不同，如脚踏板、手柄等。交互方式也不同于一般的鼠标和键盘的操作，可以采用语音识别、视线跟踪、面部表情识别等，都是为了利用可能的运动方式。有些用户很难精确地控制运动，所以在交互设计时应该尽量避免创建小图标或紧凑的导航条，否则这些用户会很难浏览。

4. 针对认知障碍的设计

对于认知障碍的用户，应该选择避开受其残障影响的设计方式或者采用一些辅助工具防止其精神消耗过度。自动摘要软件可以生成文章的梗概，帮助用户了解文章大意以确定是否需要进一步阅读。高亮显示可以突出强调信息内容，使用户的注意力集中在相关内容上，避免无谓的视线移动。

专家提示：为了实现并提高Web对残疾人可访问的目标，1997年，W3C发起了Web可用性倡议。两年后，Web内容可用性指导方针1.0正式出台，为高可用性的Web内容生产引入了一套明确的指导方针，它围绕两个主题：保证内容良好呈现以及使内容易理解与可导航。

4.7.2 文化差异设计

除了残疾人和老年人两种特殊的用户群体外，随着通信技术的发展，互联网已经将信息高速公路铺进每个国家并跨越各种文化将地球连接成一个地球村。网络已经成为跨文化的信息传播平台，越来越多不同文化的人参与到网络信息的建设和分享中，因此针对不同文化体验的用户群进行交互设计也成为重要的设计原则。

在基于网络的交互设计中，文化差异主要表现在以下4个方面：内容、颜色、图标和版式。

1. 内容设计

许多跨国企业的网站都会提供多种语言版本，因此，将这些网站内容翻译成其他国家的语言是实现跨文化传播的关键。通常，内容翻译可以通过两种方式：人工翻译或借助翻译软件然后进行人工检查。不管采用何种方式，在翻译时，尽量避免使用术语和口头用语，包括隐喻、俚语和商业宣传口号等，这些表达都容易造成歧义。

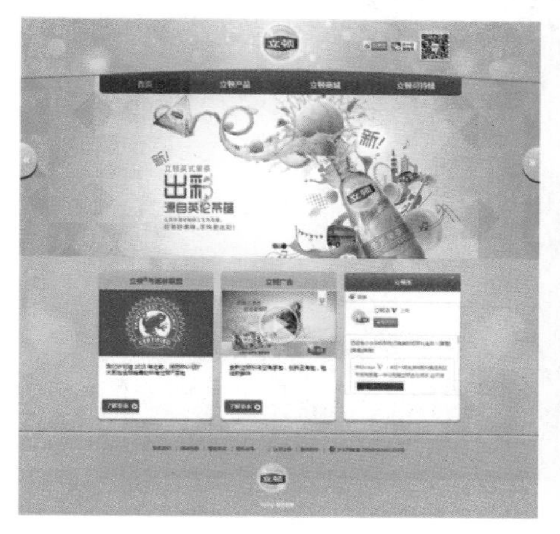

相同的页面布局、配色和表现形式，但内容却并不相同

很多跨国企业在不同的国家或地区可能会生产不同系列的产品，所以其在不同国家或地区的网站设计中，内容都需要根据当地的语言文化以及习惯进行重新编辑设计。例如上面的截图分别是“立顿”品牌的中文官方网站和英文官方网站，这两个网站页面的设计，无论是从配色、页面布局、表现形式还是交互方式上都基本相同，但内容部分却是重新进行编辑设计的，而并不是简单地进行翻译。

对于日期的表示方式，不同国家也有所不同。美国习惯采用“日 / 月 / 年”的方式，欧洲国家则多采用“月 / 日 / 年”的顺序，中国等亚洲国家却采用“年 / 月 / 日”的方式表示日期。因此应该提示用户究竟该用怎样的方式输入日期。

时间表示方式也应该尽可能采用 24 小时时刻表示法，如晚上 9 点最好写成 21:00，而不要采用“AM/PM”“上午 / 下午”的方式，因为在有些国家不习惯使用“下午 4 点”这样的显示方式，而是直接写成“16:00”，因为用户很容易在快速浏览时漏掉“下午”这两个字，从而造成误解。

度量单位的表达方式在不同的国家也有所不同，如货币，最好使用货币符号、货币名称以及国家名称共同表示，仅使用符号会造成误解。

在表达城市名称的时候，也应该尽量标注出国家及地区，以防止造成重名的现象。

不同语言在浏览器上的显示也是在跨文化传播时应该考虑的一个问题。最早的语言编码 ASCII（美国信息交换标准编码）仅仅可以满足英语的显示，德语、法语以及中文、日文等其他语种都会显示为乱码。后来国际组织设计了 Unicode，也是一种字符编码方法，可以兼容全世界所有语言文字的编码方案。如果想在网络上浏览各种语言内容，必须保证浏览器设置了相应的语言编码。

2. 颜色设计

颜色的含义在不同文化、不同国家有所不同。例如在美国和大部分欧洲国家，白色是婚礼中常用的颜色，而在中国，白色则多用于葬礼。在中国和印度，红色被认为是喜庆的颜色，而在美国红色则有危险的意思，设计师在选择颜色时应该注意颜色暗示的文化和情感意义。

这是一个牛奶品牌的活动宣传网站，明亮的红色和黄色都是中国传统的颜色，使用这两种颜色搭配表现出中国传统的喜庆、欢乐的氛围。并且在网站页面设计中还运用了富有中国传统文化特色的灯笼图形，这就使得该网站的表现效果更加富有地域特色。

3. 图标设计

图标是非常容易在不同文化之间引起交流误解的设计元素之一。对于模仿实际物体设计的图标造成误解的可能性比较小，但是一些有隐喻含义的图标则在不同的文化语境下有不同的含义。例如，主页在法语中被称为欢迎页，德语中被称为起始页，因此一个房子的图标在这些语言中并不一定代表主页。

另外，有些网站采用国旗代表不同的语言选择按钮，但是在一些国家，如瑞士、新加坡等人们可以讲多种语言，还有一种情况是不同的国家讲同一种语言。因此最好的方式是直接显示语言名称。

在该国际知名运动品牌官方网站的语言选择页面中，可以看到其语言的选择是通过图标加文字描述相结合的方法表现的，如果某个国家或地区有自己的文字，在该国家或地区名称之后还会使用该地区文字进行说明，非常直观、清晰。

在使用图标时，一个最常用的避免误解的方法就是为图标添加简捷的文本说明，文字说明在很大程度上能够帮助用户清楚地理解图标的含义和功能。例如在美国，人们习惯用手推车进行购物，而在英国，手提购物筐更加常用，这就影响了两个国家在线购物网站中存放商品的容器的设计。

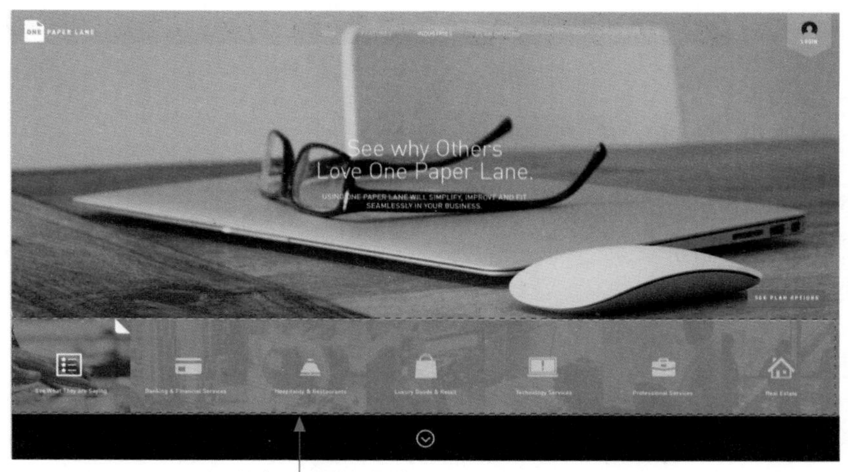

统一设计风格的简约图标

在该网站页面的设计中，在页面的底部位置为网站中的重点功能设计了统一风格的简约图标，使得该部分功能图标的表现效果在网页中特别突出，虽然每个图标的表现效果都具有很强的识别性，但依然为每个功能图标搭配了简捷的说明文字，从而使不同国家和地区的用户更清楚地理解图标的含义和功能。

4. 版式设计

版式在不同文化中的区别主要是由阅读习惯和文字特点决定的。西欧语言如英语、法语、德语等都是从左向右阅读，阿拉伯语和希伯来语是从右向左阅读，中文、日语和韩语可以按照从左至右或者从上至下的方式阅读，但是近现代以来从上至下的方式变得越来越少。对于从左至右的阅读方式，文字排版时应该采用左对齐的方式，从右至左阅读习惯的语言则应该采用右对齐的排版方式。

（“人民网”中文版网站）

（“人民网”阿拉伯语版网站）

在网站页面的版式设计中需要遵守不同国家或地区的阅读习惯，从而更加方便该国家和地区用户的浏览和阅读。例如以上两个截图分别是“人民网”中文版和阿拉伯语版的页面版式设计，能够明显发现，阿拉伯语版的“人民网”为了适应阿拉伯语地区用户的阅读习惯，整个页面的排版无论是内容还是文字都采用了从右至左的方式，充分体现了不同语言和地区文化之间的差异。

不同语言文字的特点也会造成排版的不同。由字母组成的文字，如英文、法文等的单词或者长句排列组合后看起来像是一条线。汉字、日文平假名等笔画文字，每一个字都是方块结构，组合在一起也给人方块的感觉。在设计时应该考虑这些不同语言文字的特点，界面设计中可以使用英文字母组合作为线条表现的替代，使用汉字的组合塑造某些方块造型感。

这是某设计公司的网站页面设计，运用中国传统文化中的皮影戏人物形象，搭配特殊排版设计的中文文字内容来表现网站的主题，汉字更容易表现出整体方块感，在创意和表现效果上都能够给中国用户带来很强的视觉冲击。

在字号、字间距、行间距的选择上也需要格外注意。通常，汉字相对西文笔画较多，视觉重量感较大，因此行间距比西文字母稍大一些看起来才舒服。

在网页设计中，英文通常使用 Arial、Sans-serif、Tahoma、Helvetica 等字体。其中，Tahoma 适合在 Windows 中使用，Helvetica 则在 Mac 中使用更好。汉字默认字体为“宋体”，微软自 Vista 系统推出后将“微软雅黑”作为默认的中文字体推广使用。

在该设计服务网站首页面中运用简捷的设计风格，在页面左侧以大号的非衬线字体来突出导航菜单文字的表现，非衬线字体的表现简捷、自然。广告图片中同样使用了非衬线字体，并且通过不同的字号大小和颜色形成对比，突出重点信息的表现。

4.7.3 经验水平差异设计

从对交互产品使用的熟练程度上，可以将用户分为新手、中间用户和专家。有研究表明，大多数用户既不是第一次使用的新手，也不是对交互产品的每个细节都了如指掌的专家。作为面向所有用户的交互设计应该平衡新手、中间用户和专家的需求，其中以满足中间用户的需求为主要关注点，同时提供各种机制，让新手和专家两类数量较少的用户也可以有效地使用。因此，优秀的交互设计应该做到为新手提供帮助让其快速上手转换为中间用户；为中间用户提供有效的交互设计，让用户体验最佳化；避免为那些想成为专家的用户设置障碍。

1. 新手

保证交互设计的表现模型符合用户的概念模型，使交互产品容易学习、容易理解是帮助新手快速上手的重要原则。对于网站来说，界面设计应该帮助用户快速熟悉导航和功能，采用透明和容易学习的交互机制。如果用户在交互过程中出现任何问题和差错，交互产品有义务向用户提供帮助和善意的纠正。通常新手不需要具体的参考信息，他们更需要概括性的信息，比如一次全局的界面导览。

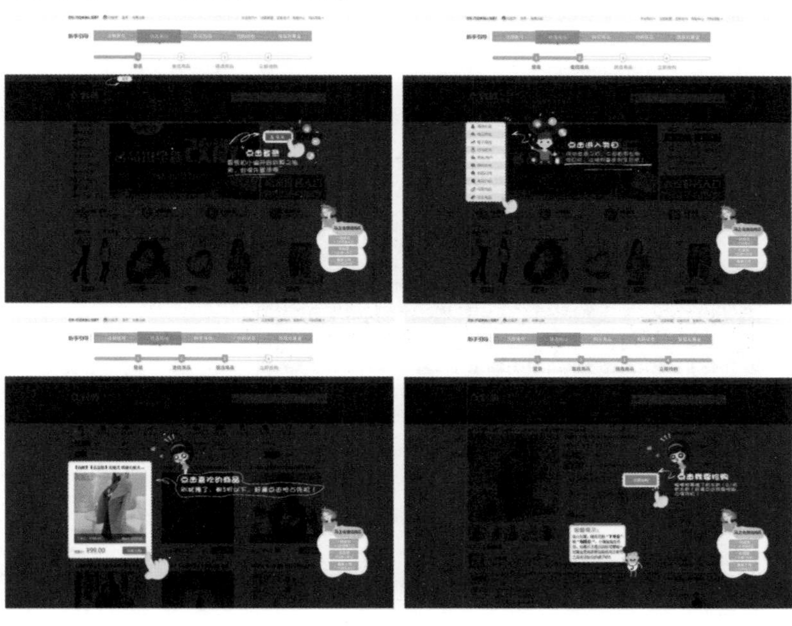

这是某电商网站为新用户所设计的全局的界面导览，在界面顶部以步骤的方式表明当前的介绍进程，下方则以该网站的整体页面截图为基础，通过明暗对比突出当前介绍的操作步骤内容，并搭配简捷有趣的说明文字，使新手用户能够快速地掌握该网站的操作方法，非常直观、实用。

专家提示：有些交互产品还在首页添加一个“第一次使用”按钮，用户点击后会显示一段视频，向用户讲解应该如何使用这个交互产品。例如在网络游戏中，设计师就会在游戏开始前提供一段简短的介绍和练习场景，告诉用户应该如何进行游戏操作并让用户体验一下，等用户确定掌握了游戏技能后才开始游戏。

2. 中间用户

经历了新手阶段，对交互产品的基本功能和使用方法已经有所了解，并与产品接触过一段时间，已经在脑海中形成了对产品的基本印象。怎样能够保持住这部分用户的访问兴趣，并提供符合用户需求的个性化用户体验成为交互设计的关键。

首先，中间用户会有明确的经常使用和很少使用的一些交互功能及方式，交互产品应该能够追踪和记忆用户的行为，例如利用 Cookie 辨别用户的访问行为，并将他常用的功能或关注的信息放在用户界面的醒目位置，以便查找和记忆。

其次，中间用户也会有深入学习和研究的动机，这就意味着提供必要的帮助对中间用户来说也是很有意义的，但是这些帮助不同于针对新手的全局帮助信息，而是要更加细化，针对某一个具体功能或者操作进行介绍。因此很多网站都有专门的 FAQ 页面，将可能出现的相关问题整理在一起，为用户提供帮助。另外，更加个性化和有针对性的帮助还可以通过提供论坛或者留言板之类的服务来实现，用户可以随时提出自己的问题。

再次，对中间用户来说，还应该让他们知道高级功能的存在，即使他们可能暂时不需要，但是这些高级功能会让他们安心，并且可能激发他们探索的兴趣。

这是某网站的 FAQ 页面设计，在该页面中为用户提供了全面的问题解答服务，在该页面中以分类的方式为用户提供了常见问题的解答，用户也可以通过页面中的问题搜索来查找想要解决的问题，如果在已提供的问题解答中并没有找到用户需要的答案，还可以通过页面来提交相应的问题，非常方便。

3. 专家

对于高级用户来说，交互产品应该能够提供更加个性化的服务，除了针对中级用户的记录访问行为外，高级用户应该能够自己设定一些个性化的设置和独特的权限，例如可以按照自己的喜好设计界面。另外，很多交流性网站或者在线游戏网站提供了点数的游戏机制，只有到达一定点数的用户才可以享受某些功能，如发帖或回帖等。这些都在一定程度上保证了高级用户的权利，从而保证用户的忠实度。

4.8 用户体验与前端设计

随着互联网的迅猛发展和普及，Web 前端设计正伴随着互联网用户体验设计的发展而日益热门。本节将向大家介绍 Web 前端设计与用户体验之间的关系，以及如何通过对 Web 前端设计的优化来提升用户体验。

4.8.1 认识前端设计

Web 前端设计的主要职责是利用 HTML、CSS、JavaScript、Dom、Flash 等各种 Web 前端技术进行产品的界面开发，制作标准化的 Web 页面，对页面代码进行优化，并使用 JavaScript 等技术开发页面中的交互动态功能，同时结合后台开发技术模拟整体效果，进行丰富互联网的 Web 开发，致力于通过技术改善用户体验。

该教育网站页面的设计非常简捷、直观，页面内容清晰、易读。在页面左侧放置垂直导航菜单，页面中间部分使用不同背景色的菱形色块进行拼接，突出表现不同的选项和内容，富有新意的表现形式也能够给用户留下美好的印象。

与交互设计注重的是功能上与用户的交互是否恰当不同，前端设计注重的是在实现交互这一层次用户体验设计的基础上，如何从 Web 设计和项目的角度进一步改善用户的体验。其设计处于一种受限的工作情景：即产品其他方面用户体验设计已经大体完成，通过改善 Web 的表现、传输和存储方式来进一步改善用户体验。在改善用户体验的过程中，一般不得改变产品的功能和基于功能流程的用户交互。

单击小圆点，切换网站页面

单击按钮，查看细节部件的介绍

这是某品牌汽车的宣传网站，在网站页面的前端设计中，使用汽车广告图片作为整个网站页面的背景，搭配简捷有力的广告语，使页面表现出优美的视觉效果，重点突出。而汽车产品的具体介绍内容，则采用了交互的方式，在产品各部件的附近设置半透明按钮，用户单击即可查看该部件的细节介绍，良好的交互方式与视觉表现效果相结合，有效提升网站的用户体验。

互联网产品用户体验设计的困难主要产生于以下 3 点。

1. 无状态的 HTTP 协议

Windows 窗体之间可以通过内存直接交换信息，但作为 B/S 架构基础协议的 HTTP 是无状态的。HTTP 协议的无状态，导致 Web 服务器与客户端之间无法建立起长效的信任连接，这给应用系统开发带来了很多麻烦。

专家提示：B/S架构（Browser/Server，浏览器/服务器模式），是Web兴起后的一种网络架构模式，Web浏览是客户端最主要的应用软件。这种模式统一了客户端，将系统功能实现的核心部分集中到服务器上，简化了系统的开发、维护和使用，客户端上只需要安装一个浏览器，即可与服务器端的数据库进行数据交互。

我们需要清楚用户所看到的网站与服务器之间是如何进行交互的。它的工作原理是这样的：“用户在网站界面上进行操作，客户端发送请求到服务器，服务器处理请求，返回数据给客户端，并显示给用户。”

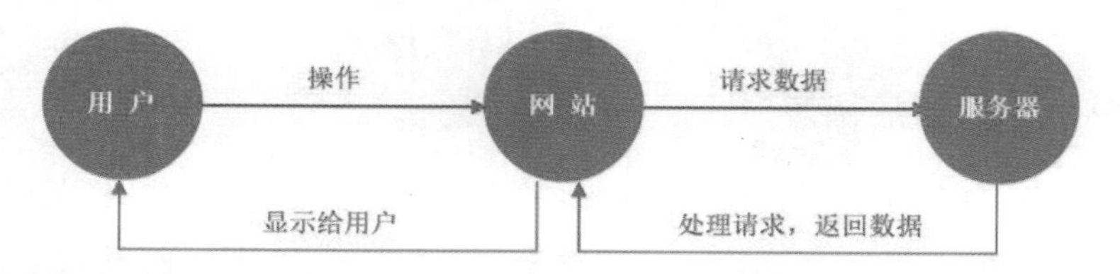

其中，客户端和服务器的交互过程，用户是感知不到的，而它确实会耗费时间，在不同的网络环境下耗费的时间也会有所差异，如何让用户在这段时间里有友好的体验呢?

使用 Ajax 技术可以实现在浏览器与服务器之间使用异步数据传输，这样就可以使网页从服务器请求少量的信息，而不是整个页面，即只对页面的局部进行刷新，使用户的浏览更加流畅。

（1）传统网页技术与 Ajax 技术

传统的网站页面都要涉及大量的页面刷新，用户只要点击了某个链接，请求发送回服务器，然后服务器根据用户的操作再返回新的页面。其数据交互的流程如下。

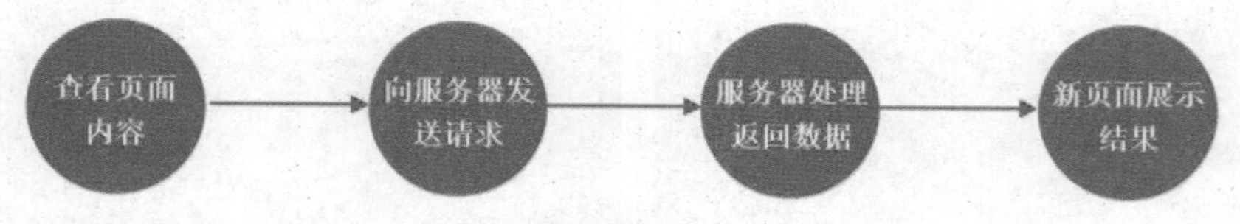

在传统的网站页面中每一次交互数据都需要经历以上的交互流程，当获取到新的数据后，即便用户看到的只是页面中的一小部分有变化，也要刷新和重新加载整个页面，包括公司标志、导航、头部区域、页脚区域等，这样会造成用户体验的中断。

使用 Ajax 技术就可以做到只更新页面中的一小部分，页面中的其他内容，比如标志、导航等都不用重新加载了。其数据交互的流程如下。

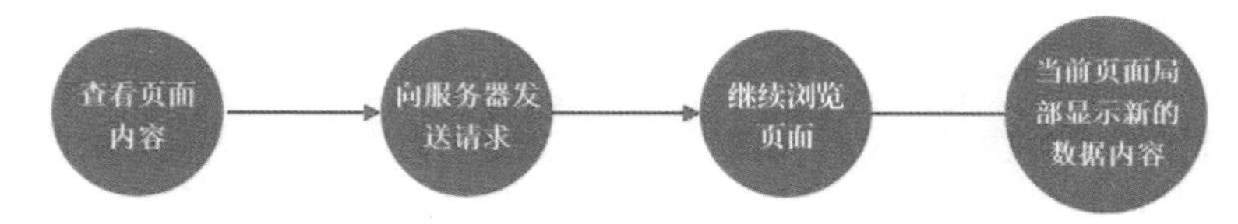

使用 Ajax 技术后，用户仍然像和往常一样浏览和使用网站页面，例如单击页面中的链接，已经加载的页面中只有一小部分区域会更新，而不必再次加载整个页面了。这样就保证了用户体验的连续性。

这是“新浪”网站首页中的新闻模块，该栏目就采用了 Ajax 技术，在用户浏览过程中，如果有更新的新闻内容，则会在新闻列表上方显示“点击查看更多”的提示，当用户单击该提示时，则会只刷新该栏目中的新闻列表，获取最新的新闻内容，而不会对整个页面进行刷新，既加快了页面的显示，又不会打断用户的浏览。

专家提示：Ajax数据交互方式在客户端与服务器之间多了一个Ajax引擎和XML服务器，类似于缓存的作用，可以让用户在同一个页面进行多个不同的操作而相互之间不受干扰，进而决定了用户的体验度。

以下为传统网页技术与 Ajax 技术的区别总结。

	传统网页技术	Ajax 技术
用户体验	刷新并重新加载整个页面，这样会导致用户体验中断。	页面局部刷新，能够保持连贯的用户体验。
开发思维方式转变	（1）页面交互为主导 （2）同步响应 （3）非标准布局和开发 （4）主要代码工作在服务器端	（1）数据交互为主导 （2）异步响应 （3）标准布局和开发 （4）客户端需要更多的代码工作

（2）Ajax 技术的优势

- 最大的优势就是能够实现页面的局部刷新，在页面内与服务器通信，给用户带来非常好的用户体验。
- 使用异步方式与服务器通信，不需要打断用户的操作，具有更加迅速的响应能力。
- 可以把以前一些服务器负担的工作转嫁到客户端，利用客户端闲置的能力来处理，减轻服务器和带宽的负担，Ajax 的原则是“按需取数据”，可以在最大程度上减少冗余请求。
- Ajax 是基于标准化的并被广泛支持的技术，不需要下载任何插件。

2. 受限制的前端运行环境——浏览器与分辨率

互联网产品的前端运行环境是浏览器，这就带来了诸多的限制，许多设计都会因此受到局限，例如需要考虑到不同浏览器之间的兼容性问题，以及页面在不同分辨率中显示效果的问题。

不同的浏览者可能会使用不同的浏览器，在浏览器窗口中默认都会显示状态栏、菜单栏和滚动条，这些都会占据网页在浏览器窗口中的显示区域，这些因素也是设计师在设计网页前需要考虑的。

不同的显示器有着不同的分辨率设置，这就导致在浏览网页时不同系统分辨率中的可视面积是不同的。根据调查机构对 30 万以上的客户端进行测试，得到如下的测试数据。

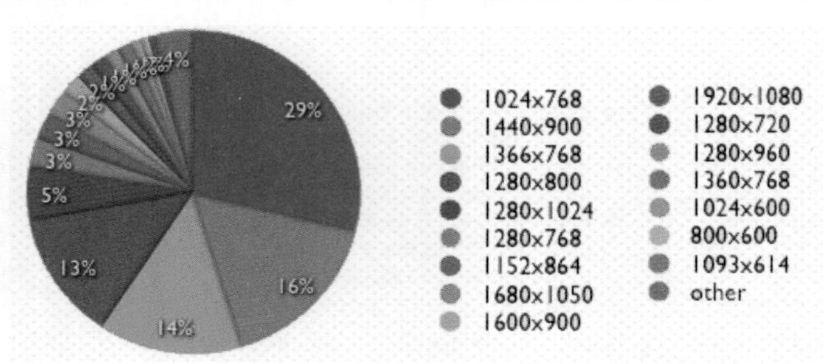

通过以上的系统分辨率调查数据结果可以得出适合大多数用户进行浏览的安全分辨率为 1024×768，可建议大分辨率为 1280×800。

1024×768 分辨率效果

该网页为了能够适应大多数浏览者的浏览，将页面中主体内容的尺寸控制在 1002×580 左右并且在页面中居中显示

1366×768 分辨率效果

左侧两张截图为网页在不同分辨率下的显示效果，分辨率为 1024×768 的网页看起来比较方正，而分辨率为 1366×768 的网页则呈宽屏显示。可是，虽然分辨率有变化，该网页中内容的展现却没有任何问题，这就要求网页设计者在进行网页设计时需要考虑到网页尺寸需要让绝大多数的浏览者得到较好的视觉体验。并且该网页使用一张大幅图像作为页面的背景，这样在大多数的分辨率下都能够获得很好的视觉体验。

技巧点拨：虽然现在桌面电脑显示器的屏幕分辨率越来越高，但随着移动设备的普及，使用平板电脑或智能手机来浏览网站的用户也越来越多，但是平板电脑与智能手机等移动终端的屏幕分辨率都要小于桌面电脑显示器，为了使网页能够适应在多种不同的设备中进行浏览，这就需要在制作网页时考虑到一套页面能够自适应多种屏幕分辨率或多种终端设备。

3. 尴尬的 Web 客户端编程语言——JavaScript

Web 前端设计中应用最多的编辑语言 JavaScript，一方面缺乏清晰而统一的编程模型，另一方面是其有限的兼容性，这两点都给 Web 前端设计带来很大的障碍，也因此才有其他前端技术，如微软的 Silverlight、Flex 的发展壮大，以及互联网行业联手技持的 HTML5，以推进 Web 前端设计的标准化。

Web 前端设计通常会涉及一些具体的技术，包括 HTML、CSS、JavaScript、HTML5、Silverlight 等前端设计语言的使用，人们往往把前端设计作为一门专门的技术工程学。然而，由于 Web 前端设计的产出最接近终端用户，所以在设计时必须要坚持以用户为中心的原则，尽可能遵从用户体验设计的原则，在视觉、交互行为和反思层次上，尽可能多地在前端设计所处的情景下予以改善。

4.8.2 前端设计优化与用户体验

Web 前端设计优化的目的是在不影响用户交互的情形下，尽可能地优化前端的性能，即尽可能快地减少页面从后台显现在用户眼前的时间延迟，除了某些需要延迟显示的特殊应用情形以外。

前端设计优化的原理在于以下两个方面。

- 尽可能减少页面的下载并缩短页面加载的时间，例如使用缓存技术、页面压缩技术等；
- 尽可能减少页面下载后的显示延迟时间，例如利用视觉心理学的格式塔原理，先显示模糊的大体轮廓，再逐步清晰显示。

下面介绍一些常用的 Web 前端性能优化技巧。

1. 尽量减少 HTTP 请求

减少 HTTP 请求是 Web 前端性能优化中最重要的一条技巧，有以下几种常见的方法能够有效减少 HTTP 请求。

（1）合并文件，例如把多个 CSS 文件合并为一个文件；

（2）CSS Sprites 技术，利用 CSS background 相关元素进行背景图像绝对定位；

（3）图像地图；

（4）内联图像，使用 data: URL scheme 在实际的页面中嵌入图像数据。

2. 使用内容发布网络

内容发布网络是指一组分布在多个不同地理位置的 Web 服务器，用于更加快速有效地向用户发布内容。

3. 添加过期时间 Expires 头

（1）Expires 的局限

Expires 使用一个特定的时间，要求服务器和客户端的时间严格同步，过期时间也需要经常检查，所以 http1.1 引入了 cache-control 头来克服以上问题，由于可能有不支持 http1.1 的浏览器访问，所以推荐两个都设置。

（2）缓存时间

HTML 文档不应该使用太长的缓存过期时间，推荐一个星期以内的时间；图片、CSS、脚本推荐缓存 30 天以上。

（3）样式表动态版本号

在页面设计中设置缓存后，需要对 CSS 样式表设计版本号，否则一旦只修改样式表，用户刷新页面时不会下载新的样式表，从而无法更新页面样式。

（4）使用 Ajax 缓存

响应时间对于 Ajax 来说至关重要，否则用户体验绝对好不到哪里去，提高响应时间的有效手段就是缓存，其他的一些优化规则对这一条也是有效的。

4. 压缩页面

（1）开启 gzip 页面压缩，不推荐压缩图片，因为图片基本上都已经压缩过了，尤其是 jpg 格式的图片。

（2）考虑使用一个打包工具发布 JavaScript 和 CSS，输出的 CSS 和 JavaScript 是删除换行符和注释语句后的，本地代码是未格式化的。

5. CSS 样式放置在页面顶部，预载入组件

使用 CSS 样式时，页面逐步呈现会被阻止，直到 CSS 下载完毕，所以推荐把 CSS 样式放在页面的顶部，这样能够使浏览器的内容逐步显示，而不是白屏然后突出全部显示。

6. JavaScript 脚本推荐放在页面底部，延迟载入组件

与 CSS 样式刚好相反，使用 JavaScript 时，对于 JavaScript 以后的文件内容，逐步呈现都会被阻止，JavaScript 越靠下，意味着越多的内容能够逐步显示。

7. 并行下载，切分组件到多个域

主要的目的是提高页面组件并行下载能力。对响应时间影响比较大的是页面中请求的数量，浏览器不能一次将所有的请求都下载下来，http1.1 规范建议浏览器从每个主机名并行地下载两个请求。但并不是增加主机命名就能够加快速度，主机名会增加 DNS 查找的负担，一般推荐最多两个不同的主机名。

8. 减少 DNS 查找

浏览器查找一个给定主机的 IP 地址大概要花费 20~200 毫秒，因此，在引用其他服务器时，尽可能使用 IP 地址，而不是 DNS。

9. 杜绝 404 错误

对网站页面链接的充分测试加上对 Web 服务器 error 日志的不断跟踪能够有效减少 404 错误，这样也能够有效提升用户体验。

4.9 拓展阅读——网站信息架构

人们常常形容互联网是一个信息的海洋。在现在这个信息时代，需要通过一个合适的架构构建一个承载信息的系统。

在构建系统前，首先要全面了解信息的属性。例如音乐，一首歌曲包括了歌词、旋律、时长、作者、演唱者和年代等自然属性，这些属性定义了信息的范围。了解这些后，找出其背后的逻辑，然后合理发挥到你的架构里。当然也要注意不要为了架构而架构，造成不必要的冗余。通常好的架构并不复杂，有时只是利用了信息中的某一种属性，将其发挥到极致而已。

对于互联网来说，信息的更新速度非常快，不能按照传统的方法对信息进行架构。往往

是架构还没有完成，信息就已经更新了。所以根据互联网的特性，需要新的架构方式实现实时反馈，并自行优化系统。

网站中信息的架构不仅呈现和索引的功能，同时将信息的产生→发行→过滤→消费→反馈形成完整的生态系统，每一个环节都会比传统方式更有效率。

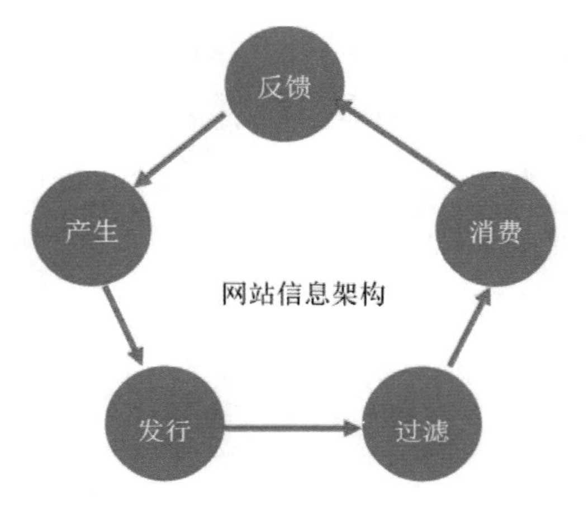

经验不足的交互设计师最容易犯的错误之一就是，没弄清楚问题就盲目地给出解决方案，甚至为了不靠谱的方案与同事争得头破血流。在争执按钮上的文案时，在讨论评论分数应该用星星还是萝卜表示时，在探讨把搜索结果的过滤条件放在上面还是下面时，我们是不是要先问问自己，到底要解决什么问题，这些问题是真正要解决的吗?

4.10 本章小结

在本章中围绕用户体验总结了交互设计的基本原则，既包括面向所有用户的一般原则，如可用性和体验性，也包括针对特殊用户，如残障人士和不同文化差异的用户的特殊设计原则。同时，还配有大量的案例说明，力图生动形象地讲解这些原则在实际工作中的应用。

05

Chapter

Web产品用户体验

在用户体验设计中，网站是一种比较特殊的产品，因为相对于其他产品，用户体验在网站中显得尤为重要。无论用户访问的是哪种类型的网站，都不会有相关的产品说明书，用户在操作时只能依靠自己的经验摸索。而随着目前网站的功能变得越来越多，其复杂程度也越来越高，用户会觉得使用难度越来越大。此时，提供良好的用户体验就成为网站吸引并留住用户的一个重要因素。

5.1 Web产品解构

网站的用户体验是指，由于网站的作用、品牌形象、操作的便利性、网速的流畅性以及细节设计等综合因素，最终影响到用户访问网站时的主观体验，包括用户是否能成功完成任务，是否喜欢网站，是否还想再来。随着互联网的迅猛发展，用户体验也成为影响网站竞争力的一个越来越重要的因素，也逐渐被越来越多的网站所重视。

5.1.1 网站解构

一个网站往往包含了很多的元素，对于网站的解构需要从整体入手，并逐渐细化到各个细节元素。从整体来看，网站最重要的就是信息架构、内容安排和视觉设计。信息架构作为网站最核心的骨架，代表了产品内容的组织形式，表现为产品功能信息分类、分层的关系，在设计上主要体现为界面布局和导航，在视觉上体现为网站的配色方案。

网站功能区是网站除了整体布局外，组成页面的主要区域，通常按照其功能来进行划分，主要包括头部、页尾、导航区、搜索区、用户登录区、主要信息展示区、广告区等功能区域。

虽然所有网站都会包括以上所描述的各个模块和元素，但不同类型的网站，不同设计师设计的网站，所展现出的形式是不同的。在符合设计原则和满足用户体验需求的基础上，网站的形式可以是多种多样的。

5.1.2 网站页面的构成元素

与传统媒体不同，网站界面除了文字和图像外，还包含动画、声音和视频等新兴多媒体元素，更有由代码语言编程实现的各种交互式效果，这极大地增加了网站界面的生动性和复杂性，同时也使网页设计者需要考虑更多的页面元素的布局和优化。

1. 文字

文字元素是信息传达的主体部分，从网页最初的纯文字界面发展至今，文字仍是其他任何元素所无法取代的重要构成。这首先是因为文字信息符合人类的阅读习惯，其次是因为文字所占存储空间很少，节省了下载和浏览的时间。

网站界面中的文字主要包括标题、信息、文字链接等几种主要形式，标题是内容的简要说明，一般比较醒目，应该优先编排。文字作为占据页面重要比率的元素，同时又是信息的重要载体，它的字体、大小、颜色和排列对页面整体设计影响极大，应该多花心思去处理。

这是一个典型的以文字内容排版为主的网站页面，整个页面中的图像修饰很少，但是文字内容的分类具有很强的条理性，内容清晰，并没有单调的感觉，通过字号大小、粗细以及小段落的设置，使得页面中的文字内容非常易读。可见合理的文字排版，同样可以使网站页面表现出生动、清晰的视觉效果。

2. 图形符号

图形符号是视觉信息的载体，通过精练的形象表达一定的含义，图形符号在网站界面设计中可以有多种表现形式，可以是点，也可以是线、色块或是页面中的一个圆角处理等。

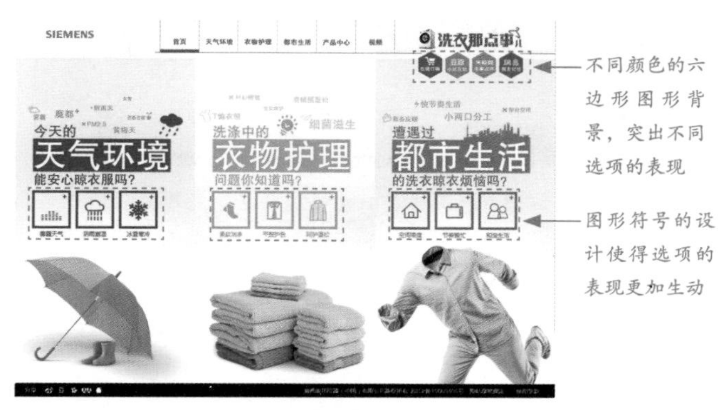

在该家用电器宣传网站的设计中，为了配合产品功能的表现，设计了一系列简捷的图形符号，通过这一系列简捷的图形符号加上说明文字，更加突出地表现出产品的功能以及其使用环境，比单纯的文字介绍更加能够吸引用户的关注，也在一定程度上丰富了网站页面的视觉效果。

3. 图片

图片在网站界面设计中有多种形式，图片具有比文字和图形符号都要强烈和直观的视觉表现效果。图片受指定信息传达内容与目的约束，但在表现手法、工具和技巧方面具有比较高的自由度，从而也可以产生无限的可能性。网站界面设计中的图片处理往往是网页创意的集中体现，图片的选择应该根据传达的信息和受众群体来决定。

图片几乎是每个网站页面中都不可或缺的重要元素，通过图片的设计处理可以有效地突出网站页面视觉效果的表现。在该汽车品牌的宣传网站中，页面的布局非常简捷、直观，几乎没有什么文字内容，而是使用大幅面积展示该汽车产品的创意海报，从而有效地吸引用户的关注。通过对产品图片的创意设计，使整个网站页面表现出很强的立体感，给用户带来视觉上的冲击和享受。

4. 多媒体

网站界面构成中的多媒体元素主要包括动画、声音和视频，这些都是网站界面构成中最吸引人的元素，但是网站界面还是应该坚持以内容为主，任何技术和应用都应该以信息的更好传达为中心，不能一味地追求视觉化的效果。

这是某品牌饮料产品的宣传网站，该饮料产品主要针对的是年轻消费群体，所以在其网站设计中充分运用了各种多媒体元素，极力营造出一种热情、欢乐的页面氛围。在页面中嵌入该产品广告视频，使用户更加直观地了解产品，用户浏览起来也更加轻松、惬意。

5. 色彩

网站界面中的配色可以为浏览者带来不同的视觉和心理感受，它不像文字、图像和多媒体等元素那样直观、形象，它需要设计师凭借良好的色彩基础，根据一定的配色标准，反复试验、感受之后才能够确定。有时候，一个好的网站界面往往因为选择了错误的配色而影响整个网站的设计效果，如果色彩使用得恰到好处，就会得到意想不到的效果。

色彩的选择取决于“视觉感受”，例如，与儿童相关的网站可以使用绿色、黄色或蓝色等一些鲜亮的颜色，让人感觉活泼、快乐、有趣、生气勃勃；与交友相关的网站可以使用粉红色、淡紫色和桃红色等，让人感觉柔和、浪漫；与手机数码相关的网站可以使用蓝色、紫色、灰色等体现时尚感的颜色，让人感觉时尚、大方，具有时代感。

当用户在浏览网站页面时，首先给用户留下印象的一定是网站页面的配色，不同的色彩能够给用户带来不同的心理感受。该网站页面使用了黄色、绿色和蓝色等多种鲜艳的色彩进行搭配，重点突出的是黄色和蓝色，多种鲜艳色彩的搭配给人一种活泼、快乐、生机勃勃的感受，非常适合儿童教育网站的特点。

专家提示：要想使网站拥有好的用户体验，不仅需要有更快的访问速度、更好的网站内容，还需要从细节入手，设身处地从用户的角度来思考问题，体现出网站对用户的尊重和贴心，避免给用户带来沮丧感。

5.1.3 网站页面的视觉层次

要想设计出好的网页作品，需要考虑很多东西，视觉层次就是网页设计背后最重要的原则之一。通过合理的设计，网页各部分内容层次分明，用户可以在众多信息中快速找到自己需要的信息。

1. 通过元素尺寸表现视觉层次

设计中可以通过调整对象的大小实现突出重点的作用，可以引导用户的视觉到页面的重点位置。通过调整页面中不同元素的大小，可以很好地组织页面，达到预期效果。页面中最大的部分或最小的部分是最重要的部分。

该耳机产品的宣传销售网站运用了极简的设计风格，在网站页面中耳机产品几乎占据整个屏幕的高度，非常显眼，很好地突出了产品和网站主题的表现。将商品的购买按钮设计为鲜艳的红色，在网站页面中的表现也非常突出，有效地突出了该页面的功能，促进用户购买。

2. 丰富的色彩层次

颜色是一种非常有趣的工具，它既可以作为组织层工具，也可以实现极富个性的页面效果。颜色可以影响网站品牌的象征意义，例如百事可乐的网站采用了代表清凉、清爽的蓝色。

这是百事可乐系列饮料产品在移动端的网站页面设计，运用了其企业的标准色——蓝色作为页面的主色调，与企业品牌形象一致，并且有效地与其竞争对手表现出完全不同的色彩印象，实现品牌的差异化。

大胆地使用对比强烈的颜色可以增强页面中特定元素的关注度，例如按钮、错误提示和链接。当作为个性的工具使用时，颜色可以使层次延伸到更丰富的情感类型。例如使用充满生机的颜色，可以给浏览者带来轻松愉悦的感受。在更高层次应用颜色时，可以通过颜色将各种信息进行分类。

这是某设计公司网站的界面设计，其设计风格模仿了 Win8 的设计风格，使用模糊处理的图片作为界面的背景，有效突出界面中内容的表现。通过多种不同颜色的矩形色块来划分不同的内容，使得页面内容的层次表现得非常清晰、明确，给用户带来丰富的视觉层次。

3. 对比的应用

在页面中合理地应用对比，可以增强页面的层次感，具体包括对象大小的对比和颜色的对比。页面中采用不同大小的文字和不同的颜色传递给用户的信息也都是不同的。

除了可以通过对比提高用户对页面某一部分的关注度外，使用对比还可以将页面信息很好地分类，以方便用户阅读。在表现页面的主体和版底时，可以采用从浅色过渡到深色的方式。

该汽车宣传网站页面使用黄色作为页面的背景主色调，在页面中通过对介绍文字内容的大小、粗细对比设置，很好地体现出文字内容的层次，使内容部分清晰、易读。版底信息部分则使用了与整体背景不同的黑色背景，有效地区分了页面中不同的信息区域。

4. 对齐页面层次

通过对齐页面中的元素可以实现不同位置的层次感，可以让用户很好地区分页面中的“内容栏”和“侧边栏”，从而选择阅读的页面内容。

比较常见的网页对齐方式是三栏排列，也有一些网站采用了特殊的对齐方式，页面效果更加独特，在方便用户浏览的前提下，又很好地刺激了用户的好奇心。

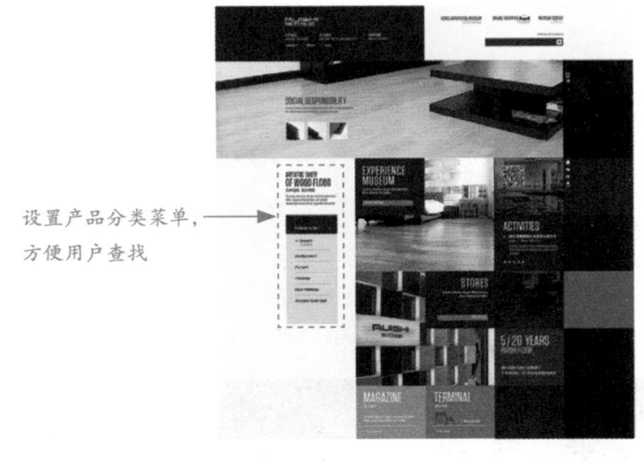

在该网站页面的内容区域采用了一种独特的极富灵感的网格对齐方式，图片与文字色块相结合，增强了用户浏览的视觉层次，给用户一种新鲜感。

5. 重复分配元素

在处理页面中的对象时，例如页面中的多段文本，用户会由于内容的重复出现而觉得所有文本在讲解同样一个问题，这样就有可能忽略了文本段落中较为重要的部分。通过为重复的段落中的某一段指定不同的颜色或为其添加不同颜色的链接，将文本的这种重复性打破，凸显某一段文本内容。

设计网页时，经常会应用重复排列。但在众多排列的对象中，总有最新发布的、最多访问的和最受欢迎的对象。通过对它们采用不同的表现手法，增加用户视觉上的层次，获得更好的用户体验。

字号的大小和粗细设置，突出重点

菱形图片的重复排列，增强页面视觉层次

该网站页面的设计非常简捷，在页面中间位置使用大小一定的菱形图片进行重复组合排列，展示其设计的不同细节，给人一种新颖的图片视觉表现效果，并且能够增强视觉层次。

6. 元素的分开与接近

将页面中类似的内容整齐地排列在一起，这就是页面元素的接近。接近是处理内容相似的元素并将它们相关联的最快方式。分开指的是页面中有些内容是相互分离的，在这些分离的对象中有单独的标题、副标题和一个新的层次结构。

在该果汁品牌介绍网站页面中，有多个元素在一起的组合排版。浏览者首先被广告图片和广告图片中的文字吸引，然后视线向下移动到文字描述内容以及蓝色的链接文字，这些元素的亲密性与对比形成一种平衡，视觉层次清晰，给人一种舒适感。

7. 页面密度和空白

页面中的元素如果紧密地排列在一起，那整个页面就会感觉“重”且杂乱；当页面中的元素间距太大时，又可能显得散漫，彼此之间失去联系。只有“恰到好处”地运用密度和空白，才能获得良好的视觉效果，用户可以很容易地识别相关的元素。

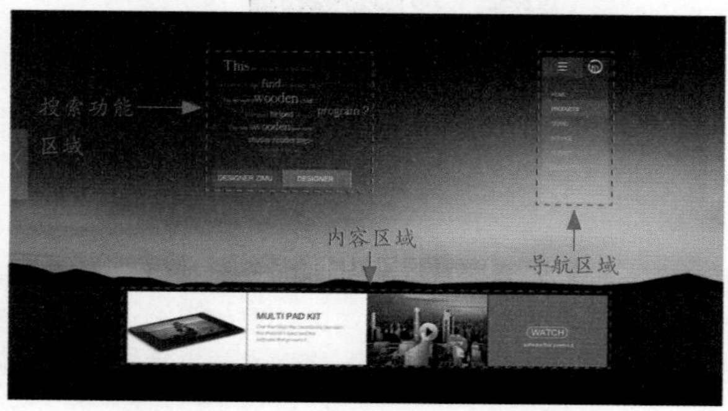

大量的页面留白，有效突出页面内容

该移动端网站界面的设计非常简捷，在页面中运用了大量的空白区域来凸显页面的内容，不同功能区域的内容又聚集在一起，使用户很容易识别和操作。

8. 巧用样式和纹理

通过为对象应用不同的样式和纹理，可以形成更为明显的层次感。在众多平淡页面中，富有质感的页面通常会引起人们的注意。例如为汽车网站添加金属质感，为建筑网站添加沥青质感。

在页面中适当添加纹理特效可以增强页面的感染力，但是过度使用会误导用户，使用户的注意力被特效所吸引，而忽略了网站真正要表现的东西。所以在设计页面时，要将样式和纹理应用到网站的局部元素中，例如字体、按钮和标签等，并且还要注意页面元素效果的平衡。

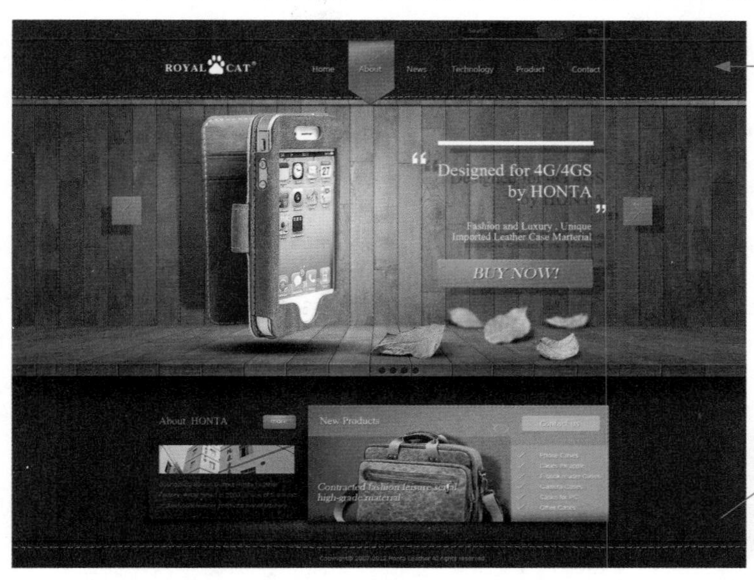

使用皮质和木质纹理作为页面背景，增强了整个页面的质感

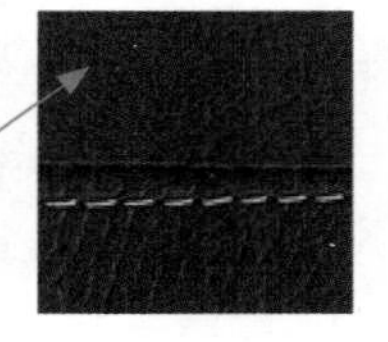

在该产品的宣传网站中使用了皮质的纹理与木纹背景相结合作为整个网站的页面，使页面表现出很强的质感，并且能够与该企业所生产的皮质产品形成良好的呼应，表现出产品的质感。

> 专家提示：**如果网站中包含了很多Flash动画、弹出广告和闪闪发光的横幅，虽然这些广告可以成功地吸引用户的注意，但是却不能打动网站的浏览者。设计师创建网站的视觉层次，但是用户却不能在页面中找到他们需要的任何信息，那这个设计方案是完全失败的。一个具有良好视觉层次的页面，应该是一个实用、方便、合理组织信息、具有逻辑性的页面。**

5.1.4 基于用户体验的网站设计原则

基于网站的特点，结合用户体验的要求，在网站设计开发过程中需要注意以下的设计原则，从而为用户提供一个良好的网站用户体验。

1. 高质量的内容

网站最为关键的是内容，如果不能为用户提供所需要的信息和功能，那么这些用户可能不会再次访问你的网站。如果你的网站是一个销售网站，但网站上连商品的价格、商品参数、可供选择的型号和送货时间这些关键的信息都没有，那么潜在的消费者就很可能会对此失望，并转而寻找其他网站进行购买。

"站酷网"是一个专注设计文章与设计资源的网站，进入该网站的"文章"频道，在"类别"分类中"原创 / 自译教程""站酷专访""站酷设计公开课"的内容都是高质量的原创内容，只不过这些原创内容大都是该网站的注册会员整理上传再通过网站审核的，这样就能够保证网站中拥有源源不断的原创内容。在"类别"分类下方的"子类别"中可以看到每个子类别都是与设计相关的，网站中所有的内容都是围绕着设计展开的，这样也显得更加专业。

2. 经常更新内容

大部分网站都是需要定义更新内容的，更新的频率取决于网站的性质。例如，新闻类网站可能需要一天更新几次；小型商品销售类网站，一般只需要在有价格变动或有新产品加入的时候进行更新，每周更新一次就足够了；个人网站只需要在网站管理者认为有必要的时候进行更新即可。

对于综合性新闻门户网站来说，新闻内容的实时更新就显得更加重要，用户每天都希望通过新闻网站来获得最新的新闻资讯，所以新闻网站的内容每天都需要进行更新，甚至一天都会更新几次。如果发生什么重大事件，甚至会开辟专题页面，实时更新事件的最新进展，时刻保持新闻资讯的新鲜度。

技巧点拨：更新对于用户的重要性取决于网站的性质。例如，网上百科全书的内容就应该保持相对固定，因为更新并不是大多数用户访问这类网站的主要原因。相反，新闻类网站则是靠它的即时更新来吸引用户的。

3. 快速的页面加载

浏览者倾向于认为，打开速度较快的网站质量更高，更可信，也更有趣。相应地，网页打开速度越慢，访问者的心理挫折感越强，就会对网站的可信性和质量产生怀疑。在这种情况下，用户会觉得网站的后台可能出现了错误，因为在很长一段时间内，他没有得到任何提示。而且，缓慢的网页打开速度会让用户忘了下一步要做什么，不得不重新回忆，这会进一步恶化用户的使用体验。

4. 网站更易使用

用户在访问网站时，需要能够快速、轻松地找到自己所需要的信息或者服务。如果在一个电商网站中，面对成千上万的商品，用户忽然发现，网站并没有为用户提供详细的商品分类导航，或者没有站内搜索功能，这将是怎样的一种灾难。

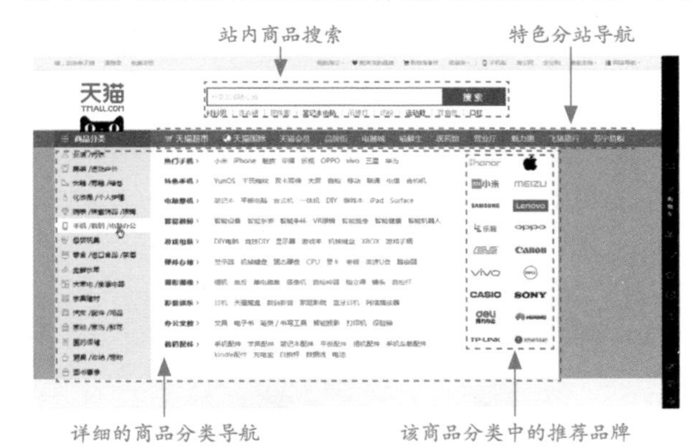

"天猫"是一个大型综合电商网站，其网站中拥有上千种商品，并且需要面对各种不同层次的用户，所以在其网站中为不同层次的用户提供了各种查找商品的方式，包括非常详细、清晰的商品分类导航，以及为高级用户提供的站内商品搜索功能，使不同操作水平的用户都能够轻松地在网站中找到所需要的商品。

5. 与用户需求密切相关

网站除了要有好的内容以外，还必须想用户所想，提供与用户需求密切相关的功能。例如，如果用户正在网站中选购一台电脑，那么我们应该让用户可以轻松地在同一个屏幕中比较不同电脑的配置情况。在设想用户希望使用网站信息的方式时需要充满想象力。

例如"苏宁易购"网站的商品页面中，不仅为用户提供了商品分享、商品收藏、用户评论、在线咨询等交互操作，还为用户提供了商品对比的功能，单击商品名称右侧的"对比"按钮，即可将该商品加入到页面右侧的对比栏中，充分满足用户各方面的需求。

6. 独特的在线媒体

为什么很多企业都需要创建网站？网站不仅仅是企业宣传的窗口，更应该起到很多额外的作用，在网站背后的企业需要把网站置于多方面运营之首。口头上热衷于技术是不够的，在现在竞争激烈的国际环境下，网站的优秀与否决定着企业的成败。

刀、叉等图形的应用，使得该网站页面具有很高的辨识度，一看就知道是与餐饮有关

例如该餐厅网站，其不仅仅是餐厅对外宣传的窗口，更重要的功能是在网站中实现在线订餐，这样就能够充分发挥网站作为在线媒体的优势，将品牌宣传与商品销售结合在一起，实现企业利润的最大化。

7. 良好的可用性

拥有良好的可用性，是提升网站用户体验的重要原则。网站良好的可用性主要表现在以下多个方面。

（1）系统状态可见性

网站应该让用户了解正在发生的事情，在用户对网站操作的过程中应该即时地为用户提供合理的反馈信息。

（2）系统与真实世界的关联性

网站应该遵循真实世界的转换，将信息内容以自然并具有逻辑的方式呈现给用户，并且需要以用户所熟悉的语言、文字、词汇和概念来呈现，而不是使用系统导向。

（3）用户的控制度及自由度

网站应该给用户提供充分的自由度和控制权，当操作出错时，网站应该提供能自由离开的“出口”，支持返回与撤销等操作。

（4）一致性和标准

同一产品或同类产品中，对于相同的内容、操作等应该采用一致的名称和交互方式，不要让用户去猜测同一种操作是否会有不同的名称或操作方式。保持一致性能够使用户利用已有的知识来执行新的操作任务，并可以预期操作结果，提升用户学习和理解操作界面的速度。除此之外，还要考虑到浏览器的兼容性，使内容能够对全部或尽可能多的用户正确显示。

（5）预防错误

第一时间预防错误发生的谨慎设计比显示错误信息更好，可以使用消除式检查有错误倾向的状态，然后在用户提交动作前提供确认的选择。

（6）识别，而非回忆

尽量减少用户需要记忆的内容，在网站表单填写过程中，系统应该在合适的位置进行提示，或者直接提供相应的选项，让用户可以直接识别进行选择，而不需要记忆太多的信息和操作步骤。

（7）使用的灵活性与高效性

网站需要迎合有经验的用户和经验不足的新用户，提供一些高级功能可以加速高级用户和网站之间的交流互动，网站也应该允许用户调整其常用的动作和操作。

（8）视觉美化与简化设计

视觉美化不仅可以给用户带来视觉的享受，也可以提高网站的可用性。对于不必要的或者优先级低的信息和功能，操作应该尽量简化。

（9）帮助用户诊断并从错误中恢复

错误信息应该以清晰易懂的叙述文字呈现，而不是错误代码，并且精确地指出问题及提出建设性的解决方案，帮助用户从错误中恢复。

（10）帮助与说明文件

即使是最好的网站系统也需要为用户提供必要的帮助和说明文件，并且这些信息应该很容易被用户找到，协助用户完成任务。

5.2 网站界面设计的基本原则

通过对不同元素视觉属性的有序组织，在界面上形成不同的视觉效果，传达不同的设计理念。一般来说，一个符合用户感觉认知和情感接受的界面设计应该遵循以下原则。

5.2.1 对比突出

对比突出指创造出不同视觉元素之间的对比，并通过对比强调重要信息的传达和接受。这是吸引用户注意力的重要手段，能够帮助用户理解界面元素之间的结构关系。通过对比，用户可以本能地注意到界面上最重要的信息，提高用户感知信息的效率。例如，通过赋予信息不同的颜色或醒目的图标可以将重要信息从主内容区凸显出来，从而给整个界面创造出不同的层次感，并自觉地引导用户的视线。

鼠标移至某个区域，该区域变为黄色背景，与其他区域形成对比

该网站页面的设计非常简捷，使用多张明度较低的图片对页面进行分割排列，在每个图片的中间位置设置白色的主题文字与黄色的按钮，黄色按钮与背景的灰度图片形成对比，有效突出按钮的表现效果，促使用户点击。当鼠标移至某个图片上方时，该区域会变为黄色的背景并显示相应的内容，与页面中其他区域的对比强烈，引导了用户的视线，非常直观、醒目。

通常，在界面设计之前，设计师首先需要根据信息的重要程度将界面中的所有信息进行归类分组，为创建视觉层次做准备。然后调整视觉元素的颜色、尺寸、明暗、位置等属性来区分视觉层次。最为重要的元素，尺寸应该相对较大，颜色、饱和度以及与背景的对比度也应该更大，其位置应该放在其他元素的上方或者向外突出一些。次要的元素使用不饱和颜色或者中性颜色渲染，与背景的对比不要太强烈，尺寸要小一些或者向内缩进。

不同颜色的图标与文字，有效区分各菜单项

产品的大小、颜色均与背景形成强烈的对比，有效突出网站中产品的表现效果

在该产品宣传网站设计中，因为产品本身的色彩比较鲜艳、丰富，所以在网站页面中使用浅灰色的背景来突出表现产品的鲜艳色彩，并且该网站中的页面内容较少，在页面布局中将产品图片放置在页面的中间位置，并以较大的尺寸进行展示，给人的视觉印象非常直观，有效突出了产品的表现效果。

当然，如果界面中有多个重要的元素，也无须同时以最大尺寸、最饱和颜色而且向外突出的方式显示，这样会给用户造成视觉压力。一般来说，调整其中一个属性就可以了。如果两个不同重要程度的元素都需要引起注意，最好降低相对不太重要的一个，但无须提升更为重要的那个，这样就会为继续调整留下空间，用来强调更为关键的界面元素。例如，较小的地方适当运用高度饱和的颜色可以有效地吸引用户的注意力，但是当多种饱和颜色充斥画面，尤其是其中还有互补色时就会产生相反的效果。

页面中重要的两个选项分别使用了相同尺寸、不同颜色的按钮进行表现，通过色彩的对比吸引用户的注意，从而在这两个选项之间做出选择

在该活动宣传网站中使用明度和饱和度都比较高的蓝色作为页面的背景主色调，体现出科技感，并给人一种清爽的感觉。

技巧点拨：当高度饱和的互补色被放置在一起时，会非常难以辨识，也非常难以让人聚精会神，并且会产生视觉“振动”，甚至产生头昏眼花的感觉。即便是视线已经脱离了界面，眼前似乎仍然会残留有视觉假象。例如，把饱和的红色文本放在饱和的蓝色背景或绿色背景上，就会产生这种感觉。

在界面设计中，通过对比的方式创建清晰的视觉结构是非常重要的。对于对比不明显的界面设计，各种视觉元素都在试图引起用户的注意，用户的眼睛会在各种各样的元素之间跳来跳去，设计不能顺利地引导用户的视线在界面上移动，让用户感觉界面很“忙碌”或者“拥挤”。所以界面设计应该通过恰当的对比和突出营造清晰的视觉结构，引导用户的视线在界面上移动。更重要的是这些引导应该支持用户去完成他们的目标和任务，而不应该分散用户的注意力。

5.2.2 条理清晰

界面设计中的某些视觉元素之间会存在着内在联系，例如具有相似的功能或者经常被同时使用。在界面设计时就需要突出视觉元素之间的这种联系，使信息的组织更加结构化，给用户条理感。

在界面设计时建立清晰条理的层次结构要做到以下几点：首先，经常同时使用的元素在空间上可以组织在一起，这样可以避免不必要的鼠标移动。通过空间的一致性，让用户清晰地知道这些功能、信息是关联的，也可以暗示这里存在顺序关系。为了显示这种空间上的联系，很多界面采用粗边框将这些元素框在一起来加重组织感。其次，除了空间上的分组，还可以将界面元素在视觉上组织在一起，利用视觉属性进行分组。例如，可以利用尺寸的大小或者颜色不同来区分不同的组别。此外，利用图标也是一种不错的选择，将有关联的元素赋予相同的图标。

这是某产品的宣传网站，该网站页面设计非常简捷，页面的层次结构也非常清楚，在页面头部使用矩形色块来衬托导航菜单的显示，页面的整体使用产品的宣传广告图片作为背景，在页面下方则使用半透明的黑色色块将正文内空部分放置在一起，形成一个视觉区域，正文部分不同的内容使用不同的背景色块进行区分，整个页面条理非常清晰。

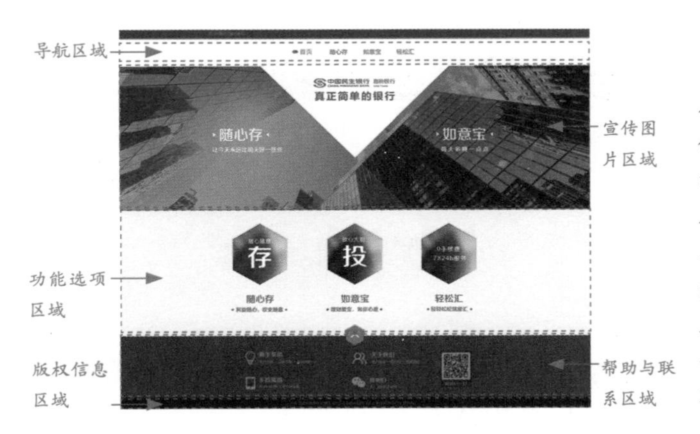

在该银行产品的宣传网站设计中，使用不同的背景颜色来区分不同的内容区域，主要通过白色、浅灰色、深灰色这样的背景颜色应用，使页面从上至下，各部分功能操作区域的划分非常明显，并且将相关功能的操作方式放置在一起，使页面表现出非常清晰、有条理的层次结构。

专家提示：清晰的设计可以让用户很快地建立起与交互产品的沟通和联系。适当的提示、图形隐喻和隐藏的帮助都会帮助用户清晰地理解交互产品。但是要避免过度清晰，尤其是通过添加定义的方式向用户解释每一条信息，这样不仅会带来信息的冗余，也会让用户花费时间去阅读信息，降低了交互的效率。

5.2.3 整齐平衡

整齐的界面设计有助于避免杂乱，保持视觉的流动性和连续性，使得界面信息的传达更加有效并符合人的视觉习惯。通常，对齐是一种有效的方式。各个视觉元素，即便是在不同组别内的视觉元素都要尽可能和其他的元素对齐，尤其是相邻的元素。任何两个或两组元素没有对齐都必须有充分的理由，或者要达到与众不同的效果。

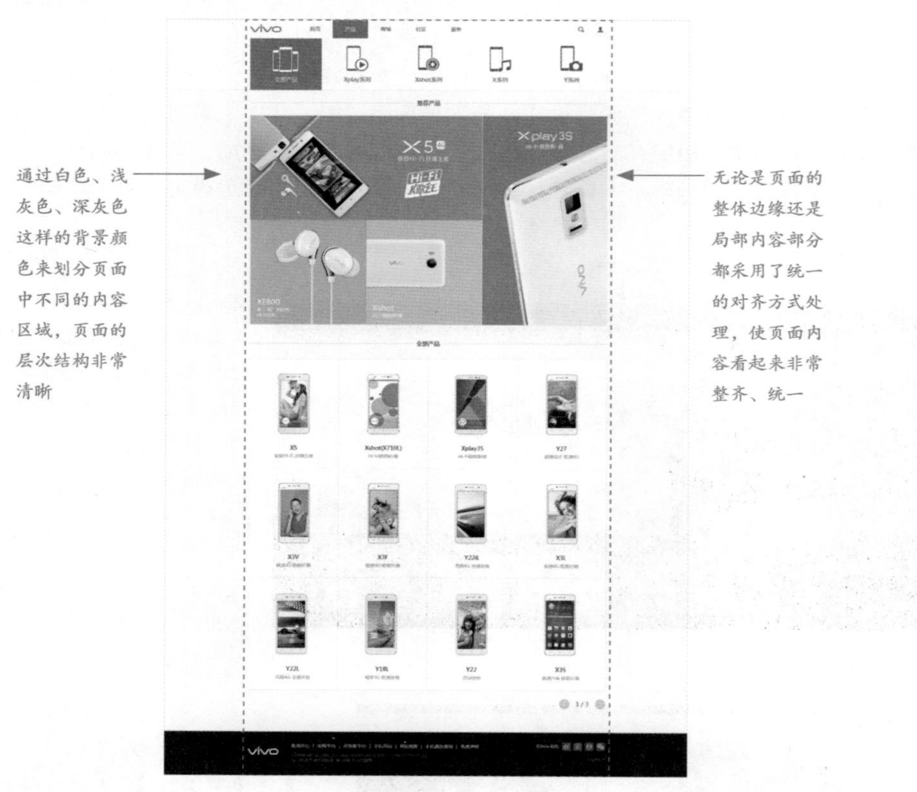

在该手机产品宣传网站页面中，通过简捷的页面设计，使页面表现出很强的整齐和统一感。页面顶部的导航部分使用白色作为背景色，正文内容区域使用了浅灰色作为背景色，而底部的版底信息部分使用深灰色作为背景色，充分保证了页面内容视觉层次的清晰。页面整体内容的边缘部分从上至下均保持了对齐，局部应用网格，使内容部分保持了统一的表现效果。整个页面让人感觉结构层次清晰，内容具有很好的一致性，始终为用户提供清晰的视觉效果。

除此之外，整齐的界面设计还要营造视觉上的平衡感。从视觉平衡的观点来说，对称是组织界面的一个有用工具。这里的对称更确切地说是视觉上的对称感。如果没有对称感，用户就会感到界面失衡，好像摇摇欲坠地倒向一边。界面设计常用到两种对称：一种是垂直对称，即沿着一条垂直直线对称，此线经常位于一组视觉元素的中央；另外一种是对角线对称，即沿界面的对角线对称。除了对称外，还可以通过控制单个视觉元素的视觉权重来获得不对称的平衡感。

不同明度和纯度的蓝色在页面中形成对称的背景，将产品图片放置在垂直对称的中心位置，表现效果非常突出

该产品宣传网站页面就使用了垂直对称的方式对页面背景进行构图。在该网站页面的设计中为各素材图像都制作了倒影效果，使页面具有相应的透明感和立体感，背景使用两种对比度较强的同色系色彩，模拟了光的层次感和过渡感，增强了页面的效果。

在该手机产品的宣传网站页面中，两种不同颜色的区域并没有在垂直居中的位置进行分割，通过增大左侧浅灰色区域的面积从而获得与右侧紫色区域"对称"的视觉平衡感。

5.2.4 简捷一致

简捷是界面设计最重要的原则之一，界面应该使用简单的设计元素传达丰富的设计理念。界面中颜色的数量要严格限制，这与人的短时记忆有关，并且应该以较为不饱和的颜色或者中性颜色为主，可以适当地加入一些高对比度的颜色来强调重要信息。在一组相关的界面中，版式设计也不可以有较大的变化。通常有一个或两个固定版式，然后根据屏幕尺寸有几种大小的变化，这样就足够了。如果有多种相似或者相关的设计元素，这些元素的设计风格要保持一致。这样用户在理解一个元素之后，就可以很容易地理解下一个类似的元素。如果需要突出某个元素，则可以通过调整一个到几个视觉属性来塑造视觉上的差异性。

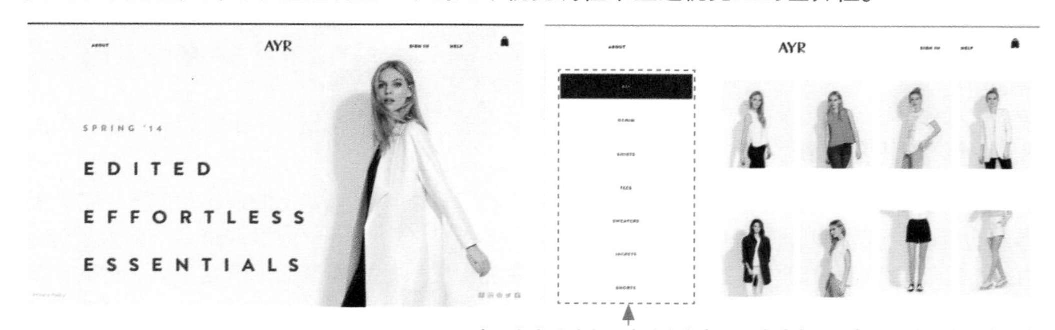

产品分类通过大尺寸的浅灰色矩形背景来统一表现效果，为当前所选择的选项应用深灰色背景突出表现，给用户非常清晰的视觉效果

该女装品牌的宣传网站采用了极其简捷的设计风格，使用白色和浅灰色作为页面背景颜色，使页面给人纯净、高雅的感觉。页面中几乎没有任何的装饰元素，有效地突出了产品和相关选项的表现，页面内容

非常清晰。在产品列表页面中的产品分类选项使用了尺寸较大的浅灰色矩形背景，并且为当前所选择的分类选项应用深灰色矩形背景来实现表现，给用户非常清晰的视觉流程。

保持一致性是实现简捷设计的有效途径。如果两个元素之间的间隔与其他元素之间的间隔差不多，那就设置成完全一样的；如果两种字号的大小差不多，那也设置成一样的。任何元素之所以存在都要有足够的理由，任何差异之所以存在也要有足够的理由。如果没有足够的理由，就干脆放弃这个元素或者消除这个差异。因此在设计中，为测试某个元素是否有用或者多余，设计师常常使用一种方法，那就是将这个元素去掉，测试它对信息传达和交互操作是否造成影响。

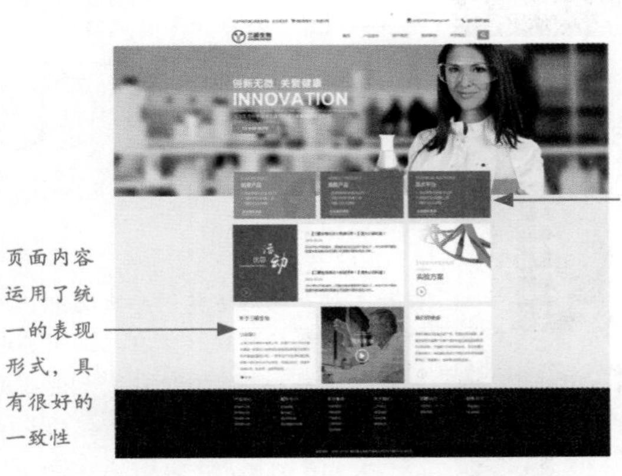

通过不同颜色的背景色块来突出页面中重点内容的表现

该企业网站页面使用白色、浅灰色和饱和度较低的灰蓝色在页面中划分不同的内容区域，使页面的结构层次非常清晰。在内容区域，各栏目内容都使用了统一的矩形背景色块，无论是字体还是字号大小，以及各矩形背景色块之间的间距都是统一的，从而保持了页面内容的一致性，整个页面让人感觉简捷、清晰，具有良好的视觉效果。

网站界面综合了各种常见的视觉元素，如图标、按钮、导航等，下面将向大家分别讲解每一个元素在设计中应该注意的事项。

5.3 Web用户体验设计

Web 用户体验是由网站的操作便利性、品牌形象、访问的流畅性及细节设计等综合因素而最终影响用户访问网站时的主观体验的，包括用户能否顺利完成任务、是否喜欢网站、是否还会再次访问等。随着互联网的迅速发展，用户体验也已经越来越成为影响网站竞争力的重要因素，受到越来越多网站的重视。

5.3.1 清晰的网站结构

网站通常都是超文本和应用程序的结合体，我们可以点击网站上的链接访问一个应用程序或者页面，这种方法使用起来很方便且灵活，但是可能会让用户难以理解。一些大型网站由成千上万个页面组成，这些网站可能已经在混乱和欠缺规划的情况下开发了很长的时间。由于很难让用户在脑海中形成一个网站结构模型，所以用户很容易在这样的网站里迷失，不知道自己身处什么位置。因此，清晰的网站结构就显得非常重要，最常见的网站结构是按照层级形式创建的，以首页作为各个节点的根据。

网站的结构分为物理结构与逻辑结构两类。

1. 网站物理结构

通俗地说，物理结构就是网站实际目录结构，就是服务器上某个分区下面的文件夹和文件所构成的树状目录。

不过，这里有个特例，就是非树状的物理结构，因为它根本没有文件夹的概念，相当于把网站中的所有文件都放置在根目录中。例如，如下的示意图，这种方式叫作扁平式物理结构。

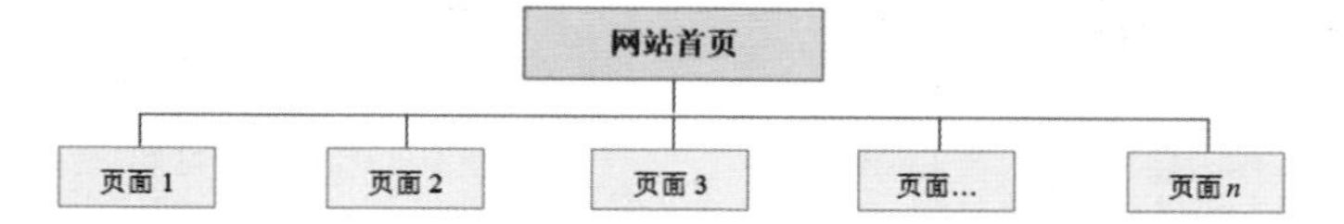

这种网站结构只适合小型的网站使用，因为如果网站页面比较多，太多的网页文件都放在根目录下，查找、维护起来就显得相当麻烦，但是这种结构对于 SEO 非常有利，搜索引擎更喜欢这种清晰的网站结构和简捷的 URL。

对规模大一些的网站，往往需要二到三层甚至更多层级子目录才能保证网页的正常存储，这种多层级目录也叫作树状物理结构，即根目录下再细分成多个频道或目录，然后在每一个目录下面再存储属于这个目录的终极内容网页。例如，如下的示意图。

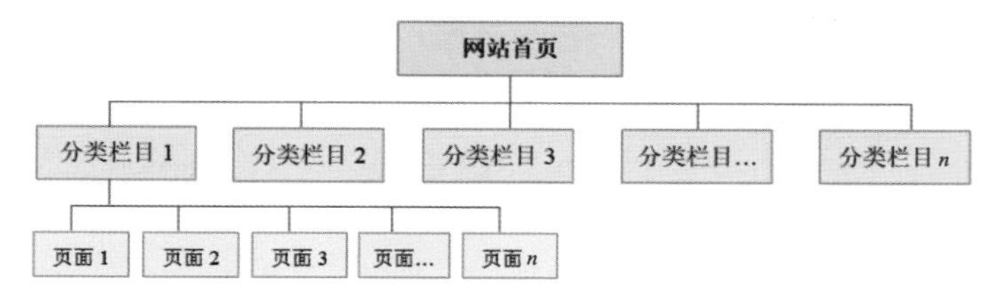

采用树形物理结构的好处是维护容易，但是搜索引擎的抓取将会显得相对困难一点。目前互联网上的网站，因为内容普遍比较丰富，所以大都采用树形物理结构。

从用户体验的角度来讲，网站的物理结构展示方式就是这样的。例如，下面我们以一个常见的品牌展示与销售网站为例来讲解该网站的层次结构。

在页面顶部的中间位置放置主导航菜单，使用户能够方便地快速进入感兴趣的频道页面

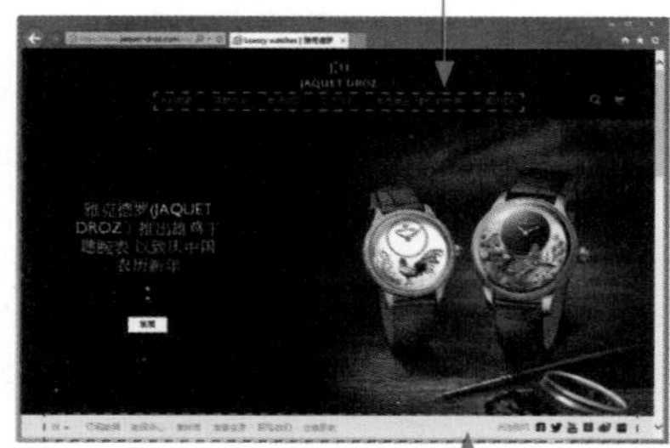

底部浮动导航提供相关的快捷访问，但是其视觉层次要低于页面中的其他内容

在网站首页中放置最新、最热门的信息内容，是网站所有卖点的聚合。并且需要能够引导用户通过导航菜单访问网站中的其他栏目页面。

在页面主导航中单击某个主导航菜单项，即可进入该频道页面中

在该页面中显示的是商品的不同系列，用户可以单击某个系列，即可进入该系列的商品列表页面

网站频道页面，它是根据网站定位，对所传递给用户的内容进行分类细化后的聚合页面。每个频道都有自己独特的定位，当然，它是从属于这个网站的核心定位的。

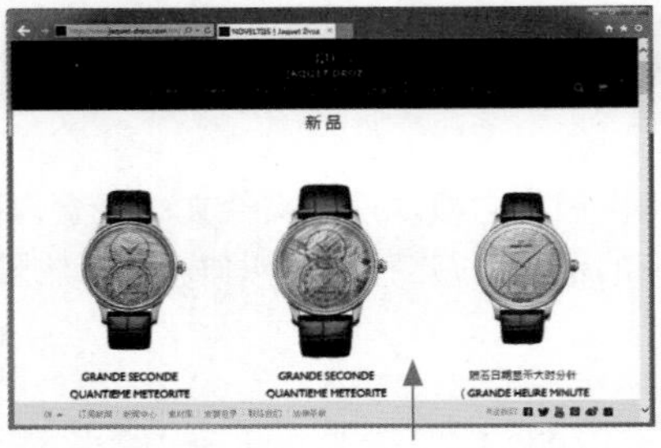

选择某一个系列之后，即可进入该系列的商品列表页面

网站的列表页，它是网站频道中的某一个栏目的内容聚合页面。一般是按照时间先后顺序对内容进行排列，方便用户查找同类更多的信息。

在列表页面中单击某一个商品，进入该商品的详情页面

网站的内容页，也称为详情页面，这是网站层级结构中的最后一层。该网站共有3层结构，整个网站的层次结构非常清晰，方便用户查找和浏览内容。

2. 网站逻辑结构

逻辑结构其实就是由网站内的链接构成的一张大大的网络图，网站地图一般就是比较好的一个逻辑结构示意，优秀的逻辑结构设计会与整个站点的树状物理结构相辅相成。

根据前辈们的一些设计经验，我们将网站的逻辑结构设计要素总结如下。

- 网站主页需要链接所有的频道主页。
- 网站主页一般不直接链接内容页面，除非是非常想突出推荐的特殊页面。
- 所有频道主页需要能够与其他频道主页相互链接。
- 所有频道主页都需要能够返回到网站主页。
- 频道主页也需要链接自己本身的频道内容页面。
- 频道主页一般不链接属于其他频道的内容页面。
- 所有内容页面都需要能够返回到网站主页。
- 所有内容页都需要能够返回自己的上一级频道主页。
- 内容页可以链接到同一频道的其他内容页面。
- 内容页一般不链接属于其他频道的内容页面。
- 内容页在某些情况下，可以用适当的关键词链接到其他频道的内容页面。

专家提示：优秀的网站物理结构和逻辑结构都非常出色，两者既可以重合也可以有所区分，而控制好逻辑结构也会使网站的用户体验变得更加优异，并且能够促进和带动整个网站的页面在搜索引擎上的权重。

3. 网站结构对用户体验的影响

好的网站结构能够让用户在浏览网站的过程中不迷路，其不仅对用户体验很重要，也能够让搜索引擎不迷路，也能让搜索引擎更加方便快捷地抓取好的数据。

一般情况下，搜索引擎会从网站的首页出发跟踪其中的链接，抓取网站中其他相对重要的页面（这和个人浏览网站的传统逻辑是一样的，从首页到频道页最后到内容详情页面）。由此，我们也容易得出结论：提高页面被收录概率的最好办法就是减短页面与重要页面之间的链接路径。

换成用户体验的说法就是，提高重要页面被浏览的最好办法，就是让重要的页面在网站中重要的层级展示，这将减少用户进入所在页面的流程。

技巧点拨：如何组织信息设计网站结构，并没有一个固定的标准，我们在创建网站结构时，需要明确目标用户的需求是什么，哪些信息会满足他们的需求，从而识别出用户心目中最重要的那些信息，根据这些内容来组织网站信息的结构。

5.3.2 合理的页面功能布局

功能布局指的是网页的整体结构分布，合理的页面布局应该符合用户的浏览习惯，合理地引导用户的视线流。一个清晰有效的页面布局，可以让用户对网站的内容一目了然，快速了解内容的组织逻辑，从而大大提升网站的可阅读性和整体视觉效果。

1. 网页功能布局的目的

在网页布局结构中，信息架构好比是超市里各种商品的摆放方式，在超市里我们经常看到按照不同的种类、价位将琳琅满目的商品进行摆放，这种常见的商品摆放方式有助于消费者方便、快捷地选购自己想要的商品，另外这种整齐一致的商品摆放方式还能够给消费者带来强烈的视觉冲击，激发消费者的购买欲望。

同理，信息架构的原则标准和目的大致可以分为两类：一种是对信息进行分类，使其系统化、结构化，以便于浏览者简捷、快速地了解各种信息，类似于按照种类和价位来区分商品一样；另一种是重要的信息优先提供，也就是说按照不同的时期着重提供可以吸引浏览者注意力的信息，从而引起符合网站目的的浏览者的关注。

该产品宣传网站的页面结构层次非常清晰，页面中的主体内容部分采用了一致的表现形式，并没有刻意突出某一部分信息内容，便于用户快速浏览和了解。

使用图标与文字相结合，突出该部分信息内容的表现，方便用户快速了解页面中各部分内容，并做出相应的选择

该网站页面中的信息内容较多，页面较长，在页面设计中使用不同的背景色块来划分不同的内容区域，使得页面内容的结构层次非常清晰。在页面顶部的广告宣传图片下方，使用统一风格的图标结合简短文字对页面中的各部分内容进行介绍，突出该部分内容的表现，使用户可以通过该部分内容了解到页面各部分的信息，从而做出选择，快速跳转到页面中相应的内容区域进行浏览，非常方便快捷。

专家提示：在网站设计领域，不同的网站形态和布局结构代表了不同的网站类型。当我们接受一个网站项目时第一件事就是确定它的定位，相关领域有没有典型的结构布局，如果有最好能遵守这种典型布局。否则用户需要花更多的时间了解你的网站是什么，能做什么。

2. 常见的网页布局形式

不同类型的网站、不同类型的页面往往有固定的不同的布局，这些布局符合用户的认知，在页面内容和视觉美观之间取得平衡。按照分栏方式的不同，这些布局模式可以简单地分为3类：一栏式布局、两栏式布局和三栏式布局。

（1）一栏式布局

一栏式布局的页面结构简单、视觉流程清晰，便于用户快速定位，但由于页面的排版方式的限制，只适用于信息量小，目的比较集中或者相对比较独立的网站，因此常用于小型网站首页以及注册表单页面等场合。

采用一栏式布局的首页，其信息展示集中，重点突出，通常会通过大幅精美的图片或者交互式的动画效果来实现强烈的视觉冲击效果，从而给用户留下深刻的印象，提升品牌效果，吸引用户进一步浏览。但是，这类首页的信息展现量相对有限，因此需要在首页中添加导航或者重要的入口链接等元素，起到入口和信息分流的作用。

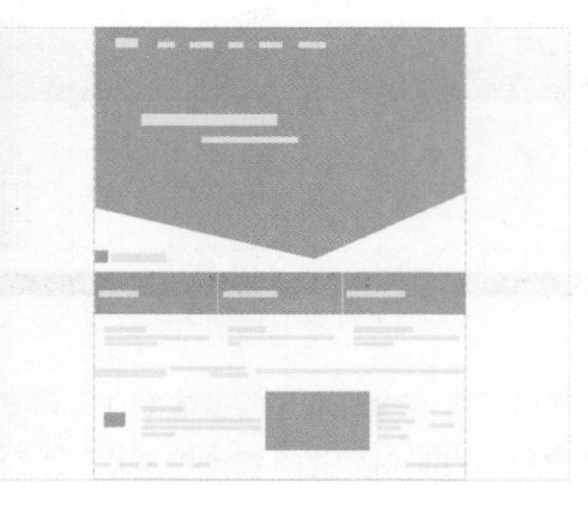

该餐饮网站页面采用了一栏式布局，将新品或重点推荐产品以精美的广告图形的形式放置在页面顶部，下方采用图文相结合的方式对页面内容进行介绍，信息层次分明。同时页面顶部的导航菜单也为用户提供了网站中其他页面的链接，起到了分流和推广的作用。

一栏式布局还经常被使用在目的性单一，例如搜索引擎网站页面，或者较为独立的二级页面和更深层次的页面，例如用户登录和注册页面。

这是一个电商网站的注册页面，采用一栏式布局。在用户登录或注册页面中，由于用户的焦点只聚集在表单填写上，因此除表单以外只需要提供返回首页及少数重要入口即可，不需要过多不必要的信息和功能，否则反而会引起用户的不适。

（2）两栏式布局

两栏式布局是最常见的布局方式之一，这种布局模式兼具一栏式和后面要讲解的三栏式布局各自的优点。相对于一栏式布局，两栏式布局可以容纳更多的内容，而相对于三栏式布局来说，两栏式布局的信息不至于过度拥挤和凌乱，但是两栏式布局不具备一栏式布局的视觉冲击力和三栏式布局的超大信息量的优点。

两栏式布局根据其所占面积比例的不同，可以将其细分为左窄右宽、左宽右窄、左右均等 3 种类型。虽然表面上看只是比例和位置的不同，但实际上它影响的是用户浏览的视线流及页面的整体重点。

➢ 左窄右宽

左窄右宽的布局通常采用左侧是导航（以树状导航或一系列文字链接的形式出现），右侧是网页的内容设置。此时左侧不适宜放置次要信息或者广告，否则会过度干扰用户浏览主要内容。用户的浏览习惯通常是从左至右、从上至下，因此这类布局的页面更符合理性的操作流程，能够引导用户通过导航查找内容，使操作更加具有可控性，适用于内容丰富、导航分类清晰的网站。

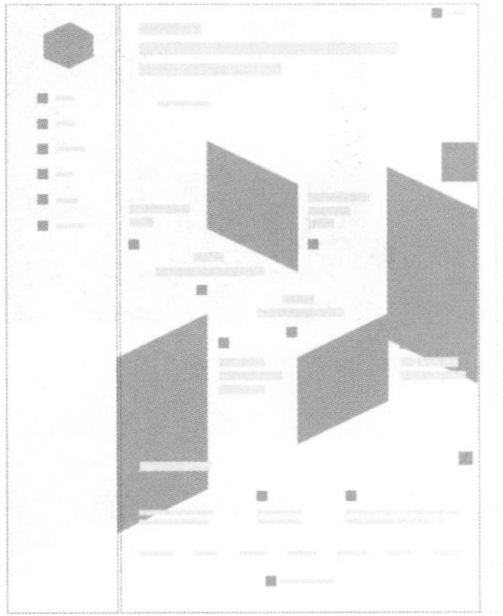

该网站页面通过色彩的划分明显可以看出其采用了左窄右宽的布局方式，左侧主要放置网站的 Logo 和导航菜单，右侧部分则是页面的具体内容信息，内容部分采用了菱形色块与图片相互拼接的方式进行呈现，给人很强的现代感和个性感。这种左窄右宽的布局形式通常都是将网站导航菜单放置在左侧，使得用户对网站的操作更加具有可控性。

➢ 左宽右窄

和前面的左窄右宽方式相反，左宽右窄型的页面通常内容在左，导航在右。这种结构明显突出了内容的主导地位，引导用户将视觉焦点放在内容上。在用户阅读内容的同时或者之后，才引导其去关注更多的相关信息。

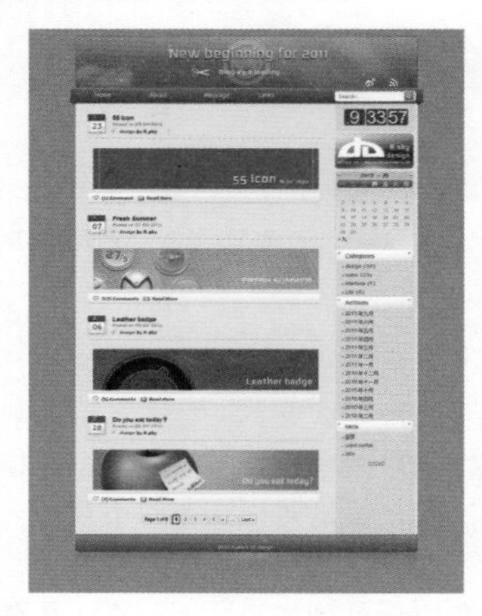

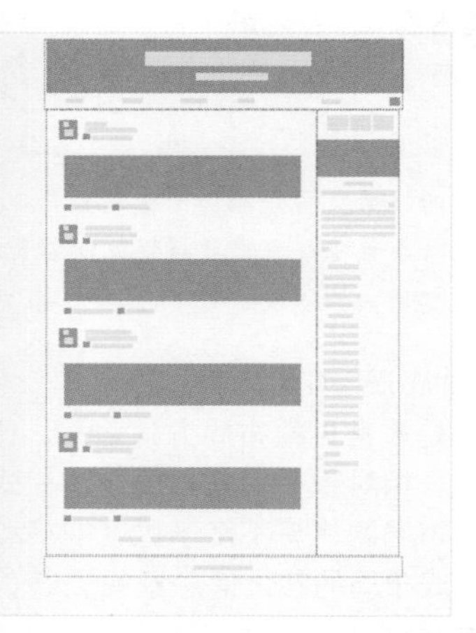

这是某博客网站的页面布局，在页面顶部放置导航菜单，页面主体内容区域则采用了左宽右窄的布局方式，突出表现最新的博客内容。许多博客类网站页面采用左宽右窄的布局方式，突出显示当前最新发表的几篇博客文字的标题和内容简介，右侧放置博客的相关分类链接等内容，视觉流程非常清晰合理。

➢ 左右均等

左右均等指的是左右两侧的比例相差较小，甚至完全一致。运用这种布局类型的网站较少，适用于两边信息的重要程度相对比较均等的情况，不体现出内容的主次。

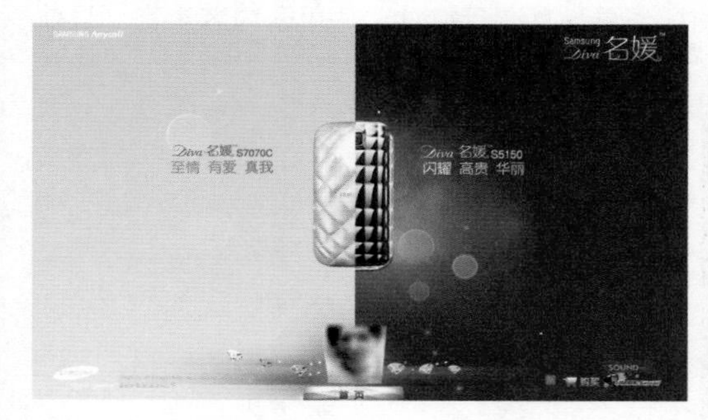

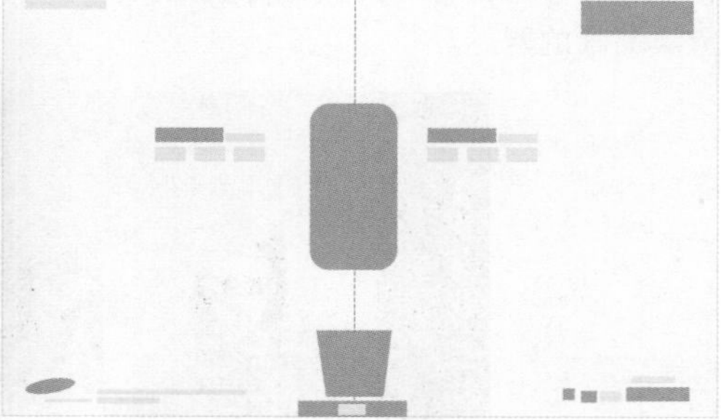

该手机宣传网页采用的就是左右均等的布局方式。这种布局方式给人强烈的对称感和对比感，能够有效吸引浏览者的关注。但这种方式只适合信息量较少的网页，信息内容一目了然。

对比这 3 种方式，我们可以看到每种方式的内容重点和视线流的方向都是不一样的，如下图所示。

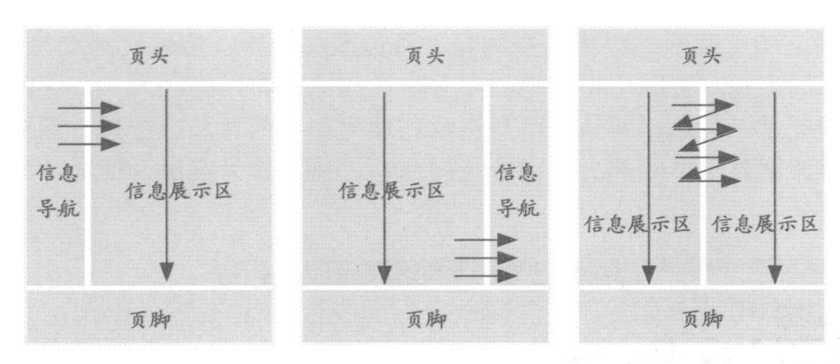

左窄右宽型的导航位置相对突出，引导用户从左至右地浏览网站，即从导航寻找信息内容；而左宽右窄型的左侧往往放置信息内容，可以让用户聚焦在当前内容上，浏览完之后才会通过导航引导用户浏览更多相关内容；对于左右均等型，如果两侧放置的均为内容，那么用户的视线流主要从上至下，左右两侧之间存在着一定的交叉性，如果左侧或者右侧放置了导航，那么左右两侧的视线会出现很多的交叉性，在一定程度上增加了用户的视觉负担。

（3）三栏式布局

三栏式的布局方式对于内容的排版更加紧凑，可以更加充分地运用网站的空间，尽量多地显示信息内容，增加信息的密集性，常见于信息量非常丰富的网站，如门户网站或电商网站的首页。

但是内容量过多会造成页面上信息的拥挤，用户很难找到所需要的信息，增加了用户查找所需要内容的时间，降低了用户对网站内容的可控性。

由于屏幕的限制，三栏式布局都相对类似，区别主要是比例上的差异。常见的包括中间宽、两边窄或者两栏宽、一栏窄等。第一种方式将主要内容放置在中间栏，左右两栏放置导航链接或者次要内容；第二种方式，两栏放置重要内容，另一栏放置次要内容。

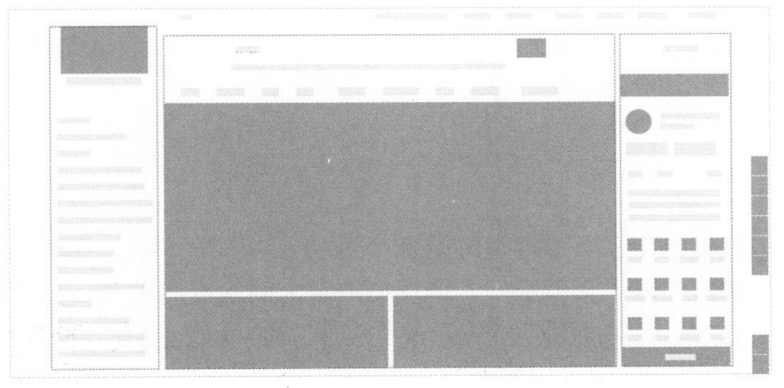

这是某电商网站的首屏设计，采用中间宽、两边窄的方式，在中间位置放置广告的促销活动图片及商品广告图片，左右两侧分别放置商品分类信息及其他的一些快捷服务信息。

很多门户网站和电商网站都采用中间宽、两边窄的方式，常见比例约为1：2：1。中间栏由于在视觉比例上相对显眼（相应地，字号也往往比左右两栏稍大），因此用户默认将中间栏的信息处理成重点信息，两边的信息自动处理为次要信息和广告等，因此这类布局往往引导用户将视线流聚焦于中间部分，部分流向两边，重点较为突出，但却容易导致页面的整体利用率降低。

这是某新闻门户网站的首页面，采用两栏宽、一栏窄的布局方式，右侧两个较宽的栏用于表现最新的新闻信息，而左侧较窄的栏则放置一些图片广告等信息。这类新闻门户网站为了满足不同类型人们的需求，信息量很大。

技巧点拨：两栏宽、一栏窄布局方式也较为常见，最常见的比例为2：2：1。较宽的两栏常用来展现重点信息内容，较窄的一栏常用来展现辅助信息。因此相对于前一种布局方式，它能够展现更多重点内容，提高了页面的利用率，但相对而言，重点不如第一种方式突出和集中。

专家提示：如果用户需求较为个性化和多样化，以上几种布局方式都不能满足用户的需求，那么可以考虑采用个性化定制的布局方式。

3. 功能布局的要点

（1）选择合适的布局方式

在设计布局时，最重要的是根据信息量和页面类型等选择合适的分栏布局方式，并根据信息的主次选择合适的比例，对重要信息赋予更多空间，体现出内容之间的主次关系，引导用户的视线流。

针对门户网站首页，由于其具有海量的信息，目前较多采用三栏式布局，同时需要根据信息的重要程度，选择适合的比例方案。针对某个新闻的具体页面，新闻内容才是用户最为关注的内容，导航等只是辅助信息，因此适合采用一栏式或者新闻内容为主的两栏式布局。

这是某新闻门户网站的首页和内容页面，因为新闻门户网站的首页中需要呈现的信息量非常大，所以其页面导航下方的内容部分采用了三栏布局的方式，并且将重要的新闻内容的栏宽设置得较大，并且字号也较大一些，而左侧的辅助信息部分栏宽则较小，字号也较小。如果进入到某一条新闻的内容页面，可以看到该页面新闻标题下方的内容部分则是采用了两栏式的布局，左侧较宽的为新闻的正文内容，右侧较窄的则用于呈现广告和相关的推荐内容。

（2）通过明显的视觉区分，保持整个页面的通透性

有时候，网站版块之间的设计缺少统一的规范，就很容易导致各版块之间的比例不一致，从而在视觉上给用户一种凌乱的感觉，也容易打断用户较为连贯流畅的视觉流。而保持整个页面的通透性，可以增加用户阅读的流畅性和舒适性，只需要统一各版块之间的比例，同时通过线条、颜色等视觉元素增加各栏间的区分度，就可以轻松做到。

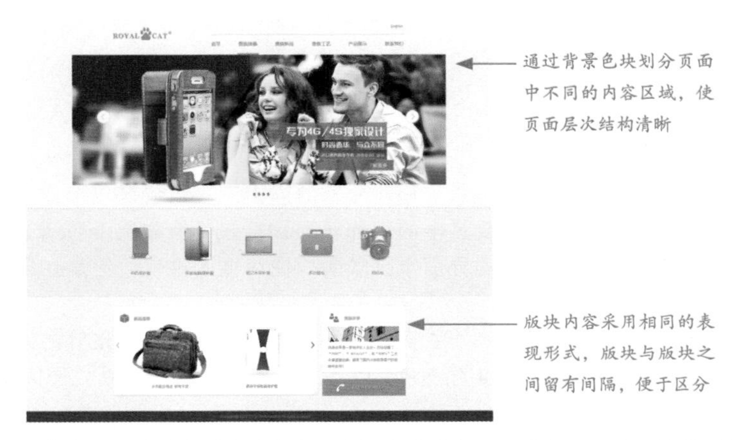

在该网站页面设计中使用不同明度的浅灰色色块来划分页面中不同的内容区域，使得页面层次表现得非常清晰。各栏目版块使用了相同的表现形式，版块与版块之间留有一定的间隔，从而保持了整个页面的连贯性与通透感，让人感觉整个页面内容划分非常清晰、易读。

（3）按照用户的浏览习惯及使用顺序安排内容

根据眼动实验结果，用户的注意力往往呈现 F 形，因此在页面布局设计时，应该尽量将重点内容放置在页面的左上角，右侧放置次要内容。

（4）统一规范，提升专业度

对于网站内的不同页面类型，应该选择适合的页面布局。对于同一类型或者同一层级的页面，应该尽量使用相同的布局方式，避免分栏方式的不同或者分栏比例上的差异，从而保持网站的统一性和规范性，使网站显得更加专业。

在该企业网站页面的设计中，同样是通过不同的背景颜色对页面中不同的内容区域进行划分，这样可以使页面的结构非常清晰。网站中各部分内容的表现形式都采用了统一的形式，运用图片、标题和简介文字相结合，给人一种非常统一、规范的印象。将页面中的重点内容叠加在宣传广告上方显示，有效突出该部分内容的表现，整个页面让人感觉整齐、规范，非常专业。

5.3.3 优化网站内容

如果网站的内容足够吸引人，尽管界面难看、导航很差，也会是一个很成功的网站。在看动作电影的时候，我们可能很享受其中的爆炸场面和特效，但如果没有情节，肯定很快就会厌倦。网站也是这样，即使网站的界面十分华丽，使用很人性化，但是如果没有吸引用户的内容，用户也就不会再回访了。

网站一般都包含许多文字，虽然不管在什么媒介上，好的内容就是好的内容，但当把文字搬到网页上后，却会带来一些明显的缺点。以下的几条准则可以帮助我们优化网站内容。

1. 使文字保持最少

用户在网页上大多采用浏览信息的方式，相较在电脑上阅读，纸面上的文字读起来比网页上的文字有质感也更亲切。正因如此，我们在设计网站的内容时需要考虑用户浏览信息的习惯，减少篇幅过长的文字堆砌。

以下几种方法对于减少网页文字，使网页更易读具有很大的帮助。

➢ 简介通常都很难写，尝试删除简介部分，看是否真的有必要；

➢ 可以使用项目符号列表或表单来组织简捷的文字信息内容；

- ➢ 检查文字是否真的为用户增加了价值，充斥广告和废话连篇的网站都特别不受欢迎，并且会降低网站的信誉。

网站的访客也可能来自不同的国家和地区，所以最好尽量让语言简单，避免过多使用行业术语，保持内容简明和真实，至少要保证网站内容的拼写和语法正确。此外，尽量采用倒金字塔的写作方法，以简短的结论开始，然后再添加细节。这样，即使用户只是粗略阅读也可以掌握最重要的信息。这种方法也同样满足那些不愿意使用滚动条的用户的需求。

这是某设计网站的文章内容页面，可以看到在文章标题的下方，正文内容的上方，使用浅灰色背景来突出文章导读内容。在导航内容中通过简短的文字描述了该文章的核心内容，以及通过该文章能够对用户起到的帮助，这样用户在浏览过程中通过文章导读就能够快速地了解该文章的重点，非常实用和方便。

> 技巧点拨：**网站的文字大段大段地出现，用户看起来很伤神，网页的文字能简短就尽量简短一些。当编写好一段文字后，一定要仔细阅读是否能够有所删减，网页上给用户呈现的文字应该尽量是重点文字，避免长篇大论占用过多的网页空间。**

2. 帮助用户浏览

大部分访问网站的用户在寻找他们感兴趣的内容时，倾向于浏览和跳着看。用户这样做的原因是他们一般都非常忙，而且可能还有其他网站可以满足他们的需求。所以，用户想尽快确认你的网站是否满足他的预期。如果在这个步骤需要耗费用户太多的时间，用户一般都会放弃离开。下面的一些准则可以保证网站的文本被快速浏览。

- ➢ 恰当地使用标题和副标题，这有助于使内容的结构更加清晰，而且对于需要使用屏幕朗读器来阅读网站的视觉残障人士很有帮助。
- ➢ 标题要能够清楚解释这部分内容的意义。
- ➢ 使用强调符号和编号，使内容结构清晰合理，便于阅读。
- ➢ 突出和强调主要的问题和主题。链接在这里会很有用，因为带有链接的词很突出。同时避免在正常的文本下使用下画线，以免用户将其混淆为超链接，引起误解。

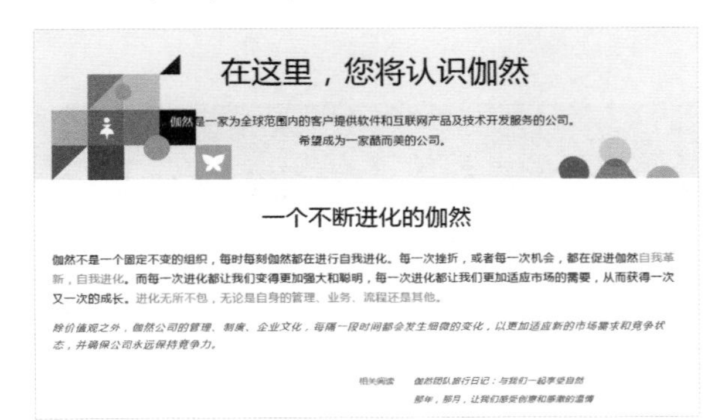

在该网站页面中，我们可以清晰地看到将段落文本中的重点内容使用红橙色进行突出表现，从而与正文中的其他文字内容形成鲜明的对比。右下方的“相关阅读”同样使用了与正文不同的文字颜色，并且使用小号斜体字，从而有效地区分各部分不同的文字内容，给浏览者清晰的视觉指引。

3. 把大段文字分成小段

在编辑网站内容时，大篇幅的内容应该划分为几个小部分并分别添加合适的标题，这样用户在阅读时就能够先阅读标题了解内容，就不用费很多时间阅读不需要的段落内容了。当然，段落标题的意义是为了概述一段文字，因此标题需要仔细斟酌，切不可随意地安放一句话当作标题。

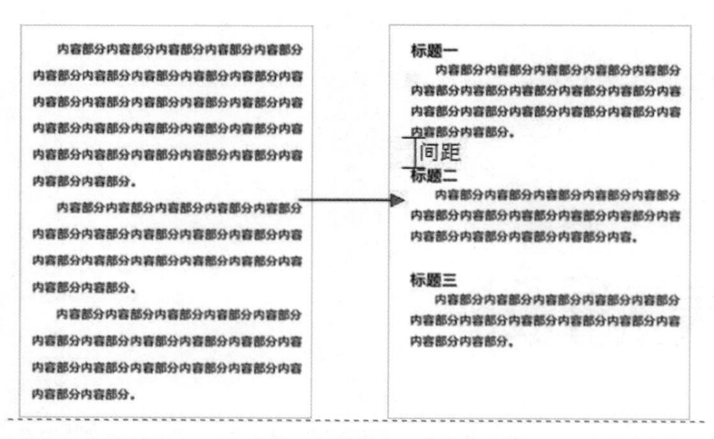

当网站中的正文内容篇幅较多时，应该将正文内容划分为多个段落，并且为每个段落设置一个恰当的标题。另外，标题与内容要比其他的信息接近，当标题和上下的文字间距相同时，标题就会“飘”在两段文字之间，让用户茫然。标题和文字之间应该使用紧凑原则来布局，这样用户就能够准确地知道概述的是哪个部分的内容。

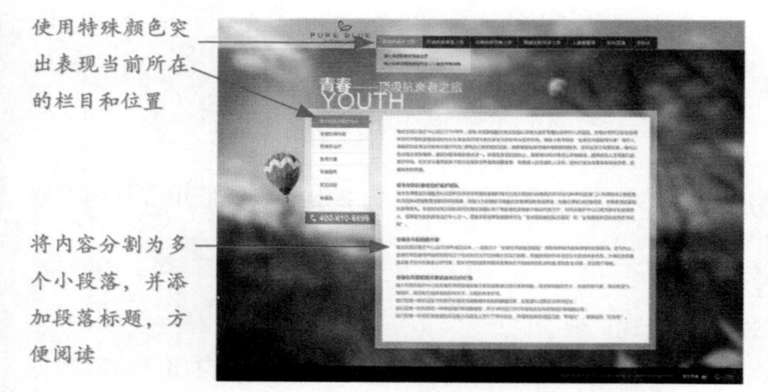

这是一个典型的以文字内容为主的文章内容页面，在对大量的文字内容进行处理时，将文字内容分为多个小段落，并且为每个段落添加了加粗显示的标题，这样能够更加方便用户的快速阅读。

5.4 网站配色

世界上任何东西，其形象和色彩都会影响我们的感情。某一种色彩或色调的出现，往往会引起人们对生活的美妙联想和情感上的共鸣，这就是色彩视觉通过形象思维而产生的心理作用。网页色彩是树立网站形象的关键之一，很多网页都以其完美的色彩搭配起到令人过目不忘的效果。由此可见，网站色彩的搭配对于用户体验有着非常重要的作用。

5.4.1 色彩属性

在使用色彩之前，必须掌握色彩的原色和组成要素，但最主要的还是对属性的掌握。自然界中的色彩都是通过光谱七色光产生的，因此，色相能够表现红、蓝、绿等色彩；可以通过明度表现色彩的明亮度；通过纯度来表现色彩的鲜艳程度。

1. 色相

色相是指色彩的相貌，是区分色彩种类的名称，是色彩的最大特征。各种色相是由射入人眼的光线的光谱成分决定的。

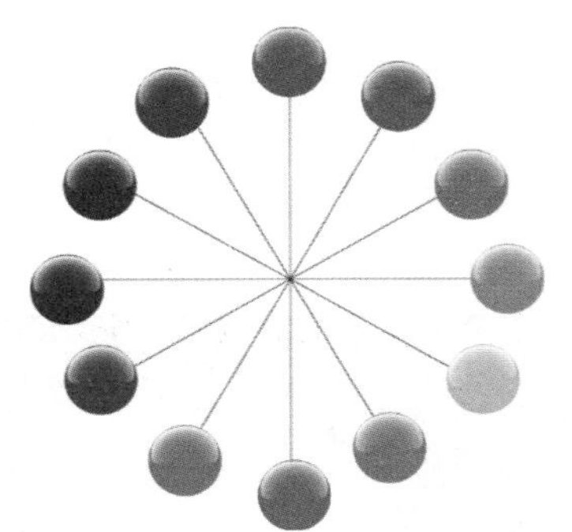

色相可以按照光谱的顺序划分为：红、红橙、黄橙、黄、黄绿、绿、绿蓝、蓝绿、蓝、蓝紫、紫、红紫 12 个基本色相

在可见光谱中，红、橙、黄、绿、蓝、紫每一种色相都有自己的波长与频率，它们从短到长按顺序排列，就像音乐中的音阶顺序，秩序而和谐，光谱中的色相发射着色彩的原始光，它们构成了色彩体系中的基本色相。

2. 明度

明度是眼睛对光源和物体表面的明暗程度的感觉，主要是由光线强弱决定的一种视觉经验。

色彩的明亮程度就是常说的明度。明亮的颜色明度高，暗淡的颜色明度低。明度最高的颜色是白色，明度最低的颜色是黑色。

3. 纯度

纯度也称为饱和度，是指色彩的鲜艳程度，表示色彩中所含色彩成分的比例。色彩成分的比例越大，则色彩的纯度越高；含有色彩的成分比例越小，则色彩的纯度越低。从科学的角度看，一种颜色的鲜艳度取决于这一色相发射光的单一程度。不同的色相不仅明度不同，纯度也不相同。

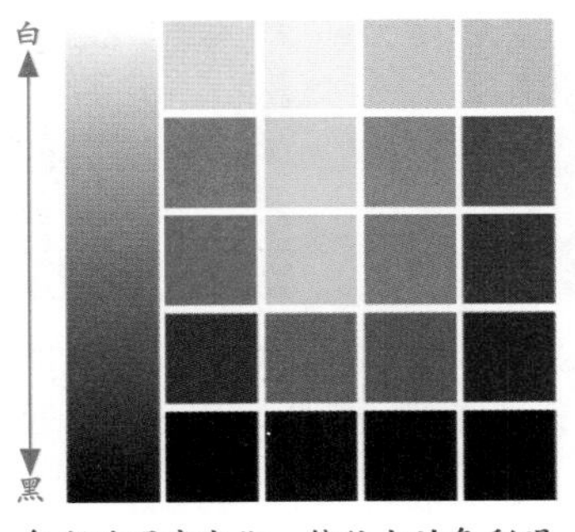

色彩的明度变化，越往上的色彩明度越高，越往下的色彩明度越低。

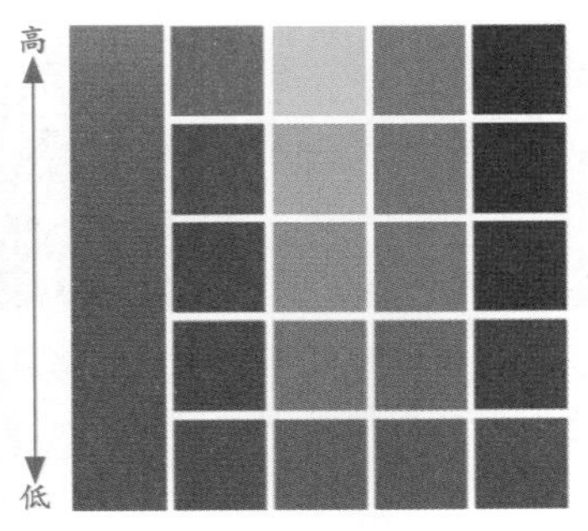

从上至下色彩纯度逐渐降低，上面是不含杂色的纯色，下面则接近灰色。

5.4.2 网页配色的方法

色彩不同的网页给人的感觉会有很大差异，可见网页的配色对于整个网站的重要性。一般在选择网页色彩时，会选择与网页类型相符的颜色，而且尽量少用几种颜色，调和各种颜色，使其有稳定感是最好的。

1. 网页主题色

色彩是网站艺术表现的要素之一。网页设计中，根据和谐、均衡和重点突出的原则，将不同的色彩进行组合，来构成美丽的页面，同时应该根据色彩对人们心理的影响，合理地加以运用。

主题色是指在网页中最主要的颜色，包括大面积的背景色、装饰图形颜色等构成视觉中心的颜色。主题色是网页配色的中心色，搭配其他颜色通常以此为基础。色彩作为视觉信息，无时无刻不在影响着人类的正常生活。美妙的自然色彩，刺激和感染着人们的视觉和心理情感，提供给人们丰富的视觉空间。

该网站页面使用明度较高的浅紫红色作为网页的主题色，与高纯度的紫红色搭配，在白色背景下，使整个网页浪漫、唯美。

该网站页面使用黄绿色作为网页主题色，在深灰蓝色的背景色中丰富突出，成为整个网页的视觉中心，表现出清新、自然。

专家提示：色彩作为视觉信息，无时无刻不在影响着人类的正常生活。美妙的自然色彩，刺激和感染着人们的视觉和心理情感，提供给人们丰富的视觉空间。

网页主题色主要是由网页中整体栏目或中心图像所形成的中等面积的色块。它在网页空间中具有重要的地位，通常形成网页中的视觉中心。

很大的面积通常是网页的背景色。

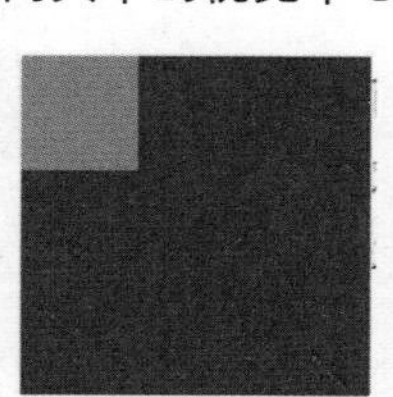

面积过小很难成为网页的主角。

主题色通常在网页中占据中等面积。

网页主题色的选择通常有两种方式：要产生鲜明、生动的效果，则选择与背景色或者辅助色呈对比的色彩；要整体协调、稳重，则应该选择与背景色、辅助色相近的相同色相颜色或邻近色。

该网站页面使用明度和纯度都非常低的灰绿色背景，与主题色为明度和纯度都很高的黄绿色搭配，重点突出视觉中心，使整个页面顿时活跃起来。

在该网站页面中红色为主题色，是一种鲜艳的颜色，象征着温暖；米黄色为背景色，鲜亮而明快，衬托着主题色；绿色为点缀色，增加画面跳跃性。

2. 网页背景色

背景色是指网页中大块面的表面颜色，即使是同一组网页，如果背景色不同，带给人的感觉也截然不同。背景色由于占绝对的面积优势，支配着整个空间的效果，是网页配色首先关注的重点地方。

目前网页背景常使用的颜色主要包括白色、纯色、渐变颜色和图像等几种类型。网页背景色也被称为网页的“支配色”，网页背景色是决定网页整体配色印象的重要颜色。

清新而又自然的绿色系色调常常使人联想到新鲜和自然，它与不同浓度的黄绿色进行搭配，纯度饱满，可以产生犹如初生般的新鲜感。

使用明亮的粉红作为网页的背景色，与高明度的浅蓝色和浅黄色相搭配，表现出甜美、可爱、温馨的感觉，也体现出女性手机产品的准确定位。

在人们的脑海中，有时看到色彩就会想到相应的事物，眼睛是视觉传达的最好工具，当看到一个画面，人们第一眼看到的就是色彩，例如绿色带给人一种很清爽的感觉，象征着健康，因此人们不需要看主题字，就会知道这个画面在传达着什么信息，简单易懂。

网页的背景色对网页整体空间印象的影响比较大，因为网页背景在网页中占据的面积最大。使用柔和的色调作为网页的背景色，可以形成易于协调的背景。如果使用艳丽的颜色作为网页的背景色，可以使网页产生活跃、热烈的印象。

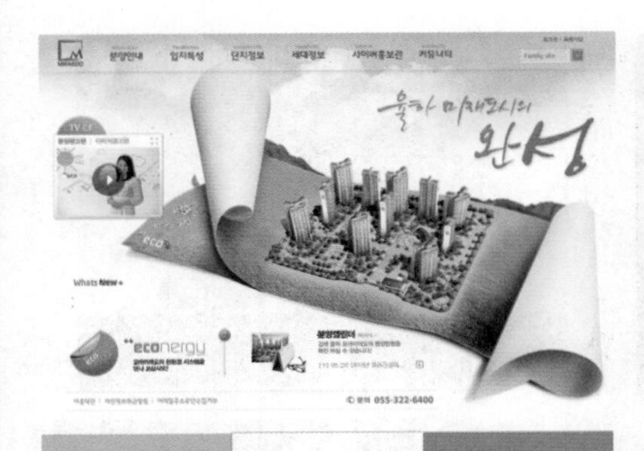

页面采用较低纯度的蓝色作为背景，与前景的绿色同为冷色调，整个页面色调统一，给人干净、整洁、舒适、宜居的感觉。

在该网页设计中，网页背景色与主题色使用对比的颜色相搭配，色相差较大，使得整个网页紧凑有张力。

3. 网页辅助色

一般来说，一个网站页面通常都不止一种颜色。除了具有视觉中心作用的主题色之外，还有一类陪衬主题色或与主题色互相呼应而产生的辅助色。

辅助色的视觉重要性和体积次于主题色和背景色，常常用于陪衬主题色，使主题色更加突出。通常为网页中较小的元素，如按钮、图标等。网页中辅助色可以是一种颜色，或者一种单色系，还可以是由若干颜色组成的颜色组合。

使用黄色作为网页的辅助色，衬托网页中的主题色。黄色是最光亮的色彩，在有彩色的纯色中明度最高，能够给人以光明、迅速、轻快的感觉。

在该网页设计中，使用蓝色作为网页主色调，体现科技感，搭配红色和黄色，使页面活跃、突出。

技巧点拨：**辅助色给主题色配以衬托，可以令网页瞬间充满活力，给人以鲜活的感觉。辅助色与主题色的色相相反，起到突出主题的作用。辅助色若面积太大或是纯度过强，都会弱化关键的主题色，所以相对的暗淡、适当的面积才会达到理想的效果。**

在网页中为主题色搭配辅助色，可以使网页画面产生动感，活力倍增。网页辅助色通常与网页主题色保持一定的色彩差异，既能凸显网页主题色，又能够丰富网页整体的视觉效果。

在该网页设计中，使用柔和的浅蓝色作为网页的背景色，让人感觉柔和、清爽。使用纯度较高的绿色作为主题色，使用红色作为辅助色，使得画面活泼，主题突出。

在该网站页面的设计中将辅助色与主题色进行对比配色，强调页面中的重点内容，使该部分内容从画面中凸显出来，画面活跃，有重点。

4. 网页点缀色

网页点缀色是指网页中面积较小的一处颜色，如图片、文字、图标和其他网页装饰颜色。点缀色常常采用强烈的色彩，常以对比色或高纯度色彩来加以表现。

点缀色通常用来打破单调的网页整体效果，所以如果选择与背景色过于接近的点缀色，就不会产生理想效果。为了营造出生动的网页空间氛围，点缀色应选择较鲜艳的颜色。在少数情况下，为了营造低调柔和的整体氛围，点缀色可以选用与背景色接近的色彩。

例如在需要表现清新、自然的网页配色中使用绿叶来点缀网页画面，使整个画面瞬间变得生动活泼，有生机感，绿色树叶既不抢占网页画面主题色彩，又不失点缀的效果，主次分明，有层次感。

该旅游网站页面使用白色作为背景色，蓝色作为网页的主题色，使得网页表现清爽、自然。通过橙色点缀色的应用，使整个网页生动、活泼起来。

该网页使用鲜艳的黄色作为网页背景主色调，表现出活泼、明亮。通过绿色点缀色的运用，使页面更加生动。

在不同的网页位置上，对于网页点缀色而言，主题色、背景色和辅助色都可能是网页点缀色的背景。在网页中点缀色的应用不在于面积大小，面积越小，色彩越强烈，点缀色的效果才会越突出。

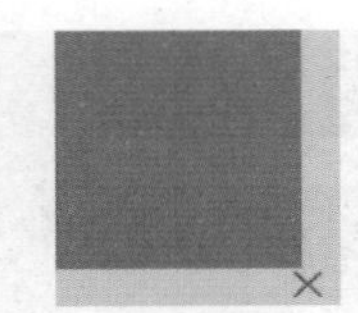

大面积鲜艳的色彩。

小面积不鲜艳的颜色。

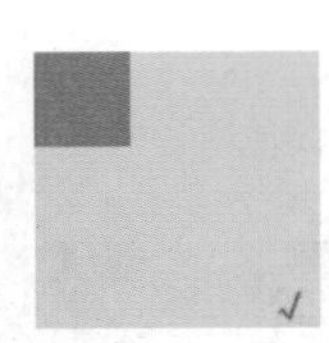

小面积的鲜艳色彩最具有效果。

通过搭配灰色与黑色，页面表现稳重、大气。在页面中加入橙色的点缀色，改变页面沉闷的色调，使整个页面生动、富有活力。

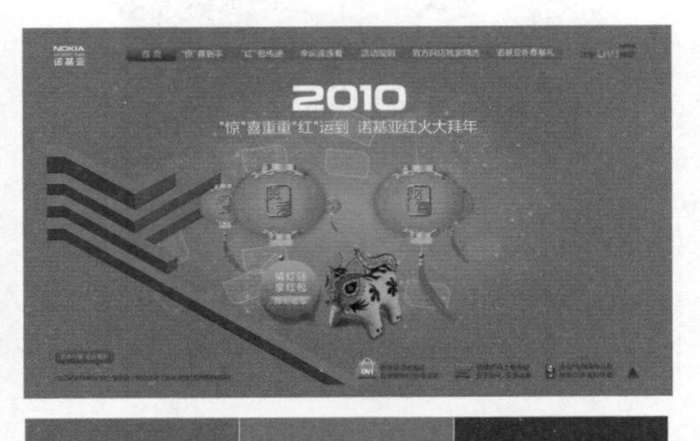

该网站页面使用红橙色作为网页主色调，让人感觉喜庆、欢乐。加入强对比的蓝色作为点缀色，使页面具有层次感。

5.4.3 网页文本配色

比起图像或图形布局要素来说，文本配色就需要更强的可读性和可识别性。所以文本的配色与背景的对比度等问题就需要多费些脑筋。很显然，文字颜色和背景色有明显的差异，其可读性和可识别性就很强。

使用灰色或白色等无彩色背景，其可读性强，与别的颜色也容易搭配。但如果想使用一些比较有个性的颜色，就要注意颜色的对比度问题。多试验几种颜色，要努力寻找那些熟悉的、适合的颜色。

另外，在文本背景下使用图形，如果使用对比度高的图像，那么可识别性就要降低。这种情况下就要考虑图像的对比度，并使用只有颜色的背景。

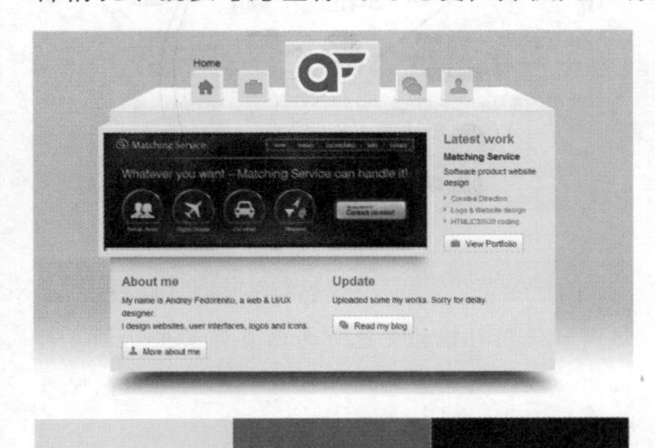

在使用浅灰色为主色调的网页背景中，使用明度较低纯度较高的红色和深灰色文字，文字表现清晰，整体充满科技感。

使用高明度的浅色系作为网页背景，搭配高纯度的深蓝色文字，并且对个别文字使用对比色搭配，加大字号，表现突出，给人时尚和科技感。

1. 网页与文本的配色关系

网页文字设计的一个重要方面就是对文字色彩的应用，合理地应用文字色彩可以使文字更加醒目、突出，以有效地吸引浏览者的视线，而且还可以烘托网页气氛，形成不同的网页风格。

标题字号大小如果大于一定的值，即使使用与背景相近的颜色，对其可识别性也不会有太大的妨碍。相反，如果与周围的颜色互为补充，可以给人整体上调和的感觉。如果整体使用比较接近的颜色，那么就对想调整的内容使用它的补色，这也是配色的一种方法。

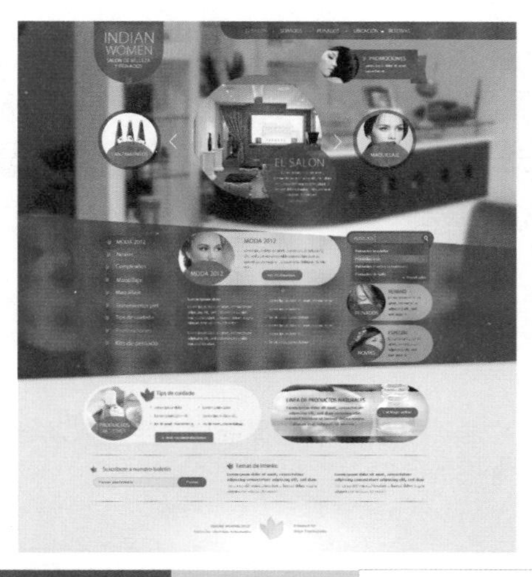

该网站页面使用紫色为主色调，让人感觉优雅、女性化。在紫色的背景上搭配明度最高的白色文字，页面内容清晰，可读性高。

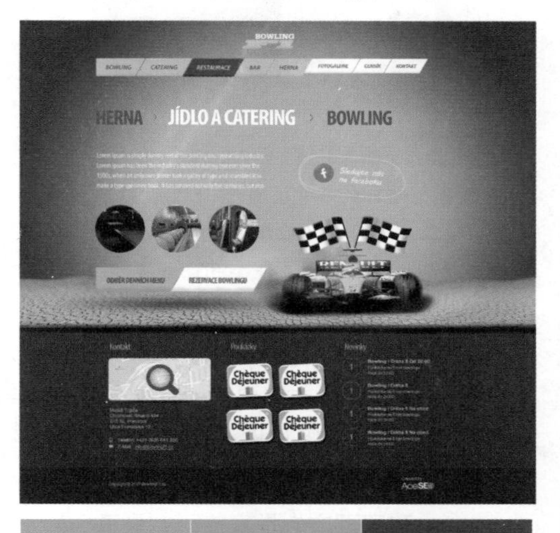

棕色带给人安定、安全和安心感，在日常生活中是比较常用的色彩，与同色系的暗色调色彩搭配，更加彰显出踏实、稳重的感觉。

专家提示：**实际上，想在网页中恰当地使用颜色，就要考虑各个要素的特点。背景和文字如果使用近似的颜色，其可识别性就会降低，这是文本字号大小处于某个值时的特征，即各要素的大小如果发生了改变，色彩也需要改变。**

2. 良好的网页文本配色

明度上的对比、纯度上的对比以及冷暖对比都属于文字颜色对比度的范畴。通过对颜色的运用能否实现想要的设计效果、设计情感和设计思想，这些都是设计好优秀的网页所必须注重的问题。

在页面上的色彩有层次，由于不同内容或主题，所适合的色彩不尽相同，因此，在配色时，也要切合内容主题，表现出层次感。

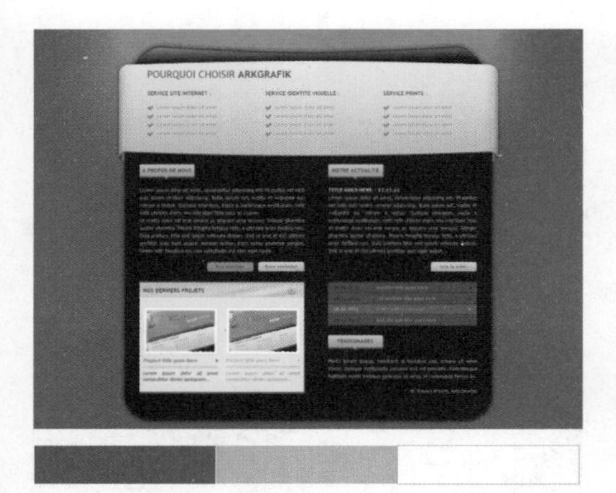

红色是受人瞩目的颜色，能够让人联想到火焰与浓艳，很容易吸引人的眼球。针对不同的背景色，搭配不同的文字颜色，重点突出文字表现。

蔚蓝色有着天空一样的色彩，让人觉得舒适、轻松。文本的颜色采用与背景色同色系的深棕色搭配，和谐、自然，并且能够与网页色彩统一。

5.4.4 网页元素的色彩搭配

网页中的几个关键要素，如网页 Logo 与网页广告、导航菜单、背景与文字，以及链接文字的颜色应该如何协调，是网页配色时需要认真考虑的问题。

1. Logo 与网页广告

Logo 和网页广告是宣传网站最重要的工具，所以这两个部分一定要在页面上脱颖而出。怎样做到这一点呢？可以将 Logo 和广告做得像象形文字，并从色彩方面跟网页的主题色分离开来。有时候为了更突出，也可以使用与主题色相反的颜色。

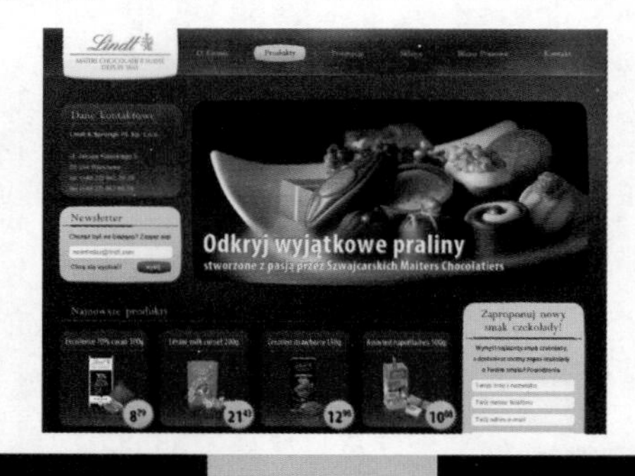

运用不同明度的紫色渐变作为整个页面的背景颜色，体现出非凡的魅力。网页中的广告使用低明度的咖啡色，整个页面柔和统一。

该网站页面使用明度较高的浅蓝色和浅黄色搭配，表现出柔和的印象。网页 Logo 则采用纯度较高的紫色，使得 Logo 在网页中的表现非常突出。

2. 导航菜单

网页导航是网页视觉设计中重要的视觉元素，它的主要功能是更好地帮助用户访问网站内容，一个优秀的网页导航，应该立足于用户的角度去进行设计，导航设计得合理与否将直接影响到用户使用时的舒适度。在不同的网页中使用不同的导航形式，既要突出表现导航，又要注重整个页面的协调性。

所以网站导航可以使用稍微具有跳跃性的色彩，吸引浏览者的视线，让浏览者感觉网站结构清晰明了、层次分明。

该网站页面使用高明度的浅蓝色作为网页背景色，搭配由高纯度的蓝色和紫色组成的导航菜单，栏目清晰、明确。

该网站页面的主导航菜单使用灰色，与背景的色彩差异较大，副导航菜单采用高纯度的多彩色，表现丰富、清晰。

3. 背景与文字

如果一个网站用了背景颜色，必须要考虑到背景用色与前景文字的搭配问题。一般的网站侧重的是文字，所以背景可以选择纯度或者明度较低的色彩，文字用较为突出的亮色，让人一目了然。

艺术性的网页文字设计可以更加充分地去利用这一优势，以个性鲜明的文字色彩，突出体现网页的整体设计风格，或清淡高雅、或原始古拙、或前卫现代、或宁静悠远。总之，只要把握好文字的色彩和网页的整体基调，风格相一致，局部有对比，对比中又不失协调，就能够自由地表达出不同网页的个性特点。

该网站使用高纯度和低明度的绿色作为网页的背景色，给人感觉自然而幽静，搭配白色的文字，在深绿的背景中非常显眼，让人感觉简捷、清晰。

该网站页面使用蓝色和绿色作为网页的主色调，体现自然、健康的印象，通过橙色艺术文字的处理，使页面更加活泼。

专家提示：**有些网站为了给浏览者留下深刻的印象，会在背景上做文章。比如一个空白页的某一个部分用了大块的亮色，给人豁然开朗的感觉。为了吸引浏览者的视线，突出的是背景，所以文章就要显得暗一些，这样才能跟背景区分开来，以便浏览者阅读。**

4. 链接文字

一个网站不可能只是单一的一个网页，所以文字与图片的链接是网站中不可缺少的一部分。现代人的生活节奏相当快，不可能浪费太多的时间去寻找网站的链接。因此，要设置独特的链接颜色，让人感觉它的与众不同，自然而然去单击鼠标。

网页中的链接文字与背景色使用弱对比色配色，当链接移至链接文字上时，改变链接文字背景色，从而进行区分。

该网站页面使用对比色进行搭配，能够有效地突出网页中的文字，当鼠标移至链接文字上时，改变链接文字颜色。

因为文字链接有别于叙述性的文字，所以文字链接的颜色不能和其他文字的颜色一样。

突出网页中链接文字的方法主要有两种，一种是当鼠标移至链接文字上时，链接文字改变颜色；另一种是当鼠标移至链接文字上时，链接文字的背景颜色发生改变，从而突出显示链接文字。

5.4.5 色彩情感在网页设计中的应用

色彩有各种各样的心理效果和情感效果，会引起各种各样的感受和遐想。比如看见绿色的时候会联想到树叶、草地；看到蓝色时，会联想到海洋、水。不管是看见某种色彩或是听到某种色彩名称的时候，心里就会自动描绘出这种色彩带给我们的或喜欢、或讨厌、或开心、或悲伤的情绪。

任何网页设计师都希望能够正确地利用色彩情感意义，因为正确的颜色能为你的网站创造舒适的氛围。

色相	色彩感受	传递情感
红色	血气、热情、主动、节庆、愤怒	力量、青春、重要性
橙色	欢乐、信任、活力、新鲜、秋天	友好、能量、独一无二
黄色	温暖、透明、快乐、希望、智慧、辉煌	幸福、热情、复古（深色调）
绿色	健康、生命、和平、宁静、安全感	增长、稳定、环保主题
蓝色	可靠、力量、冷静、信用、永恒、清爽、专业	平静、安全、开放、可靠性
紫色	智慧、想象、神秘、高尚、优雅	奢华、浪漫、女性化
	深沉、黑暗、现代感	力量、柔顺、复杂
白色	朴素、纯洁、清爽、干净	简捷、简单、纯净
灰色	冷静、中立	形式、忧郁

1. 红色

红色是一种激奋的色彩，传达了兴奋、激情、奔放和欢乐的情感，能使人产生冲动、愤怒、热情、活力的感觉，对人眼刺激较大，容易造成视觉疲劳，使用时需要慎重考虑。因此不要在网页中采用大面积的红色，它常用于 Logo、导航等位置。

2. 橙色

橙色也是一种激奋的色彩，通常表现出激情、欢乐、健康等情感，具有轻快、欢欣、热烈、温馨、时尚的效果，与红色类似，也容易造成视觉疲劳。作为原色，它可以吸引和激励，作为次要的颜色，它也以不显眼的方式保留这些属性。橙色也有助于创造运动和能量的感觉。

在该汽车宣传网站中使用红色作为页面的主色调，不同明度的红色与汽车本身的色彩相呼应，搭配深灰色与白色，给人一种激情、奔放的情感，表现出汽车产品的热情与活力。

橙色特别适合表现快餐食品类网站页面，能够有效增强用户的食欲。该快餐品牌的新品宣传网站使用不同明度和纯度的橙色相搭配，表现出一种欢乐、热烈的情感，很容易感染浏览者。

3. 黄色

黄色具有快乐、希望、智慧和轻快的个性，它的明度最高，有扩张的视觉效果，因此采用黄色作为主色调的网站也往往呈现出活力和快乐的情感体验。黄色还容易让人联想到黄金、宫殿等，因此也代表着高贵和富有。不同的黄色会带来不同的效果，在设计时需要注意细节的差别。

4. 绿色

绿色介于冷暖两种色系之间，是一种中性的色彩。绿色能够表现出和睦、健康、安全的情感，能够创造出平衡和稳定的页面氛围。它和金黄、白色搭配，可以产生优雅、舒适的气氛，代表富饶、健康，常用于生态、医疗等行业的网站。

该汽车产品的定位为时尚年轻用户，所以其宣传网站使用了黄色作为页面的主色调，突出表现活力与时尚的个性。与黑色相搭配，对比最为强烈，使浏览者感受到活力与轻快的感觉。

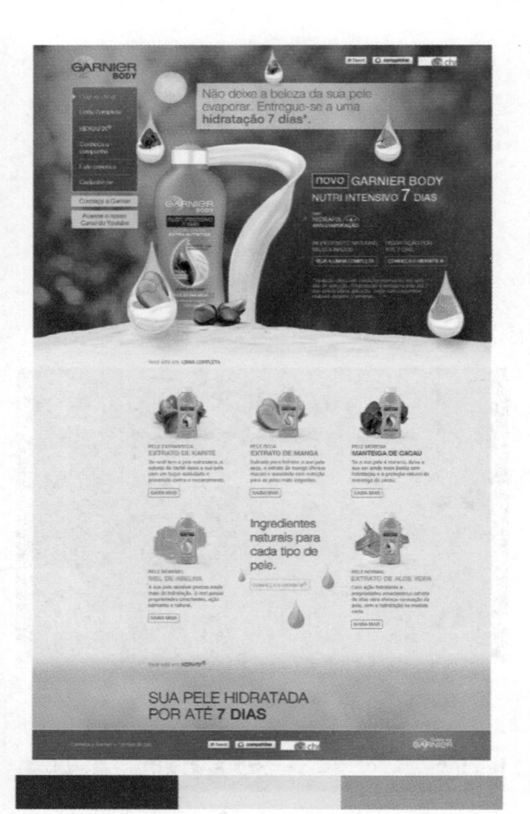

该洗护产品的宣传网站使用不同明度和纯度的绿色作为页面主色调，搭配浅灰色，纯净的绿色可视度不高，刺激性不大，使人精神放松不易疲劳，同时也表现出该产品的自然、纯粹与健康。

5. 蓝色

蓝色的色感较冷，是最具凉爽、清新、专业的色彩，通常传递出冷静、沉思、智慧和自信的情感，就如同天空和海洋一样，深不可测。它和白色混合，能体现柔顺、淡雅、浪漫的气氛。同时，蓝色也是现代科技的象征色，很多科技公司都采用蓝色作为公司网站的主色调。

6. 紫色

紫色的明度较低，给人以高贵、优雅、浪漫和神秘的情感体验，较淡的色调如薰衣草（带粉红色的色调）被认为是浪漫的，而较深的色调似乎更加豪华和神秘。但眼睛对紫色光的细微变化的分辨力很弱，容易引起疲劳。

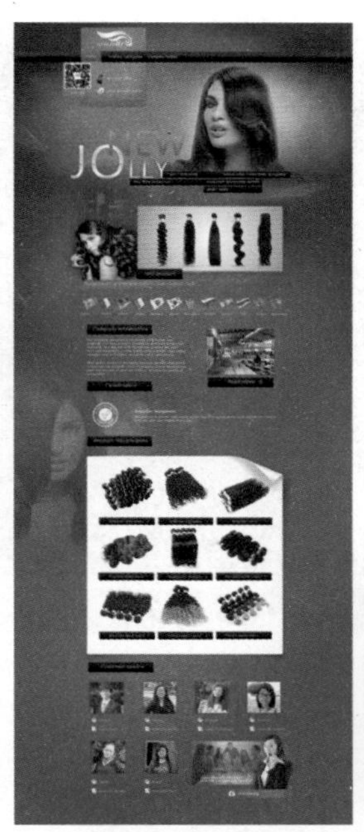

该牛奶品牌宣传网站使用蓝天、白云、草地作为页面的背景，使浏览者仿佛置身于大自然的环境中，给人带来强烈的清爽、舒适的感受。页面中的元素也都采用了蓝色与绿色相搭配，表现出产品的自然、纯净。

紫色是一种非常女性化的颜色，该女性美发产品宣传网站使用了不同明度和纯度的紫色作为页面的主色调，与黑色相搭配，充分表现出女性的优雅、高贵。

7. 黑色

黑色往往代表着严肃、恐怖、冷静，具有深沉、神秘、寂静、悲哀、压抑的情感表现。它本身是无光无色的，当作为背景色时，能够很好地衬托出其他颜色，尤其与白色搭配时，对比非常鲜明，白底黑字或黑底白色的可视度最高。

8. 白色

白色是全部可见光均匀混合而成的，称为全色光，具有明快、纯真、清洁与和平的情感体验。白色很少单独使用，通常与其他颜色进行搭配，纯粹的白色背景对于网页内容的干扰最小。

该洋酒宣传活动网站使用黑色作为页面的背景主色调，在背景中搭配灰色的图片素材，使页面背景表现出简捷而高档的感觉，在版面中间位置搭配红色的大幅主题文字内容，与背景形成强烈的对比效果，使得主题文字的表现非常突出，使整个页面表现出富有激情与梦想的情感。

9. 灰色

灰色具有平庸、平凡、温和、谦让、中立的情感表现，它不容易产生视觉疲劳，但是也容易让人感到沉闷。当然运用得当的话也会给人高雅、精致、含蓄的印象。

白色是最常用的网页背景颜色，能够有效地突出表现网页内容。该手机品牌宣传网站使用白色和近似白色的浅灰色作为页面主色调，使得页面非常纯净、简捷。为页面中不同的栏目分别点缀蓝色和红色，有效区分不同的栏目，并且为页面带来活力。

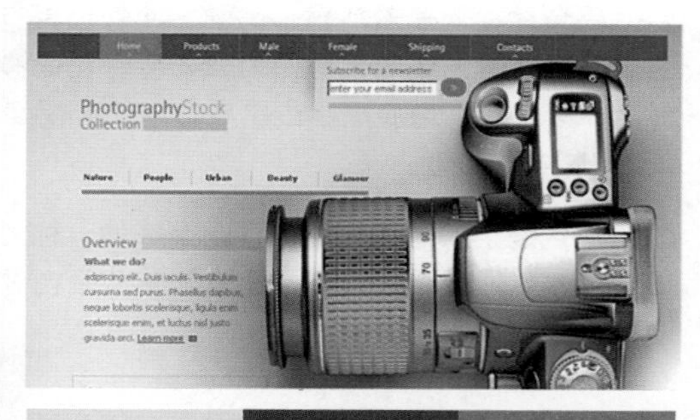

该数码相机网站页面使用灰色作为页面的主色调，背景的浅灰色与相机的色彩相呼应，给人一种精致而高档的感觉。在页面局部点缀少量的红色来突出重点信息的显示，有效地打破了页面的沉闷。

专家提示：在人类历史上，大师级画家和其他艺术家操控色彩的能力得到了全世界的认可。现如今，色彩的这种艺术形式在商业中得到了广泛应用，一开始是在广告行业，现在是被用于网页设计。色彩，对于人类而言，始终属于自然界最神奇的奥妙之一，永远都在激发着我们的好奇心和创造力。

5.5 网站用户体验设计细节

在网站页面的设计过程中很多细节的处理都能够影响到用户体验，如何正确地把握这些设计细节的视觉表现效果，是设计师必须认真思考的问题。在本节中我们将通过对网站页面中的图标、按钮、Logo、导航这几个关键视觉元素的设计进行介绍，使用户能够更好地把握网站页面细节元素的处理，从而有效提升网站的用户体验。

5.5.1 网站图标设计

图标是一种非常小的可视控件，是网页中的指示路牌，它以最便捷、简单的方式去指引浏览者获取其想要的信息资源。用户通过图标上的指示不用仔细地浏览文字信息就可以很快地找到自己需要的信息或者完成某项任务，从而节省大量宝贵的时间和精力。

1. 图标的应用

图标在网页中占据的面积很小，不会妨碍网页信息的宣传，另外设计精美的图标还可以为网页增添色彩。由于图标本身具备的种种优势，几乎每一个网页的界面中都会使用图标来为用户指路，从而大大提高了用户浏览网站的速度和效率。

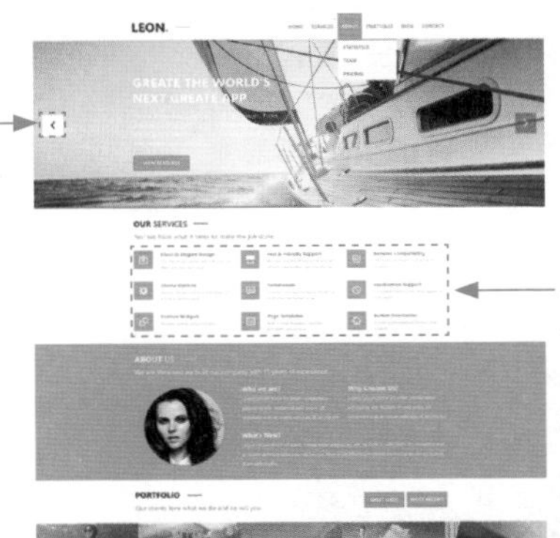

在页面顶部宣传广告的大图，左侧和右侧分别放置箭头状图标具有很好的指示意义，引导用户通过单击箭头状图标进行宣传广告切换

在页面中，对于一些其他内容的介绍搭配了相同设计风格的图标，使得这些内容在页面中的表现更加突出、醒目，并且也避免了纯文字介绍的枯燥

网页图标就是用图像的方式来标识一个栏目、功能或命令等，例如，在网页中看到一个日记本图标，很容易就能辨别出这个栏目与日记或留言有关，这时就不需要再标注一长串文字了，也避免了各个国家之间语言不同所带来的麻烦。

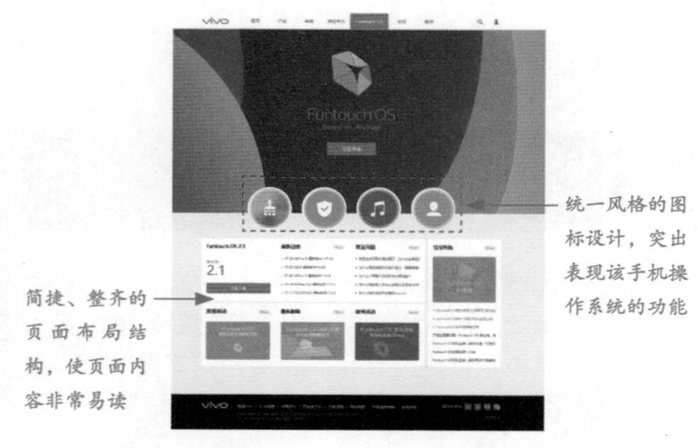

统一风格的图标设计，突出表现该手机操作系统的功能

简捷、整齐的页面布局结构，使页面内容非常易读

在该手机操作系统介绍页面中，应用统一的设计风格、不同的色彩展现图标，突出表现该手机操作系统中的重要功能，使浏览者一眼就能够注意到。

在网站页面的设计中，会根据不同的需要来设计不同类型的图标，最常见到的是用于导航菜单的导航图标，以及用于链接其他网站的友情链接图标。

卡通风格的图标与导航选项相结合，更易识别

该儿童专用电器宣传网站为了附和儿童天真的个性特点，使用了卡通漫画的设计风格。在页面顶部的导航菜单设计中，为了使各导航选项更加突出，为各导航选项设计了与页面风格相统一的图标，使得网站导航在页面中更易识别，也为网站页面增添了趣味性。

当网站中的信息过多，而又想将重要的信息显示在网站首页时，除了以导航菜单的形式显示外，还可以以内容主题的方式显示。网站首页的内容主题既可以是链接文字，也可以是相关的图标，而使用图标的表现方式，可以更好地突出主题内容的显示。

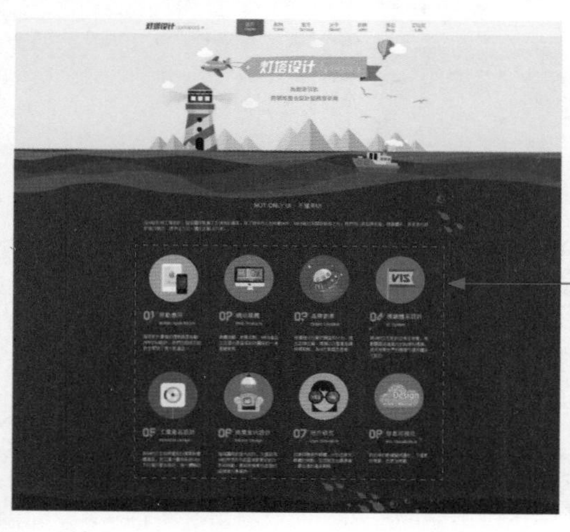

为网站页面中的各主题内容设计了风格统一的图标，图标与文字内容相结合，内容更加直观、易读

在该设计网站中，将网站所提供的服务使用图标与简介文字相结合的方式体现出来，使用户更加容易关注到该部分内容。并且图标的设计风格也与网站整体的设计风格保持了一致，更好地突出了该部分内容的表现。

2. 网站图标设计原则

网站设计趋向于简捷、细致，设计精良的图标可以使网站页面脱颖而出，这样的网站设计更加连贯、富于整体感、交互性更强。在网站图标的设计过程中需要遵循一定的设计原则，这样才能使所设计的图标更加实用和美观，有效增强网站页面的用户体验。

（1）易识别

图标是具有指代功能的图像，存在的目的就是为了帮助用户快速识别和找到网站中相应的内容，所以必须要保证每个图标都可以很容易地和其他图标区分开，即使是同一种风格也应该如此。试想一下，如果网站界面中有几十个图标，其形状、样式和颜色全都一模一样，那么该网站浏览起来一定会很不便。

在该家居产品宣传网站中，将家居产品的分类导航菜单设计为图标的形式，使其与顶部的主导航菜单相区别，也使得产品分类更加清晰、易懂。虽然图标颜色是一样的，但形状差异很明显，并且具有很高的可识别性。

（2）风格统一

网页中所应用的图像设计应该与页面的整体风格保持统一，设计和制作一套风格一致的图标会使用户从视觉上感受网站页面的完整和专业。

该网站界面采用了卡通涂鸦的设计风格，导航栏上的各菜单选项搭配相应风格的图标设计，网站界面的整体风格统一，并且导航菜单的表现效果更加形象。

（3）与网页协调

独立存在的图标是没有意义的，只有被真正应用到界面中才能实现自身的价值，这就要考虑图标与整个网页风格的协调性。

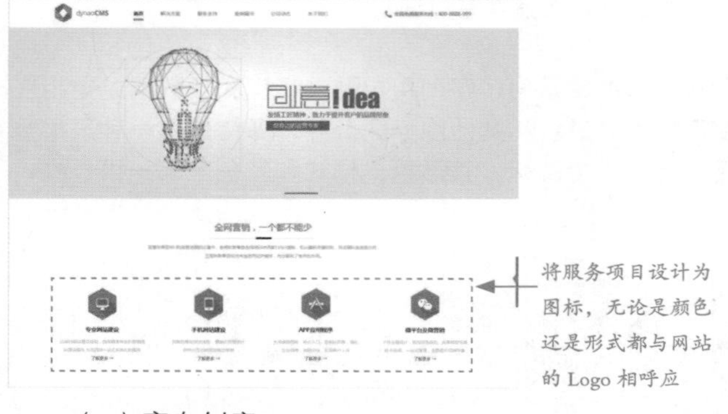

将服务项目设计为图标，无论是颜色还是形式都与网站的 Logo 相呼应

在该设计企业的网站中，运用简捷的设计风格，主要以白色和浅灰色相搭配，在页面中点缀少量红色，起到突出的作用。在页面中为各服务项目介绍设计了相应的统一风格的图标，并且图标的颜色和形状都与网站的 Logo 相呼应，从而也保持了页面整体设计风格的统一。

（4）富有创意

随着网络的不断发展，近几年 UI 设计快速崛起，网站中各种图标的设计更是层出不穷，要想让浏览者注意到网页的内容，对图标设计者提出了更高的要求。即在保证图标实用性的基础上，提高图标的创意性，只有这样才能和其他图标有所区别，给浏览者留下深刻的印象。

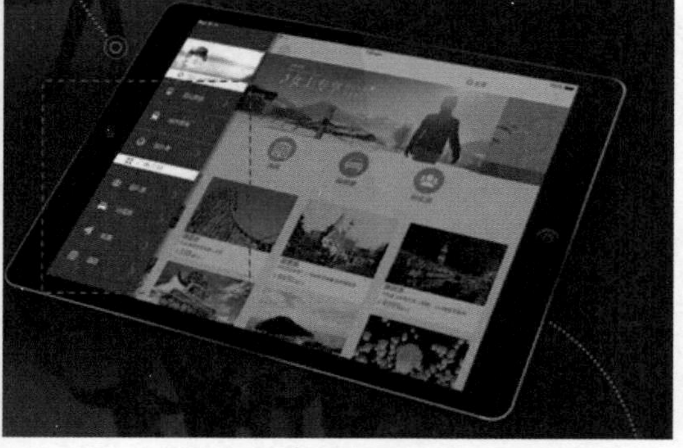

在移动端的界面设计中，要在有限的屏幕空间中体现页面的内容和功能操作，图标必不可少，而简约的线性图标是移动端界面最常用的图标。界面中图标的设计并不在于多复杂花哨，更重要的是如何通过简捷的图形准确地展现出所需要的功能或选项。

专家提示：图标应该能尽快地表达对象、想法或行动。太多的小细节将会变得复杂，这会让图标缺乏识别性，特别是小图标。一个单独的图标或一整套图标的细节处理水平对视觉的一致性和识别性都是很重要的一个方面。

5.5.2 网站按钮设计

在网页中按钮是一个非常重要的元素，按钮的美观性与创意是很重要的。设计有特点的按钮不仅能给浏览者以一个新的视觉冲击，还能够给网站页面增值加分。网页中的按钮主要具有两个作用：第一是提示性作用，通过提示性的文本或者图形告诉用户单击后会有什么结果；第二是动态响应作用，即当浏览者在进行不同的操作时，按钮能够呈现出不同的效果。

目前在网站中普遍出现的按钮可以分为两大类：一种是具有表单数据提交功能的按钮，这种可以称为真正意义上的按钮；另一种是仅仅表示链接的按钮，也可以称为“伪按钮”。

1. 真正的按钮

当用户在网页中的搜索文本框中输入关键字，单击“搜索”按钮后网页中将出现搜索结果；当用户在登录页面中填写用户名和密码后，单击“登录”按钮，即可以会员身份登录网站。这里的“搜索”按钮和“登录”按钮都是用来实现提交表单功能的，按钮上的文字说明了整个表单区域的目的。比如，“搜索”按钮的区域显然标明这一区域内的文本输入框和按钮都是为了搜索功能服务的，不需要在另外添加标题进行说明了，这也是设计师为提高网页可用性而普遍采用的一种方式。

通过以上的分析我们可以得出，真正的按钮具有明确的操作目的性，并且能够实现表单提交功能。

在该招聘网站首页面中，可以看到页面中有两个表单功能区域，一个是位于banner图像上方右侧的注册表单，一个是位于banner图像下方的搜索表单。根据页面的设计风格，分别通过CSS样式对表单提交按钮的样式效果进行设置，使其看上去更加美观，并符合网页设计风格。

专家支招：**实现表单提交功能的按钮的表现形式可以大致分为系统标准按钮和使用图片自制的按钮两种类型，系统标准按钮的设计起源是模拟真实的按钮，无论是真实生活中的按钮还是网页上的系统标准按钮都具有很好的用户反馈。**

2. 伪按钮

在网页中为了突出某些重要的文字链接而将其设计为与网页风格相统一的按钮形式，使其在网页中的表现更加突出，吸引用户的注意，这样的按钮称为伪按钮。在网页中存在着大量的这样的按钮，从表现上看一个按钮实际上只提供了一个链接。

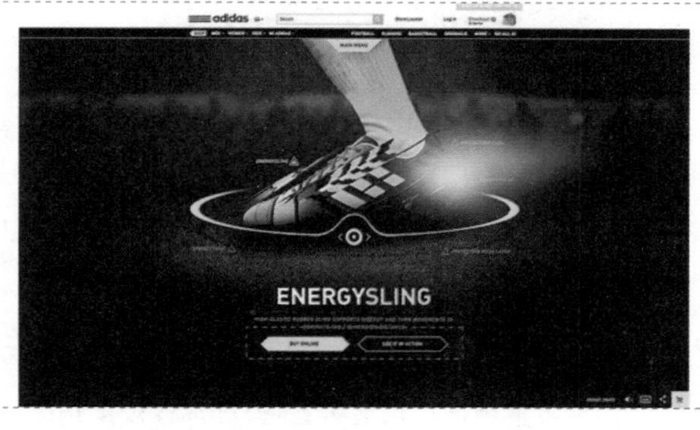

该网站页面的设计风格非常简捷，在页面中间部分使用伪按钮的形式来突出表现两个重要的选项，引起用户的注意，而实色背景的按钮比线框背景的按钮具有更加强烈的视觉比重，这样就能够有效突出重点信息，并引导用户进行点击操作。

造成伪按钮泛滥的最根本原因还在于相当多的设计师还没有意识到伪按钮与真正按钮的区别，在设计过程中随意地使用按钮这种表现形式。伪按钮最好不要使用按钮的表现形式，这样会容易造成用户的误解，降低用户的使用效率。

> 技巧点拨：**如果想要使网页中的某个链接更为突出，也可以将网页中某一两个重要的链接设计成伪按钮的效果，但一定要与真正按钮的表现效果有所区别，并且不能在网页中出现过多的伪按钮，否则会给用户带来困扰。**

3. 如何设计出色的交互按钮

用户每天都会接触各种按钮，从现实世界到虚拟的界面，从移动端到桌面端，它是如今界面设计中最小的元素之一，同时也是最关键的控件。当我们在设计按钮的时候，是否想过用户会在什么情形下与之交互？按钮将会在整个交互和反馈的循环中提供什么信息？

接下来我们就深入到设计细节当中，讲解如何才能够设计出出色的交互按钮。

（1）按钮需要看起来可点击

用户看到页面中可点击的按钮会有点击的冲动。虽然按钮在屏幕上会以各种各样的尺寸出现，并且通常都具备良好的可点击性，但是在移动端设备上按钮本身的尺寸和按钮周围的间隙尺寸都是非常有讲究的。

> 技巧点拨：**普通用户的指尖尺寸通常为8至10毫米，所以在移动端的交互按钮尺寸最少也需要设置为10毫米×10毫米，这样才能便于用户的触摸点击，这也算是移动端上约定俗成的规则了。**

想要使页面中所设计的按钮看起来可点击，注意下面的技巧：

- 增加按钮的内边距，使按钮看起来更加容易点击，引导用户点击。
- 为按钮添加微妙的阴影效果，使按钮看起来“浮动”出页面，更接近用户。
- 为按钮添加鼠标悬浮或点击操作的交互效果，例如色彩的变化等，提示用户。

同一组按钮放置在一起，并使用相同的设计风格

在该网站页面中为重要的功能选项使用了按钮的表现形式，并且使用不同颜色的按钮设计来区分不同的功能或内容。因为该网站页面使用了图像作为页面背景，为了使按钮能够从背景中凸显出来，还为按钮添加了阴影、纹理等效果，按钮在页面中的视觉效果鲜明，能够给用户很好的引导。

（2）按钮的色彩很重要

按钮作为用户交互操作的核心，在页面中适合使用特定的色彩进行突出强调，但是按钮色彩的选择需要根据整个网站的配色来进行搭配。

网页中按钮的色彩应该是明亮而迷人的，这也是为什么那么多 UI 设计都喜欢采用明亮的黄色、绿色和蓝色的按钮设计的原因。想要按钮在页面中具有突出的视觉效果，最好选择与背景色相对比的色彩进行设计。

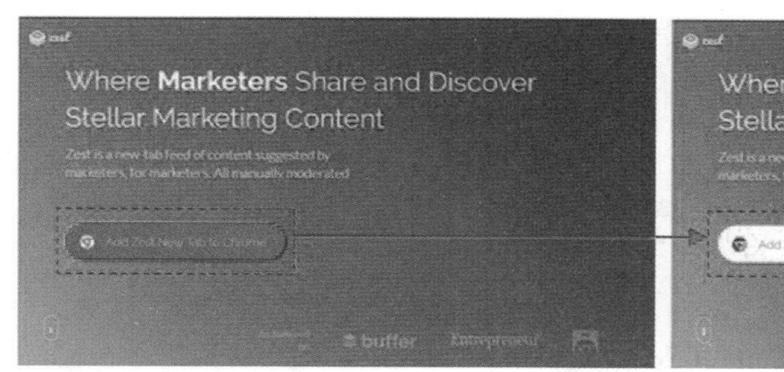

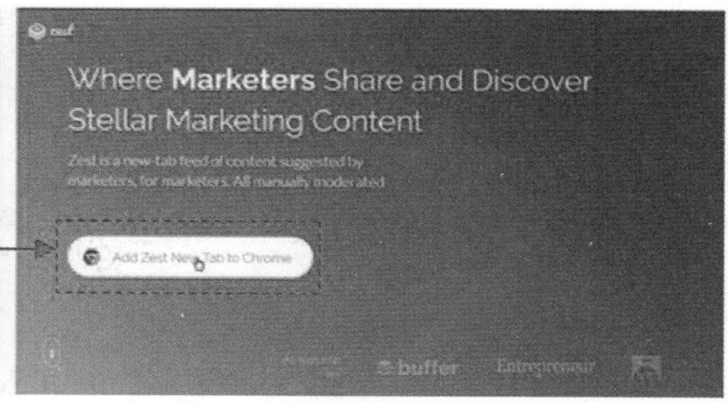

该网站页面使用倾斜渐变颜色作为页面的整体背景，表现出非常绚丽的视觉效果。在页面左侧位置以左对齐方式放置简捷的白色主题文字和绿色按钮，绿色的按钮与渐变色的页面背景形成鲜明的视觉对比，在页面中的效果非常突出。并且该按钮还添加了交互动画效果，当鼠标移至该按钮上方时，按钮放大并变为白色的背景与灰色的按钮文字，无论是在视觉效果上还是在交互上都给用户很好的体验。

专家提示：按钮的色彩还需要注意品牌的用色，设计师需要为按钮选取一个与页面品牌配色方案相匹配的色彩，它不仅需要有较高的识别度，还需要与品牌有关联性。无论页面的配色方案如何调整，按钮首先要与页面的主色调保持关联和一致。

（3）按钮的尺寸

只有当按钮尺寸够大的时候，用户才能在刚进入页面的时候就被它所吸引。虽然幽灵按钮可以占据足够大的面积，但是幽灵按钮在视觉重量上的不足，使得它并不是最好的选择。所以，我们所说的大不仅仅是尺寸上的大，在视觉重量上同样要“大”。

专家提示：按钮的大小尺寸也是一个相对值。有的时候，同样尺寸的按钮，在一个页面中是完美的大小，在另一个页面中可能就是过大了。在很大程度上，按钮的大小取决于周围元素的大小比例。

将按钮放置在视觉中心位置，以较大的尺寸表现，并且色彩也比较鲜艳，充分吸引用户的注意

该网页的最终目的是为了使用户下载该游戏，所以在该游戏宣传网页中，下载按钮才是视觉重点，在页面中间位置放置较大尺寸的按钮，并且按钮的周围运用了充分的留白，使按钮的效果非常突出，引导用户进行点击。

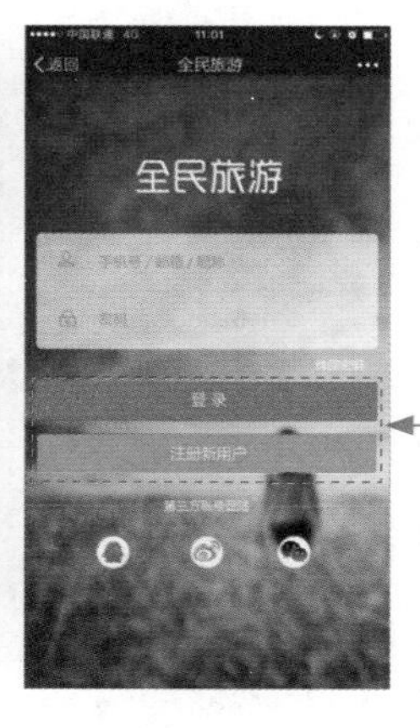

将按钮设计为不同的颜色，用于区分不同的功能

在移动端页面的设计中，按钮的尺寸需要稍大一些，这样更便于用户使用手指进行触摸操作。在该移动端页面中，根据按钮的功能进行分组，登录按钮更加靠近表单元素，使用户更容易理解。

（4）按钮的位置

按钮应该放置在页面的哪些位置呢？页面中的哪些地方能够为网站带来更多的点击量？

绝大多数情况下，应该将按钮放置在一些特定的位置，例如表单的底部、在触发行为操作的信息附近、在页面或者屏幕的底部、在信息的正下方。因为无论是在 PC 端还是移动端的页面中，这些位置都遵循了用户的习惯和自然的交互路径，使得用户的操作更加方便、自然。

在该页面中将统一风格的按钮放置在屏幕的底部，用户在查看网页内容时，视线自然向下流动到按钮上，并且3个按钮应用了统一的设计风格，用户可以通过按钮上的描述文字来区分按钮功能。

在该网站页面中，在搜索表单元素之后放置明亮色的表单提交按钮，使该搜索功能在页面中凸显出来。并且通过半透明的黑色矩形背景，使搜索表单元素与按钮表现为一个整体。

（5）良好的对比效果

几乎所有类型的设计都会要求对比度，在进行按钮设计的时候，不仅要让按钮的内容（图标、文本）能够与按钮本身形成良好的对比，而且和背景及周围元素也要形成对比效果，这样才能使按钮在页面中凸显出来。

黄色的按钮在黑色的背景上表现非常突出，使用户一眼就能够注意到

鲜艳明亮的黄色与黑色的对比最为强烈。在该网站页面中，使用接近黑色的灰度图像作为页面的背景，在页面中搭配高明度的黄色主题文字和功能操作按钮，将两个按钮分别设置为黄色线框按钮和色块按钮，使得按钮不仅与页面背景形成对比，也更好地区分了不同的功能，具有很好的视觉对比性。

（6）使用标准形状

当我们在考虑页面中的按钮形状时，尽量选择使用标准形状的按钮。

矩形按钮（包括方形和圆角矩形）是最常见的按钮形状，也是大家认知中按钮的默认形状，它符合用户的认知习惯。当用户看到它的时候，立刻会明白应该如何与之进行交互。至于是使用圆角矩形还是直角矩形，就需要根据页面的整体设计风格来决定。

圆形按钮广泛适用于时下流行的扁平化设计风格，目前也能够被大多数的用户所接受。

绿色大尺寸按钮，使其在页面中凸显出来

矩形和圆角矩形按钮在网页中的应用最为常见，在该网站页面中使用图片作为页面的满屏背景，在页面中间位置放置 Logo、简捷的粗体大号文字和绿色的矩形按钮。绿色的按钮与页面中其他元素明显区分，并且尺寸较大，使其在页面中凸显出来。

在该页面中使用楼盘的宣传效果图作为网页的满屏背景，在页面中间位置放置了 4 个黑色圆形按钮，用于突出表现该楼盘的 4 个突出特点。黑色的按钮并没有像其他色彩那样非常突出，但是该页面中内容较少，并且按钮尺寸较大，并不会影响黑色按钮的视觉表现。

（7）明确告诉用户按钮的功能

每个按钮会都会包含按钮文本，它会告诉用户该按钮的功能。所以，按钮上的文本要尽量简捷、直观，并且要符合整个网站的风格。

当用户单击按钮的时候，按钮所指示的内容和结果应该合理、迅速地呈现在用户眼前，无论是提交表单、跳转到新的页面，用户通过单击该按钮应该获得他所预期的结果。

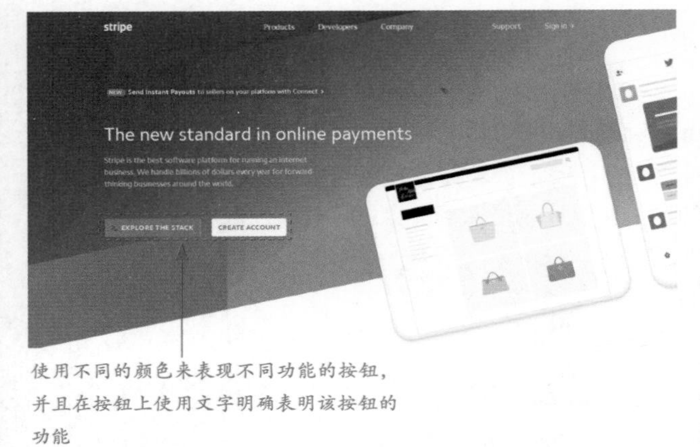

使用不同的颜色来表现不同功能的按钮，并且在按钮上使用文字明确表明该按钮的功能

在该网站页面的设计中，使用不同明度和纯度的蓝色作为页面背景，搭配相应的素材图像，表现出浩瀚的宇宙星空的感觉，在页面中间位置放置大号加粗的主题文字，使用白色与黄色来表现主题，而主题文字下方的按钮则使用了与背景形成强烈对比的红色，使其在页面中的表现效果非常突出，在页面中拥有最高的视觉级别。

（8）赋予按钮更高的视觉优先级

几乎每个页面中都会包含众多不同的元素，按钮应该是整个页面中独一无二的控件，它在形状、色彩和视觉重量上，都应该与页面中的其他元素区分开。试想一下，如果你在页面中所设计的按钮比其他控件都要大，色彩在整个页面中也是最鲜艳突出的，那么它绝对是页面中最显眼的那一个元素。

红色的按钮与页面背景和其他视觉元素形成对比，并且小面积的鲜艳颜色在页面中具有很高的视觉优先级

该网站页面的设计简捷、清晰，使用蓝色的渐变色块作为页面的背景，使页面表现出科技与现代感。在页面左侧放置简捷的白色介绍文字，在介绍文字的下方放置两个不同颜色的按钮，分别实现不同的功能，并且在按钮上明确地标注该按钮的功能和目的，使得按钮的视觉效果清晰，表达目的明确，不会给用户造成困扰。

专家提示：不论是在PC端还是在移动端，用户在使用网站时都是通过点击相应的按钮顺着设计师的想法进行操作的，如果能够在页面中合理地使用按钮，用户会得到很好的用户体验。如果所设计的页面中用户连按钮都需要找半天，或者是单击按钮出现误操作之类的，用户会直接放弃该网站。

5.5.3 网站Logo设计

作为具有传媒特性的网站 Logo，为了在最有效的空间内实现所有的视觉识别功能，一般通过特定图案及特定文字的组合，达到对品牌形象的说明和标识，并能够与用户形成较好的沟通与交流，从而激发浏览者的兴趣，达到增强美誉、记忆等目的。

1. 网站 Logo 的特点

作为独特的传媒符号，Logo 一直是传播特殊信息的视觉文化语言。无论是古代繁杂的龙纹，还是现代洗练的抽象纹样、简单字标等都是为了更好地表现被标识体，即通过对标识的识别、区别，引发联想、增强记忆，促进被标识体与其对象的沟通与交流，从而树立并保持对被标识体的认同，达到高效提高认知度、美誉度的效果。作为网站标识的 Logo 设计，更应该遵循 CIS 的整体规律并有所突破。

在网站 Logo 设计中极为强调统一的原则，统一并不是反复某一种设计原理，而应该是将其他的任何设计原理，如主导性、从属性、相互关系、均衡、比例、反复、反衬、律动、对称、对比、借用、调和、变异等设计人员所熟知的各种原理，正确地应用于设计的完整表现。

在该儿童类网站 Logo 设计中，使用卡通形象与圆润、可爱的标志文字共同构成该标志。通过对文字笔画的变形处理，使文字连接成一体，圆润的字体笔画表现出卡通、可爱的风格。

在该品牌 Logo 设计中，以紫色作为主色调，使用多种色彩进行点缀搭配，标志中的图形与文字都采用了相同的设计风格，通过多种多边形色块对字体进行重构，使 Logo 表现出欢乐与热情的氛围，也体现出该品牌希望向用户传达的情感。

网站 Logo 所强调的辨识性及独特性导致相关图案字体的设计也要和被标识体的性质有适当的关联，并具备类似风格的造型。

网站 Logo 设计更应该注重对事物张力的把握，在浓缩了文化、背景、对象、理念及各种设计原理的基调上，实现对象的最直观的视觉效果。在任何方面的张力不足的情况下，精心设计的 Logo 常会因为不理解、不认同、不艺术、不朴实等相互矛盾的理由而被用户拒绝或为受众排斥、遗望。所以，恰到好处地理解用户及 Logo 的应用对象，是非常有必要的。

杭州城市标志以汉字“杭”的篆书进行演变，体现了中国传统文化底蕴，将城市名称与无可替代的城市视觉形象合二为一，具有独特性、唯一性和经典性，也体现了该城市的文化背景和形象，非常直观。

在“希望工程”的 Logo 设计中，以书法汉字“心”演化为翻腾的浪涛，托起一轮初升的太阳，寓意博爱之心是中华民族的优良传统和人类共同的美德，具有很好的表现寓意。

2. 网站 Logo 的表现形式

网站 Logo 形式一般可以分为特定图案、特定字体和合成字体。

（1）特定图案

特定图案属于表象符号，具有独特、醒目，图案本身容易被区分、记忆的特点，通过隐喻、联想、概括、抽象等绘画表现方法表现被标识体，对其理念的表达概括而形象，但与被标识体关联性不够直接。虽然浏览者容易记忆图案本身，但对其与被标识体的关系的认知需要相对较曲折的过程，但是一旦建立联系，印象就会比较深刻。

左侧两个网站 Logo 的设计均使用了特定行业图案。通过使用具有行业代表性的图像作为 Logo 图形的设计，使用户看到 Logo 就知道该网站与什么行业有关，搭配简捷的文字，表现效果一目了然。

（2）特定文字

特定文字属于表意符号。在沟通与传播活动中，反复使用被标识体的名称或是其产品名用一种文字形态加以统一，含义明确、直接，与被标识体的联系密切，容易被理解、认知，对所表达的理念也具有说明的作用。但是因为文字本身的相似性，很容易模糊浏览者对标识本身的记忆。

左侧的两个网站 Logo 均使用了对特定文字进行艺术处理的方式来表现 Logo。使用文字来表现 Logo 是一种最直观的表现方式，通过对主体文字或字母进行变形处理，使其具有很强的艺术表现效果。

所以特定文字一般作为特定图案的补充，选择的字体应与整体风格一致，应该尽可能做全新的区别性创作。完整的 Logo 设计，一般都应该考虑至少有中英文组合形式，以及单独的图案、中文或英文的表现形式。

这两个网站 Logo 的表现效果更加丰富，将 Logo 文字进行艺术化的变形处理并且与具有代表性的 Logo 图形相结合，使得 Logo 的整体表现效果更加直观与具有艺术感，能够给人留下深刻的印象。

（3）合成文字

合成文字是一种表象表意的综合，指文字与图案结合的设计，兼具文字与图案的属性，但都导致相关属性的影响力相对弱化。其综合功能为：一是能够直接将被标识体的印象透过文字造型让浏览者理解；二是造型化的文字，比较容易给浏览者留下深刻的印象和记忆。

将文字进行变形处理与图形相结合表现出意象的效果，同时具有文字的可识别性与图形的表现力，非常适合表现Logo，能够给人留下深刻的印象。

专家提示：网站Logo是网站特色与内涵的集中体现，它用于传递网站的定位和经营理念，同时便于人们识别。在网页中应用Logo时需要注意确保Logo的保护空间，确保品牌的清晰展示，但也不能过多地占据网页空间。

3. 网站 Logo 的设计规范

现代人对简捷、明快、流畅、瞬间印象的诉求使得 Logo 的设计越来越追求一种独特的、高度的洗练。一些已在用户群中产生了一定印象的公司为了强化受众的区别性记忆及持续的品牌忠诚度，通过设计更独特、更易理解的图案来强化对既有理念的认同。一些知名的老企业就在积极地推出新的 Logo。

在该网站 Logo 设计中，使用拉丁文字的变形处理来构成标志，通过将各文字进行连接处理，使字体表现出流畅的效果。流畅的线条给人轻松、舒缓的感受，体现了微妙的节奏感，结合简捷的图形设计，很好地表现出企业的性质与形象。

该网站 Logo 的设计比较简捷，使用与企业相关的黑白胶片图形作为 Logo 的背景，突出表现企业的性质，将企业名称的首字母处理为立体文字，并进行倾斜和透视处理，表现出很强的立体空间感，强化了用户对其企业形象的印象。

但是网络这种追求受众快速认知的群体就会强化对文字表达直接性的需求，通过采用文字特征明显的合成文字来表现，并通过现代媒体的大量反复来强化，保持容易被模糊的记忆。

在该游戏网站 Logo 设计中，使用较粗的字体及轮廓呈现文字，将呈现弧形的文字中间加入幽默的卡通形象进行编排，产生故事般的意境美，使整个 Logo 设计充满趣味性。

在该 Logo 的设计中，运用传统的繁体篆刻汉字“龙”和“门”相结合，加上较粗的外边框，使主体图形看起来很像一枚印章，很好地表现了该古镇的古朴特点。

网站 Logo 的设计大量地采用合成文字的设计方式，如 sina、YAHOO、amazon 等的文字 Logo 和国内几乎所有的 ISP 提供商。一方面是因为在网页中要求 Logo 的尺寸要尽可能小；最主要的是网络的特性决定了仅靠对 Logo 产生短暂的记忆，然后通过低成本大量反复的浏览，可以产生需要图形保持提升的那部分印象记忆。所以网站 Logo 对于合成文字的追求已渐渐成为网站 Logo 的一种事实规范。

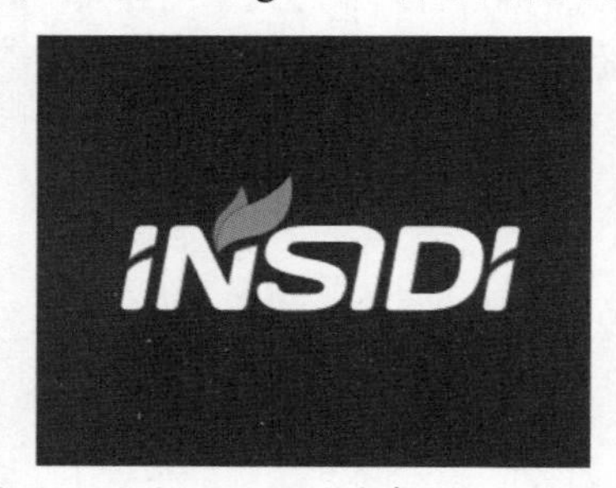

该企业网站的 Logo 设计非常简捷，主要使用企业名称文字进行表现。在设计中对文字的部分笔画进行了连接或截断处理，使 Logo 文字表现出统一的风格与连贯性，并在 Logo 文字中加入少许蓝色和绿色图形的点缀，活跃 Logo 的表现效果。

该企业网站 Logo 的设计主要是通过倾斜的企业名称与三角形图形结合组成一个倾斜向上的箭头图形，寓意着企业积极、向上的理念，简捷的 Logo 更容易使用户理解和产生印象。

设计网站 Logo 时，面向应用的对象制定出相应规范，对指导网站的整体建设有着极现实的意义。一般来说，需要规范的有 Logo 的标准色、恰当的背景配色体系、反白、清晰表现 Logo 的前提下的最小显示尺寸、Logo 在一些特定条件下的配色及辅助色等。另外，还要注意文字与图案边缘应该清晰，文字与图案不宜相互交叠，还可以考虑 Logo 的竖排效果以及作为背景时的排列方式等。

技巧点拨：一个网络Logo不应该只考虑在设计师高分辨率屏幕上的显示效果，应该考虑到网站整体发展到一个高度时相应推广活动所要求的效果，使其在应用于各种媒体时，也能发挥充分的视觉效果；同时应该使用能够给予多数浏览者好感而受欢迎的造型。另外，还有Logo在报纸、杂志等纸介质上的单色效果、反白效果，在织物上的纺织效果，在车体上的油漆效果，墙面立体造型效果等。

5.5.4 网站导航设计

移动端和 PC 端用户都习惯于通过导航菜单探索网站内容及特性。导航菜单的重要性已经不言而喻，我们平时遇到的每一个网站或软件中都有它的存在，但并不是所有的导航菜单都设计得准确无误。我们也常发现用户因导航设计不当而感到困惑、难以操作，或者连导航在哪儿都不知道。因此，网站导航菜单的设计应该在网站中具有明确的、清晰的视觉效果，并且在视觉样式上与网站其他内容有显著差异。

1. 导航的布局形式

网站导航如同启明灯，为浏览者顺畅阅读提供了方便的指引作用。将网站导航放在什么位置才能既不过多占用网页空间，又方便浏览者使用呢？这是用户体验必须要考虑的问题。

导航元素的位置不仅会影响网站的整体视觉风格，而且关系到一个网站的品位及用户访问网页的便利性。设计者应该根据网页的整体版式合理安排导航元素的放置。

（1）布局在网页顶部

最初，网站制作技术并不成熟，因此，在网页的下载速度上还有很大的局限性。由于受浏览器属性的影响，通常情况下在下载网页的相关信息内容时都按照从上往下的顺序进行下载。因而，就决定了将重要的网站信息放置于页面的顶部。

目前，虽然下载速度已经不再是一个决定导航位置的重要因素，但是很多网站依然在使用顶部导航结构。这是由于顶部导航不仅可以节省网站页面的空间，而且符合人们长期以来的视觉习惯，以方便浏览者快速捕捉网页信息，引导用户对网站的使用，可见这是设计的立足点与吸引用户最好的表现。

该网站页面采用横向的导航形式，将导航菜单放置在页面的顶部，并且通过通栏的背景色块来突出导航菜单，色彩则使用了无彩色系的黑色搭配白色的导航菜单文字，页面整体色调统一，导航栏目清晰、醒目、突出。

专家提示：在不同的情况下，顶部导航所起到的作用也是不同的。例如，在网站页面内容较多的情况下，顶部导航可以起到节省页面空间的作用。然而，当页面内容较少时，就不宜使用顶部导航结构，这样只会增加页面的空洞感。因而，设计师在选择运用导航结构时，应根据整个页面的具体需要，合理而灵活地运用导航，从而设计出更加符合大众审美标准、具有欣赏性的网站页面。

（2）布局在网页底部

在网页底部放置导航的情况比较少见，因为受到屏幕分辨率的限制，位于页面底部的导航有可能在某些分辨率的屏幕中不能完全显示出来，当然也可以采用定位的技术将导航菜单浮动显示在屏幕的下方。

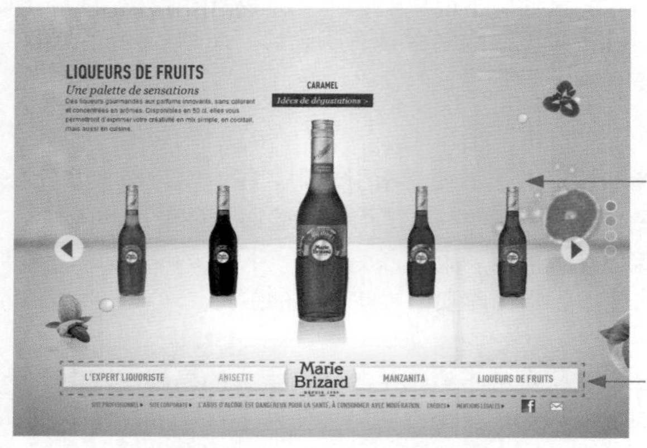

在网站页面中充分运用留白处理，通过交互动画的方式来展示产品形象

底部网站导航

该酒类宣传网站的设计非常简捷，页面中使用大量的留白来突出产品形象的展现，并且通过交互动画的形式，使用户能够参与到网站互动中来。因为页面内容较少，所以将导航菜单放置在页面底部，将品牌 Logo 与导航菜单相结合，并且为各导航菜单文字设置了不同的颜色，从而增强页面的活跃气氛。

这并不代表底部导航没有存在的意义了，它本身还是具有一定优势的。例如，底部导航对上面区域的限制因素比其他布局结构都要小，它还可以为网页内容、公司品牌留下足够的空间。如果浏览者浏览完整个页面，希望继续浏览下一个页面时，那么它最终会到达导航所在的页面底部位置，这样就丰富了页面布局的形式。在进行网站页面设计时，设计师可以根据整个页面的布局需要灵活运用，设计出独特的、有创意的网页。

在网站页面底部放置导航菜单，并为每个导航菜单项搭配相应的图标

该网站页面的内容排版比较独特，使用城市景观图片作为页面背景，在页面中使用倾斜色块的拼接作为页面内容的背景，使页面表现出很强的现代感。在网站页面的底部使用浅灰色色块来突出导航菜单的表现，并且每个导航菜单选项都设计了风格统一的图标，使得导航菜单选项的识别性更强。

（3）布局在网页左侧

在网络技术发展初期，将导航布局在网页左侧是最常用的、最大众化的导航布局结构，它占用网页左侧空间，较符合人们的视觉流程，即自左向右的浏览习惯。为了使网站导航更加醒目，更方便用户对页面的了解，在进行左侧导航设计时，可以采用不规则的图形对导航形态进行设计，也可以通过运用鲜艳的色块作为背景与导航文字形成鲜明的对比。但是需要注意的是，在设计左侧导航时，应该考虑整个页面的协调性，采用不同的设计方法可以设计出不同风格的导航效果。

网站主导航菜单

页面内容滚动切换导航

该啤酒产品宣传网站页面采用垂直导航，通过不同的背景色块将页面非常明显地划分为 3 个部分内容，最左侧的为网站的 Logo 和主导航菜单，右侧为页面主体内容区域，并且在主体内容区域的左侧设置了内容滚动切换导航，用户可以在页面中滚动鼠标或者单击该区域中的“01”“02”这样的数字图标来控制内容区域的显示内容。页面采用与啤酒产品同色系的黄色进行配色，不同明度和纯度的黄色色块使页面表现出明显的色彩层次，内容层次也更加明显。

一般来说，左侧导航结构，比较符合人们的视觉习惯，而且可以有效弥补因网页内容少而具有的网页空洞感。

左侧悬挂网站导航

使用大尺寸、鲜艳色彩按钮，在页面中突出重要功能的表现

在该房地产宣传展示网站页面中，使用该地产项目的全景效果图作为页面的背景，页面中并没有过多的文字介绍内容，非常简捷。在页面左上角的 Logo 下方使用悬挂的方式放置网站导航，并且为导航菜单设置了交互效果，单击可以折叠或展开该导航菜单，从而不影响用户在页面中的操作和浏览。

专家提示：导航是网站与用户沟通的最直接、最快速的工具，它具有较强的引导作用，可以有效避免因用户无方向性地浏览网页所带来的诸多不便。因此，在网站页面中，在不影响整体布局的同时，就需要注重表现导航的突出性，即使网页左侧导航所采用的色彩及形态会影响右侧内容的表现也没有关系。

（4）布局在网页右侧

随着网站制作技术的不断发展，导航的放置方式越来越多样化。将导航元素放置于页面的右侧也开始流行起来，由于人们的视觉习惯都是从左至右、从上至下的，因此，这种方式会对用户快速进入浏览状态有不利的影响。在网站设计中，右侧导航使用的频率较低。

该网站采用右侧垂直导航菜单的表现形式，使用明度和纯度较高的不规则黄绿色背景色块进行突出表现，与整个页面的深灰色形成非常鲜明的对比。虽然将导航菜单放置在了页面的右侧，但是其依然非常醒目和突出。

相对于其他的导航结构而言，右侧导航会使用户感觉到不适、不方便。但是，在进行网站设计时，如果使用右侧导航结构，将会突破固定的布局结构，给浏览者耳目一新的感觉，从而诱导用户想更加全面地了解网页信息，以及设计者采用这种导航方式的意图。采用右侧导航结构，丰富了网站页面的形式，形成了更加新颖的风格。

在该网站页面中，页面多处采用三角形的构图形式，使页面的表现效果与众不同，具有很强的设计感。为了与页面中的三角形设计元素相融合，将网站的导航菜单沿着三角形元素的右侧进行倾斜排列，与整个页面的图形设计形成和谐、统一的视觉效果，表现形式也更加新颖。

（5）布局在网页中心

将导航布局在网站页面的中心位置，其主要目的是为了强调，而并非是节省页面空间。将导航置于用户注意力的集中区，有利于帮助用户更方便地浏览网页内容，而且可以增加页面的新颖感。

该网站是一个摄影工作室网站，其页面的设计非常简捷，使用团队摄影图片作为整个页面的背景，在页面中间位置放置水平通栏的网站 Logo 和导航菜单，Logo 部分使用白色背景，导航菜单部分使用黑色背景，有效突出 Logo 和导航菜单的表现，页面效果简捷、直观。

一般情况下，将网页的导航放置于页面的中心在传递信息的实用性上具有一定的缺陷，在页面中采用中心导航，往往会给浏览者以简捷、单一的视觉印象。但是，在进行网页视觉设计时，设计者可以巧妙地将信息内容构架、特殊的效果、独特的创意结合起来，也同样可以产生丰富的页面效果。

该网站页面的导航菜单同样设置在页面的中间，采用垂直排列方式，通过垂直贯穿页面的矩形色块来突出导航菜单的表现。因为该网站页面中主要是以图片为主，文字内容较少，如果是内容较多的页面，则不适合使用这种导航方式。

专家提示：以上介绍了5种PC端网站页面中导航菜单的布局方式，其中布局在页面顶部和左侧是最为常见的形式，而布局在页面底部、右侧和中间位置仅适用于一些网站内容较少的页面。

（6）响应式导航

随着移动互联网的发展和普及，移动端的导航菜单与传统 PC 端的网页导航形式有着一定的区别，主要表现为移动端为了节省屏幕的显示空间，通常采用响应式导航菜单。默认情况下，在移动端网页中隐藏导航菜单，在有限的屏幕空间中充分展示网页内容，在需要使用导航菜单时，再通过单击相应的图标来滑出导航菜单，常见的有侧边滑出菜单、顶部滑出菜单等形式。

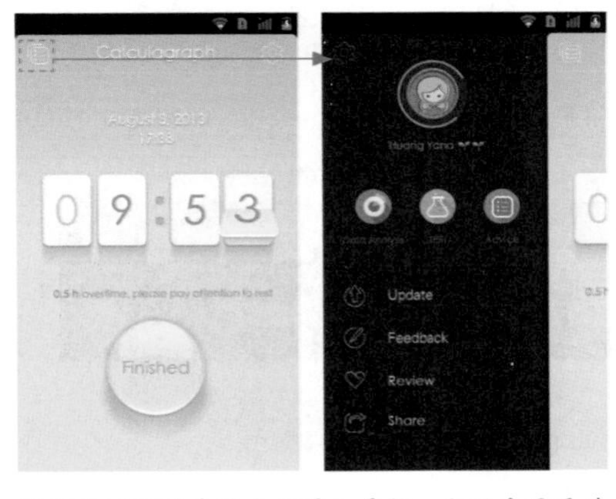

该移动端页面采用左侧滑入导航，当用户需要进行相应操作时，可以单击相应的按钮，滑出导航菜单，不需要时可以将其隐藏，节省界面空间。

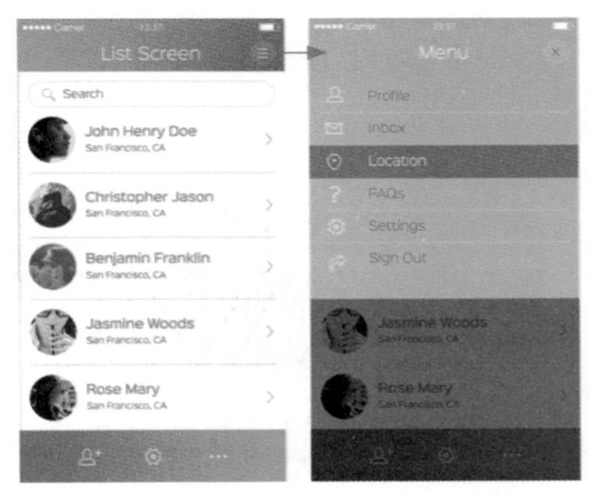

该移动端页面采用顶端滑入导航，并且导航使用鲜艳的色块与页面其他元素相区别，不需要使用时，可以将导航菜单隐藏。

专家提示：侧边式导航又称为抽屉式导航，在移动端网站页面中常常与顶部或底部标签导航结合使用。侧边式导航将部分信息内容进行隐藏，突出了网页中的核心内容。

2. 导航设计的基本原则

为了使导航能够快速、方便地帮助用户定位信息，在设计时应该遵循以下的原则。

（1）减少选项数目

将信息进行合理的分类，尽量减少导航的数目，平衡导航的深度和广度对用户信息查找效率的影响。

（2）提供导航标志

加强用户定位以减少由于导航选项过多而给用户造成的迷失。这可以通过提供参考点，即导航标志来实现，通常导航标志是界面上的持久信息。

该饮料活动宣传网站将导航菜单固定于页面顶部，无论用户当前位于网站中的哪个页面，都可以在顶部找到导航菜单，给用户清晰的指引。并且当前所访问的页面，在导航菜单中也使用了不同的背景图形与其他导航菜单选项进行了区别显示，有效帮助用户定位当前的位置。

专家提示：在很多网络应用中，多个界面之间会存在视觉联系，例如颜色、图标或者页面顶端的标签条，这些视觉信息不仅提供了清晰的导航选项，而且有效地帮助用户定位导航位置。

（3）提供总体视图

界面总体视图与导航标志的作用相同，即帮助用户定位。不同的是总体视图帮助用户定位内容，而不是位置。因此总体视图在空间位置上应该是固定的，内容取决于正在导航的信息。基于网络的应用，总体视图通常以文本的形式出现，即通常所说的“面包屑”导航和无处不在的层级显示。它们不仅起到标示用户在网络应用中的位置的作用，还可以直接操作，实现不同界面之间的跳转。

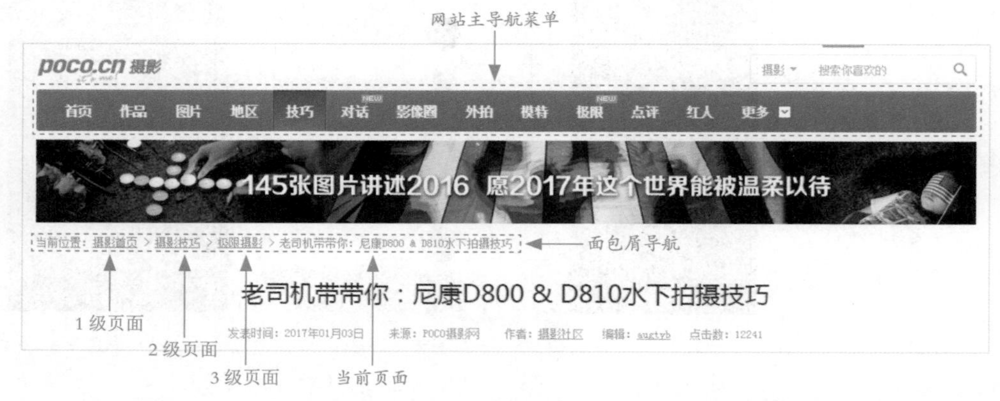

该网站页面在顶部banner图片的下方放置面包屑路径导航，通过该面包屑路径导航，用户可以非常清晰地了解当前所在的位置，并且为面包屑路径中除当前页面以外的路径页面都添加了相应的链接，用户通过在面包屑路径中单击链接即可跳转到相应的页面，非常方便。

（4）避免复杂的嵌套关系

在程序编写中经常会将代码层级嵌套，但是在导航设计中应该尽量避免这种层次关系。因为在物理世界中，例如文件柜，信息的存储和检索存在于一个单层分组中，而不会存在于嵌套的层次中。因此在用户的概念模型中倾向于以单层分组来组织信息，避免嵌套结构过于抽象和复杂。所以在导航设计中避免选项之间过于复杂的层级嵌套是非常必要的。

主导航菜单

二级导航菜单

该地产宣传网站的导航设计比较出色，在页面顶部以水平方式放置导航菜单选项，当鼠标移至某个主导航菜单选项上方时，将会以交互动画的方式突出表现当前所选择的主导航菜单选项，并且在该主导航菜单选项的下方显示其二级导航选项。当用户移至不同的主导航菜单选项上方时，会显示出不同的导航菜单颜色，有效区分不同的导航菜单选项。并且简单的菜单层级关系，有效避免了复杂的嵌套。该网站的导航菜单表现效果直观、清晰、突出。

> 技巧点拨：除了对产品信息架构的合理应用外，导航设计还包含了视觉设计和交互方式设计。在设计时，应该符合交互产品的设计理念和整个界面的设计风格，不同导航类型区别明显，且与产品主内容区别明显，不同界面上的导航的视觉风格和交互方式应该保持一致。

3. 导航设计技巧

导航设计绝对不是将各种导航栏目填入链接就可以的。在设计导航前，需要研究网站内容，然后在全局导航、局部导航、关联导航和可用性导航中选择，以组成导航系统。那怎么才能确认导航上的链接是用户真正需要的链接呢？接下来继续研究。

（1）如何组织内容

在组织网站内容时，要根据信息类型的不同，选择不同的组织方式。如果是人名就应该按照字母顺序排列，如果是事件可以按照日期组织，也可以针对某一个用户组织其所有相关的内容。这种组织方法可以很好地保证未来网站中导航的归类，可以确保用户找到他们想要的东西，而不需要到处搜索。

主导航菜单按照用户需求进行排列　　高级用户还可以直接进行搜索

局部导航菜单按照文章类别进行排列

这是某在线小说网站的导航菜单，在其主导航菜单中按照用户对网站的需求对主导航菜单选项进行分类排列，主导航菜单下方的局部导航菜单则根据小说的不同类别进行分类排列，层次结构清晰，用户在网站中查找内容非常方便。并且还为高级用户提供了站内搜索功能，可以直接搜索需要查找的内容。

（2）满足用户的希望

导航的主要功能是帮助用户完成他们想要执行的操作，到达他们想要去的地方，所以在规划导航的时候，要充分考虑用户所希望找到的内容。如果用户通过导航没有找到需要的内容，那就会很快离开网站，并且再也不会访问。例如用户总是希望把一部连续剧看完，搜索同一个人的音乐作品等。知道用户想要什么，并将其合理地分配到导航链接中，自然会得到好的用户体验。

该视频教育频道中所包含的视频内容非常丰富，所以其导航的设计就需要更加细致，从而满足不同层次用户的不同需求。在页面顶部根据不同的教育类型对视频内容进行分类，在宣传图片的下方通过图标与文字相结合的方式根据视频类型进行分类，在下方的内容区域又根据不同用户需求对视频课程进行分类，多种分类方式满足大多数用户的需求。

（3）希望用户做什么

任何一个网站都要有存在的理由。对于较为商业的网站，更多是希望网站可以尽快盈利。但是从长远来说，没有一个用户会再次访问到处都是广告的页面。而且规划自己的网站时不能一味地模仿竞争对手，要从自己网站的特点出发，设想用户希望从网站中得到什么内容，让用户所想和企业所需之间达到一个平衡。

对于一个购物网站来说，网站希望用户通过浏览或搜索在线购买商品。而用户访问此类网站的目的也是这样。网站为用户提供积分会员制，帮助自己扩大用户群，积累消费群体。同时网站也为用户提供各种优惠券和促销活动，这恰恰是用户需要的。将这些内容综合应用到导航中，既满足了用户的需求，引导用户访问更多链接，同时又丰富了整个站点。

这是"京东"网站中的导航设计，网站中的导航设置非常全面，不仅提供了详细的商品分类导航，使用户能够非常方便地查找所需要的商品，并且根据用户的需求在主导航菜单中加入了"秒杀""优惠券""团购""拍卖"等优惠方式的链接，进一步刺激用户在网站中更多地点击链接浏览页面，从而引导用户消费。

5.6 拓展阅读——创建网站设计的标准

设计网站的第一步就是设计师在纸上通过手绘的方式绘制出网站的雏形。这个过程通常需要设计师深思熟虑，充分考虑网站内容并吸取前人的经验教训。

用户在访问网站之前，通常在心里已经对该网站有了一个大概的预期。如果打开页面后与预期相差较大，就会给用户带来一定的心理落差，影响用户体验。

如果没有十足的把握，不要尝试违背已经成熟的网页设计标准。例如通常网站都是垂直滚动访问，改变为横向滚动会很有新意，但是这种操作方法与常规操作格格不入，非常不方便。

视频的播放控制条都被放置在视频播放界面的下方，方便用户对视频进行控制

通过以上两个网站的视频播放页面截图可以看出，两个互为竞争对手的网站在视频播放界面的布局和功能上有着惊人的相似。因为这种布局方式已经被广大用户普遍接受，煞费苦心地改变可能无法换来用户的认同，反而会增加用户的操作难度。

5.7 本章小结

Web 是由遍及全球的信息资源组成的系统，这些信息资源所包含的内容不仅可以是文本，还可以是图像、表格、音频与视频文件等。我们通常所说的 Web 产品一般指的就是网站，良好的设计是网站成功必不可少的条件。

本章向用户详细介绍了 Web 产品用户体验的相关要素，包括清晰的网站结构、网站功能布局、优化网站内容、网站配色，以及网站用户体验的各个设计细节。本章概括和总结了这些要素的基本设计原则和设计理念，为用户带来更好的网站用户体验提供帮助。

06 Chapter

移动端用户体验

如今，移动设备和无线网络正改变着当今世界的大部分数字体验，也正是这种移动设备在逐渐改变用户的行为，颠覆传统互联网的交互方式。随着科技的发展，移动设备已经成为人们生活的必需品，移动设备的用户界面及体验受到用户越来越多的关注。本章将向读者介绍有关移动端用户体验的相关知识，使读者对移动端的用户体验设计有更加深入的了解和认识。

6.1 了解移动端用户体验

随着智能手机和平板电脑等移动设备的普及，移动设备成为与用户交互最直接的体现。移动设备已经成为人们日常生活中不可缺少的一部分，各种类型的移动端应用层出不穷。移动端用户不仅期望移动设备的软、硬件拥有强大的功能，更注重操作界面的直观性、便捷性，能够提供轻松愉快的操作体验。

6.1.1 移动端与PC端界面设计的区别

移动端和 PC 端的界面设计都非常重要，两者之间存在着许多共通之处，因为我们的受众没有变，基本的设计方法和理念都是一样的。移动端与 PC 端设计的区别主要取决于硬件设备提供的人机交互方式不同，不同平台现阶段的技术制约也会影响到移动端和 PC 端的设计。下面从几个方面向读者介绍移动端界面设计与 PC 端界面设计的区别。

1. 界面尺寸不同

移动端与 PC 端的输出区域尺寸不同。目前主流显示器的屏幕尺寸通常在 19 至 24 英寸，而主流手机的屏幕尺寸只有 4 至 5.5 英寸，平板电脑的屏幕尺寸也仅为 7 至 10 英寸。

由于两者之间的输出区域尺寸不同，在界面设计中不能在同一屏中放入同样多的内容。

通常情况下，一个应用的信息量是固定的，在 PC 端的界面设计中，需要把尽量多的内容放到首页中，避免出现过多的层级；而移动端界面设计中，由于屏幕的限制，不能将内容都放到第一屏的界面中，因此需要更多的层级，以及一个非常清晰的操作流程，让用户可以知道自己在整个应用的什么位置，并能够很容易地到达自己想去的页面或步骤。

2. 侧重点不同

在过去，PC 端界面设计的侧重点是“看”，即通过完美的视觉效果表现出网站中的内容和产品，给浏览者留下深刻的印象。而移动端界面设计的侧重点是“用”，即在界面视觉效果的基础上充分体现移动应用的易用性，使用户更便捷、更方便地使用。但是，随着技术水平的不断发展，PC 端界面设计也越来越多地体现出“用”的功能，使得 PC 端界面设计与移动端界面设计在这方面的界限越来越不明显了。

这是一个适用于不同设备进行浏览的适应性网站页面设计，可以看出，该网站页面在 PC 端的显示效果和在不同的移动设备中的显示效果。在使用不同的设备浏览该网站页面时，网站页面会自动对页面的布局和内容进行适当的调整，从而保持页面内容的正常显示和便于用户浏览，从而为用户提供良好的用户体验。

这是一个为移动端用户设计的订餐APP的界面，可以看到该界面中的信息内容清晰、明确，通过不同颜色的按钮来区分不同的功能，并且为食品类型设计了不同的图标，用户在使用时非常方便。

3. 精确度不同

PC端的操作媒介是鼠标，鼠标的精确度是相当高的，哪怕是再小的按钮，对于鼠标来说也可以接受，单击的错误率很低。

而移动端的操作媒介是手，手的准确度没有鼠标那么高，因此，移动端界面中的按钮需要一个较大的范围，以减少操作错误率。

4. 操作习惯不同

鼠标通常可以实现单击、双击、右键操作，在PC端界面中也可以设计右键菜单、双击等操作。而在移动端中，通常可以通过单击、长按、滑动进行控制，因此可以设计长按呼出菜单、滑动翻页或切换、双指的放大缩小及双指的旋转等。

色块是移动端界面设计中常用的一种内容表现方式，通过色块用户可以在移动端屏幕中更容易区分不同的内容。在该移动端的界面设计中，使用不同色相的鲜艳色块来突出不同功能内容的表现，使界面的信息表现更加突出，并且大色块更容易使用户进行触摸操作。

移动界面的交互方式都是通过人们的手指来完成的，例如在该移动端应用界面中，当用户手指在界面中从左至右进行滑动操作时，就可以实现翻页的功能，并且以交互动画的形式呈现翻页过程，能够给用户带来良好的体验。

5. 按钮状态不同

PC 端界面中的按钮通常有 4 种状态：默认状态、鼠标经过状态、鼠标单击状态和不可用状态。而在移动端界面中的按钮通常只有 3 种状态：默认状态、单击状态和不可用状态。因此，在移动端界面设计中，按钮需要更加明确，可以让用户一眼就知道什么地方有按钮，当用户单击后，就会触发相应的操作。

专家提示：在同一个界面中，与移动端界面相比PC端界面可以显示更多的信息和内容。例如，淘宝、京东等网站，在网站中可以呈现很多的信息版块，而在移动端的应用界面中则相对比较简捷，呈现信息的方式也完全不同。

6.1.2 移动设备用户体验发展趋势

触摸屏、多点触控、卫星定位、摄像头、重力感应，这些几乎都成为当前智能移动通信设备或网络弹头端的标准配置，这些标准配置极大地改变了移动端的用户体验。

触摸拆掉了人与数字世界之间的障碍，操控行为从间接变成了直接，触摸屏是更为自然的与数字世界的交互方式，而且在不断演变。现在的孩子从小就通过父母的触摸式移动设备来体验数字世界，这也将决定其未来的交互方式。

随着用户以触摸的方式来与数字服务互动，我们目前所熟悉的 UI（按钮、图标、菜单）将会退出舞台，内容本身（文件、图片、视频等）正成为新的用户交互方式，内容本身将逐渐占据移动设备屏幕，成为主流的审美观念，对用户的手指行为产生反应。

卫星定位让随时随地告知系统用户身处何处成为可能，从而可以设计出各种借助于地理位置的信息推送或本地化社会交互，增强在特定时空的用户个性化服务体验。

移动互联网设备上的摄像头不仅可以随时随地地方便用户捕获影像信息，大大丰富了影像的信息源头，双向摄像头的大规模应用还广泛用于面对面的交流与交互，这大大改善了非现场的人们借助于通信设施进行情感沟通的体验，视频电话和视频会议相关的应用场景设计中，增强用户面对面的真实现场体验感一直是用户体验设计追求的最高目标。

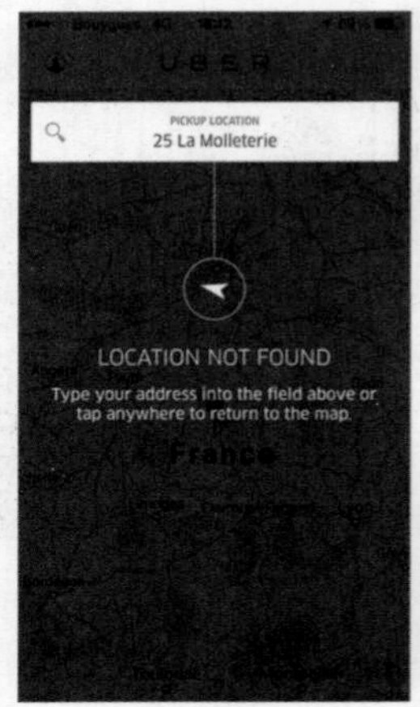

地理位置定位是移动端应用中非常突出的功能之一，在移动端中最突出的应用就是地图，通过该功能可以定位出用户当前所在的位置，并且可以计算出从当前位置到某地的出行路线、耗时等非常个性化的功能，为用户带来极大的便利。

使用不同颜色、同一设计风格的图标为用户提供了多种交流与沟通的形式，其中就包括语音、视频等，极大地提升了移动端的用户体验。

移动端的许多社交应用中，除了提供了 PC 端常规的文字、图片等传统沟通交流方式外，还根据移动端的特点，加入了语音、视频、位置等功能，这些功能都极大地丰富了移动端的用户情感体验，也是传统 PC 端无法比拟的。

专家提示：移动设备也有其局限性，例如体积小、电能有限，无线网络不稳定，而且每个用户所能下载的数据量也有限制，用户在移动设备上的耐心是很有限的。这些局限的改变需要多年的技术和经济发展才能解决，因此，如今UX面临在用户体验和无线网络限制之间寻求一个平衡。

另一个发展趋势就是：单个设备控制多个屏幕，这个趋势有着两个发展方向。第一，屏幕耗电在减少，这样在单一设备会出现多个屏幕。第二，就是把内容从手机端转移至其他设备，例如无线连接到 PC、TV 等。这一发展趋势所带来的变化就是 1+1>2，多个数字接入点的结合大于各个数字设备的综合。

这些趋势对于目前的用户体验设计都是挑战，所以用户体验设计师必须不停地学习，从而为多屏幕多用户时代的设计做好准备。

6.1.3 移动设备的交互设计

移动设备一般屏幕受限、输入受限，且在移动场所中使用也会带来一些设计上的限制，因此与基于 PC 端的互联网产品在交互设计上有很大的区别。下表为移动设备与 PC 交互设计的区别。

	PC	移动设备
输入	鼠标 / 键盘操作	拇指 / 食指 / 触摸操作
输出	取决于显示器	相对明显更小的屏幕
风格	受到浏览器和网络性能限制	受到硬件和操作平台限制
使用场景	家中、办公室等室内场所	室内、户外、车中、单手、横竖屏等多种场景

与普通 PC 相比，移动设备的交互设计有如下几种限制。

- 输入限制：按键需要焦点和方向键、OK 键以及左右软键、删除键等硬件之间的配合；移动端的触摸设备尤其需要注意区分可否点击，并且可点击的部分需要准确的释义，因为缺少 Web 界面中的悬停提示。
- 输出限制：移动端屏幕无法显示足够多的内容，没有足够空间放置全局导航条，没有足够空间利用空隙和各种辅助线来表达区块之间的关系。
- 使用场景限制：界面需要能够适应比 Web 更多的典型场景，例如光线的强弱与使用者走动等情况，所以设计师需要去尝试在各种环境中，包括对比度和字号等能否满足使用需求。

移动端界面的操作比 Web 页面复杂，需要了解其所基于的机型的硬键情况才能确定如何控制；移动端应用因为空间所限需要与 Web 具有不同的导航形式。因屏幕空间有限，移动端应用在操作步骤的缩减方面需要倾注更多的精力；因硬键和逻辑所限，移动端应用需要在控件、组件释义方面倾注更多的精力。

然而移动设备携带方便，可以在户外使用，更容易与外部环境包括其他信息系统进行交互和信息交换。此外，移动设备一般有特殊的硬件功能或通信功能，如支持 GPS 定位、支持摄像头、支持移动通信等。

这是一款天气类移动端界面设计，使用城市风景图像作为界面背景，在界面正中间位置使用大图标与文字结合表现当前的天气情况，在界面底部介绍未来几天的天气情况，界面效果非常简捷、直观。

这是一款移动端的出行应用界面设计，其使用了移动端特有的地理位置定位功能，能够随时随地查看用户当前所处的位置，并且为用户提供了公交、地铁、出租等多种出行方式的选择，非常方便。

6.1.4 移动端应用的用户体验设计

在确定移动端的交互设计之前，需要先对移动端的用户使用习惯有一些基本的了解，对移动端的用户体验信息做一些收集整理。收集用户体验信息首先需要确定两个问题：一是确定目标用户群体；二是确定信息收集的方法和途径。

在收集用户体验信息时，应该首先考虑所需设计的产品的用户或是有过类似产品使用经验的用户。在理想的情况下，当用户体验产品的交互时，设计师可以通过某种技术或是研究方法获得用户的全部感官印象，掌握他们的情感体验。然而这些主观的体验信息很难用实验室的方法收集或是客观的科学描述表达出来。因此我们只能寻求贴近实际的近距离接触用户体验的方法，就是深入访谈和现场观察。

需要调研的信息可以分为硬件部分、软件部分、积极的和消极的用户体验。

硬件部分	移动设备的持机模式（右手操作、左手操作、双手操作）；手机的操作模式（手指触控、按键、滚动、长按）；两种操作模式下的输入方式（全键盘、九键、触屏键盘、手写）；信息反馈形式（屏幕信息输出、声音、振动、灯光）对用户的影响。
软件部分	用户对屏幕信息结构的认识（空间位置、信息排列顺序、信息的分类）；用户对信息导航的使用（菜单、文件夹管理、搜寻特定文件）；用户对信息传达的理解（图形信息、文字信息）；用户对交互反馈的获知（每个操作是否有明确的反馈）。
积极的用户体验	特殊交互模式带来的新奇感受——有趣；简捷的操作步骤和有效的信息提醒方式——信任感；软件运行速度，信息处理过程——操纵感和成就感；允许误操作，有效引导——安全感；交互过程中的完美感官体验（视觉、听觉）；类似于电脑操作过程中的交互——熟悉感和成就感；品牌元素在交互上的延续性——熟悉感和优越感。
消极的用户体验	系统出错、没有提示信息——压力、紧张和茫然；缺少操作的补救机制——挫败感、压力；交互步骤的繁复难记——挫败感；提示信息的不明确——茫然；过程处理时间过长——焦虑。

根据调研的用户需求和体验信息可以把用户分为以下两类。

1. 过程为主的用户

过程为主的用户的典型例子是电玩族，他们追求的终极目标是视觉、听觉的冲击和享受，最终游戏的结果反而变得不是那么重要了。此类设计对视觉和创意的要求是极为挑剔的，需要界面拥有突出的视觉表现效果。

这是一款移动端的益智游戏界面，先通过为文字添加图层样式，使文字具有立体感，其次对文字变形，从而得到可爱效果。通过绘制简单图形，添加纹理素材，使图标更有质感，使界面更加生动形象，具有强烈的真实感。通过出色的视觉效果设计，有效吸引用户的关注。

2. 结果为主的用户

结果为主的用户不在乎用什么样的方式完成任务，但是必须以最短的时间、最简捷的方式、最精确的运算结果来完成任务。对于此类用户的交互设计人员来讲，更重要的是设计更合理的任务逻辑流程，以期最大幅度地符合人们的思考方式和认知过程。

这是一款设计风格非常简捷的移动端电商APP界面，使用纯白色作为主色调，搭配简约的图形和商品图片，使得商品图片在界面中的效果非常突出。并且其操作步骤也非常简短，在界面中通过图标、说明等方式相结合，有效地引导用户完成商品购买操作。

在对用户需求调研与分类基础上，移动端交互设计需要遵循以下规范与原则。

在硬件方面，根据人机工程学原理设计按键大小等硬件交互要素，尽可能提供多种输入方式，包括键盘输入和手写输入，键盘包括数字键盘和全键盘。合理设计键盘使其符合用户的使用习惯，考虑到环境对用户操作的影响。

在信息交互设计方面，主要关注信息项目的排布密度合理，字体排列、图标排列的方式具有可调性，设计合适的方式来突出重点信息；使用用户的语言来传达信息，而非技术的语言。有效地使用“隐喻”，好的隐喻可以起到快捷的说明作用；字号大小、颜色、图标设计等都决定了界面可读性的好与坏。

层叠放置的专辑封面图片，既增强了界面的视觉层次感，也暗示了用户可以通过在该部分滑动来切换当前所播放的专辑

在该移动端音乐播放界面的设计中，顶部放置当前所处的状态和项目信息，便于用户清晰定位，中间放置详细信息，包括专辑封面展示、当前歌曲的播放进度的控制操作按钮，在专辑封面的处理上使用叠加的方法，使界面形成视觉立体感。使用模糊处理的图像作为界面的背景，在界面中主要使用白色的文字和图形来表现信息和功能操作图标，对于播放进度和当前正在播放的歌曲名称则使用黄色进行突出表现，使得界面的信息内容清晰、直观。

需要保持一致性的不仅有每个功能软件或是服务的图标外观，更包括细节元素和无形框架的一致，都需要贴合用户行为习惯进行设计；尽量避免同一个元素包含太多的信息，例如，颜色的使用不要包含太多信息暗示，因为用户不一定会注意到或是理解某种颜色所包含的暗示。

应用中的多个界面，无论是配色、功能布局，还是界面的布局框架都保持了一致性，从而给用统一的操作使用感受

保持界面一致性可以让用户继续使用那些之前已经掌握的知识和技能。例如该移动端的应用界面设计，无论是界面的设计风格还是界面中功能区域的布局都保持了一致性原则，用户在使用的过程中，可以很方便地进行操作。

在软件方面，移动端交互设计的关键在于导航和随时转移功能，要方便从一个应用跳转到另外一个应用，从一个功能跳转到另外一个功能；应该为用户提供良好的防错机制，误操作后，系统提供有针对性的清晰提示。即使发生错误操作，也能够帮助用户保存好之前的操作记录，避免用户重新再来；通过缩短操作距离和增加目标尺寸来加速目标交互操作。

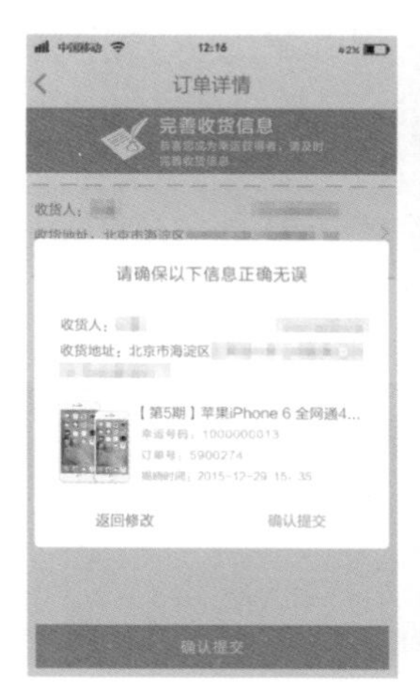

将重要的操作按钮放置在界面的底部，距离用户的手指距离更近，而使用大面积的色块来突出表现，使用户更容易进行点击操作

对于用户容易出错的操作都应该给予相应的提示信息，特别是一些提交后就无法进行修改的信息内容，例如转账、在线购票等，必须给予确认提示，从而尽可能避免用户输入错误导致的麻烦和损失。

例如在移动端电商应用的商品详情界面中，通常都是在界面底部使用色彩鲜艳的大色块来突出表现交易按钮，使用户能够轻松地进行点击购买。

在体验交互设计方面，让用户控制交互过程。预设置的默认状态应该具有一定共通性和智能性，并对用户操作起到协助或提示作用。此外，还应该留给用户修改和设置默认状态的权限。多方面考虑用户信息的私密性，为用户提供有效的保护机制。

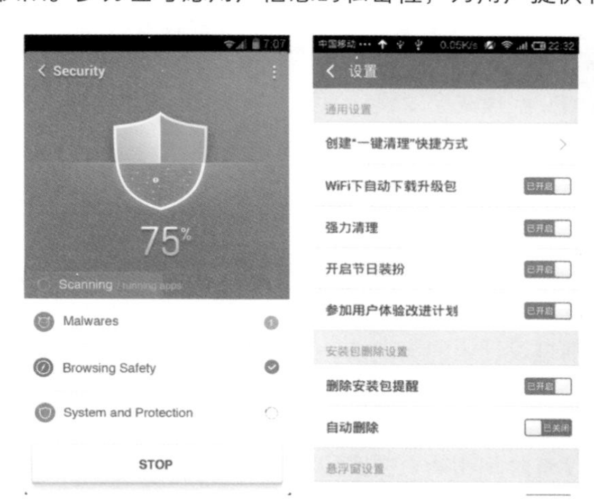

付款界面不允许截屏提醒

这是移动端某系统清理软件界面，使用不同颜色的小图标与简短的文字描述相应内容，在设置界面中，各功能选项的开关按钮使用不同的背景色和简短的单词描述该选项的不同状态。

这是“支付宝”移动端的付款界面，当我们想对付款界面进行截图时，系统会对不安全行为进行警告，并阻止用户截屏，杜绝不安全因素。

技巧点拨：**在移动端界面设计中应该注意界面的视觉设计，例如开关机动画、界面显示效果等，界面中的图标、多媒体设计、细节设计和附加功能设计为体验增值，有效提升用户体验。**

6.2 移动端设计流程及视觉设计

在一个成熟且高效的移动应用产品团队中，用户体验设计师会在前期加入到项目中，与团队成员一起针对所设计的产品定位、分析等多方面的问题进行探讨。在本节中将向读者介绍移动端应用设计的流程及方法，可以有效帮助设计师提升移动端产品的用户体验。

6.2.1 移动端设计流程

可以将移动端应用设计流程总结为 1 个出发点、4 个阶段，如下表所示。

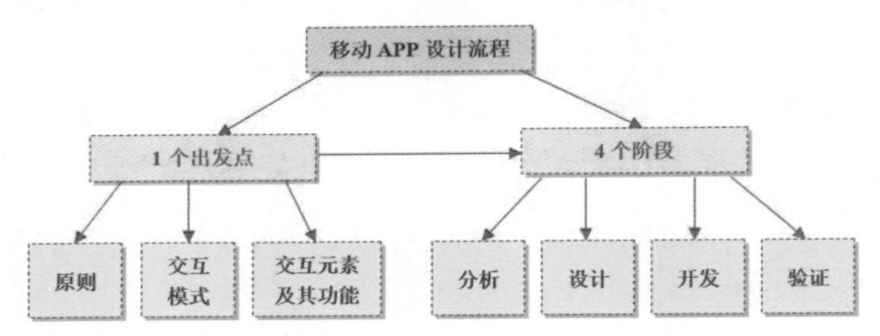

1. 出发点

➢ 了解设计的原则

没有原则，就丧失了移动应用设计的立足点。

➢ 了解交互模式

在做移动端应用设计时，不了解产品的交互模式会对设计原则的实施产生影响。

➢ 了解交互元素及其功能

如果对于基本的交互元素和功能都不了解，如何进行设计？

2. 分析

“分析”阶段包括 3 个方面，分别是用户需求分析、用户交互场景分析、竞争产品分析。

出发点与分析阶段可以说是相辅相成的。对于一个比较正规的移动应用项目来说，必然会对用户的需求进行分析，如果说设计原则是设计中的出发点，那么用户需求就是本次设计的出发点。

如果需要设计出色的移动端应用界面，必须对用户进行深入的了解，因此用户交互场景分析很重要。对于大部分项目组来说也许没有时间和精力去实际勘查用户的现有交互，进行完善的交互模型考察，但是设计人员在分析的时候一定要站在用户的角度进行思考：如果我是用户，这里我会需要什么。

竞争产品能够上市并且被广大用户所熟知，必然有其长处。每个设计师的思维都有局限性，看到别人的设计会有触类旁通的好处。当然有时候可以参考的并不一定局限于竞争产品。

3. 设计

采用面向场景、面向事件和面向对象的设计方法。

移动端应用设计着重于交互，因此必然要对最终用户的交互场景进行设计。

移动端应用是交互产品，用户所做的是对软件事件的响应以及触发软件内置的事件，因此要面向事件进行设计。

面向对象设计可以有效地体现面向场景和面向事件的特点。

4. 开发

通过“用户交互图”（说明用户和系统之间的联系）、“用户交互流程图”（说明交互和事件之间的联系）、“交互功能设计图”（说明功能和交互的对应关系），最终得到设计产品。

5. 验证

对于产品的验证主要可以从以下两个方面入手。

➢ 功能性对照

移动应用界面设计得再好，和需求不一致也不行。

➢ 实用性内部测试

移动应用界面设计的重点是实用性。

通过以上 1 个出发点和 4 个阶段的设计，就可以设计出完美的、符合用户需要的移动端应用产品。

6.2.2 视觉设计

在移动端应用原型完成之后，就可以进行视觉设计了。通过视觉的直观感觉还可以为原型设计进行加工，例如可以在某些元素上进行加工，如文本、按钮的背景等。

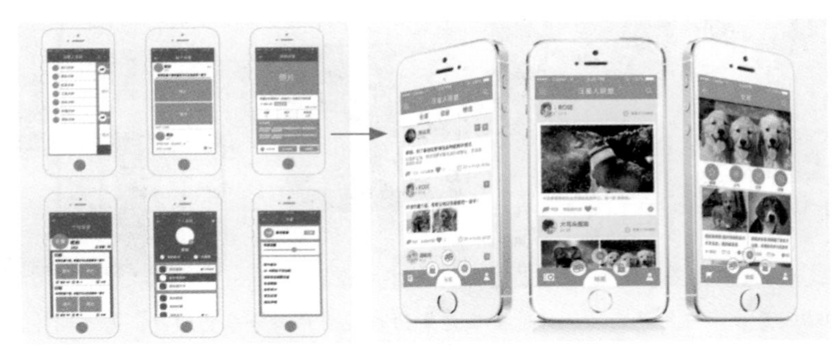

移动应用界面的视觉设计其实也是一种信息的表达，充满美感的应用界面会让用户从潜意识中青睐它，甚至于忘记时间成本和它“相处”，同时加深用户对品牌的再度认知。而由于每个人的审美观不太相同，因此必须面向目标用户去设计界面的视觉效果。

如果需要满足传达信息的要求，移动端应用界面的视觉设计就必须基于以下 3 个条件进行。

1. 确定设计风格

在对移动端应用界面进行视觉设计之前，首先需要清楚该应用产品的目标用户群体，设计风格也需要根据目标用户的认识度而调整，其实就是要先根据目标人群确定设计风格。所以，设计的风格要去迎合使用者的喜好。

2. 还原内容本身

美观的内容形式与富有真实感的界面设计使用户在体验时会感到自然。移动端应用的界面是用户了解信息和产品的主要途径，因此在设计时，要还原产品本身。当产品的界面越接近真实世界，用户的学习成本就越低，产品的易用性就会提高。

3. 制定设计规范

大多数用户都有自己的使用习惯，如何才能让界面的设计符合用户的喜好，就需要制定一个视觉规范。视觉设计也可以说是一种宣传，以最直观的方式传达出品牌风格。移动应用交互界面也是同样的，在有限的屏幕上通过视觉设计，将操作线索、过程和结果，清晰地传达给用户。

这是一款移动端照片分享应用界面的设计，重点是突出表现用户所分享的照片，而界面中的功能按钮等都是为此而服务的，所以界面的构成要尽可能简约，使用简约图标来体现各部分功能按钮，而在用户所分享的照片中通过相互叠加和图层样式的应用，体现出层次感和立体感，使得界面的整体表现更加丰富多彩。在界面设计中使用明度和纯度较高的洋红色和蓝色作为界面的主体颜色，给人眼前一亮的感觉，在界面中搭配白色的图标和文字，直观清晰，使界面能够表现出一种华丽的视觉效果。

6.2.3　如何提升移动端应用的用户体验

移动端应用的界面设计各异，移动设备用户在众多的应用产品使用过程中，最终会选择界面视觉效果良好，并且具有良好用户体验的应用产品。那么怎样的移动应用设计才能够给用户带来好的视觉效果和良好的用户体验呢？接下来向读者介绍一些提升移动端用户体验的设计技巧。

1. 第一眼体验

当用户首次启动移动应用程序时，在脑海中首先想到的问题是：我在哪里？我可以在这里做什么？接下来还可以做什么？要尽力做到应用程序在刚打开的时候就能够回答用户的这些问题。如果一个应用程序能够在前数秒的时间里告诉手机用户这是一款适合他的产品，那么他一定会进行更深层次的发掘。

在该移动端界面设计中，通过色彩来区分不同的内容区域，层次结构非常清晰。通过图标与文字相结合，清晰地展现用户可以进行的操作，非常直观、便捷。

该移动端界面的设计简捷、直观，在顶部的标题栏中可以清楚地看到用户当前所处的位置。在界面内容区域中，使用特殊的背景颜色来突出表现当前选择的选项。在菜单界面中，通过图标与菜单选项相结合，更加清晰、直观地表明用户可以进行的操作。

2. 便捷的输入方式

在多数时间中，人们只使用 1 个拇指来执行应用的导航，在设计时不要执拗于多点触摸以及复杂精密的流程，要让用户可以迅速地完成屏幕和信息之间的切换和导航，让用户能够快速地获得所需要的信息，珍惜用户每次的输入操作。

3. 呈现用户所需

用户通常会利用一些时间间隙来做一些小事情，将更多的时间留下来做一些自己喜欢的事情。因此，不要让用户等到应用程序来做某件事情，尽可能地提升应用表现，改变 UI，让用户所需结果的呈现变得更快。

在该选择界面中，不但可以通过字母进行快速查找，还可以通过搜索的方式快速定位需要的内容，用户操作起来非常方便。

在该天气界面的设计中，通过图标与文字信息结合背景图像，非常直观地表现信息内容，使用户看一眼就能够明白。

4. 适当的横向呈现方式

对于用户来说，横向呈现带来的体验是完全不同的，利用横向这种更宽的布局，以完全不同的方式呈现新的信息。

左侧截图为同一款 APP 应用分别在手机与平板电脑中的不同的呈现方式。平板电脑提供了更大的屏幕空间，可以合理地安排更多的信息内容，而手机屏幕的空间相对较小，适合展示最重要的信息内容。通过横竖屏不同的展示方式，可以为用户带来不同的体验。

5. 制作个性应用

向用户展示一个个性的、与众不同的风格。因为每个人的性格不同，喜欢的应用风格也各不相同，制作一款与众不同的应用，总会有喜欢上它的用户。

6. 不忽视任何细节

不要低估一个应用组成中的任何一项。精心撰写的介绍和清晰且设计精美的图标会让所设计的应用显得出类拔萃，用户会察觉到设计师所额外投入的这些精力。

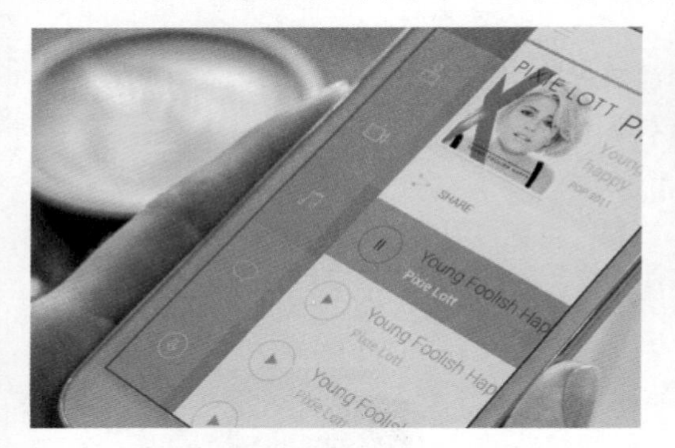

在该移动端界面设计中，将功能操作按钮使用背景色块排列在界面的左侧，打破传统的布局方式，给用户带来新意，同样也能方便用户的操作。

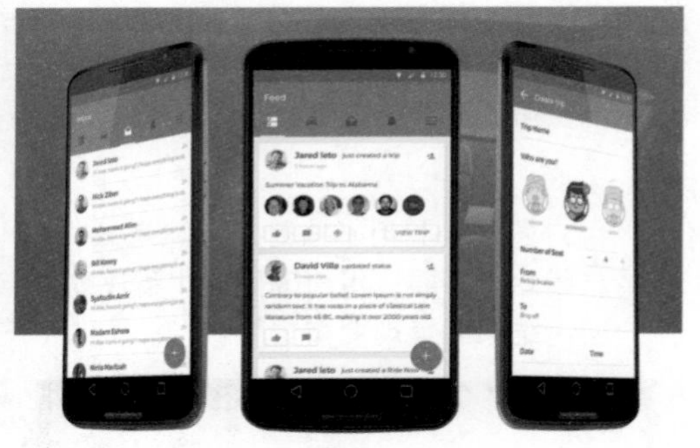

操作界面更重要的是实用，所以通用性一定要强，并且需要注意界面的设计细节，做到操作界面的统一，使用户能够快速熟悉操作界面。

6.3 移动端界面设计内容

目前，智能移动设备的界面设计在视觉效果上已经达到了一个相当高的水平，如何让用户使用时感到舒适、方便已经成为现在设计师在设计时需要考虑的问题，一切必须以人的需求为前提，这也是人本主义设计关注的焦点之一。可以预见，未来一段时间移动设备界面的设计在视觉效果更加突出的同时，人机交互性也会是设计师关注的重点，具有优秀的人性化的设计，才是用户真正想要得到的。

成功的移动应用界面设计必须进行人机方面的可用性研究，了解人在感觉和认知方面的需求。在设计的同时，必须充分考虑各视觉元素的样式和在不同操作状态下的视觉效果。移动端界面设计所涉及的具体内容很多，总的来说可以概括为视听元素设计和版式设计两个方面。

6.3.1 视听元素设计

这里所说的视听元素，主要包括文本、图标、图像、表格、导航工具等界面构成元素，无论是文本、图标，还是图像、表格、导航工具，设计师需要考虑的是如何把它们放进移动设备的屏幕中才能达到很好的效果。

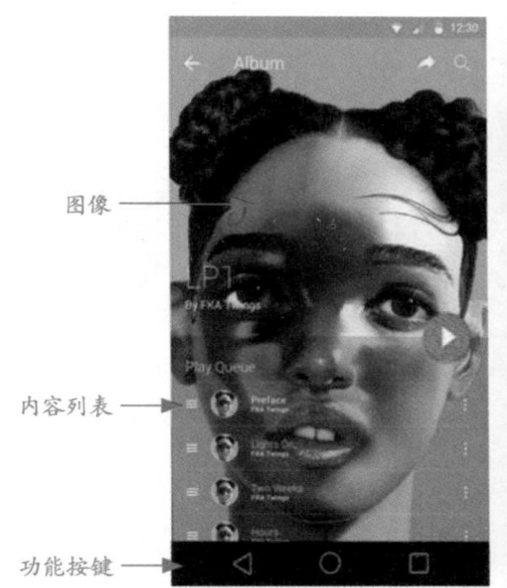

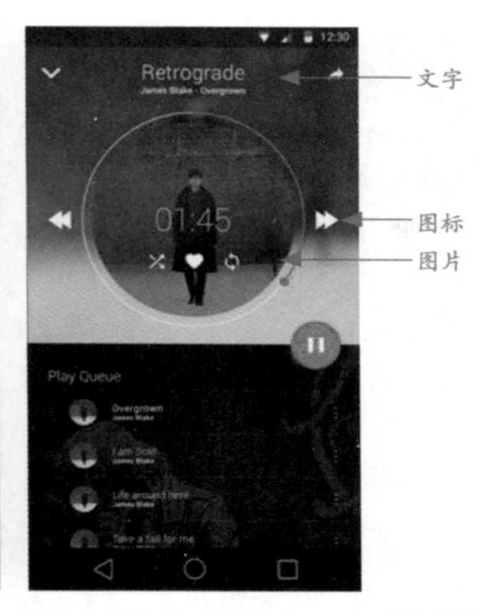

因为手机的尺寸有限，所以在有限的尺寸中如何合理布局是关键，根据不同型号的手机大小，必须考虑图片和界面元素的大小位置，通过合理的布局，达到想要的效果，从而给用户带来便捷舒适的感觉。

1. 图标设计

手机界面最大的特点就是屏幕尺寸小，传统的用户界面、窗口界面技术不适用，因此，让手机视听元素一目了然是非常重要的。

以移动端界面中的图标设计为例，很强的辨识性是图标设计的首要原则，是指设计的图标要能够准确地表达相应的操作，让用户一眼看到就能明白该图标要表达的意思。例如道路上的图标，可识别性强、直观、简单，即使不识字的人，也可以立即了解图标的含义。

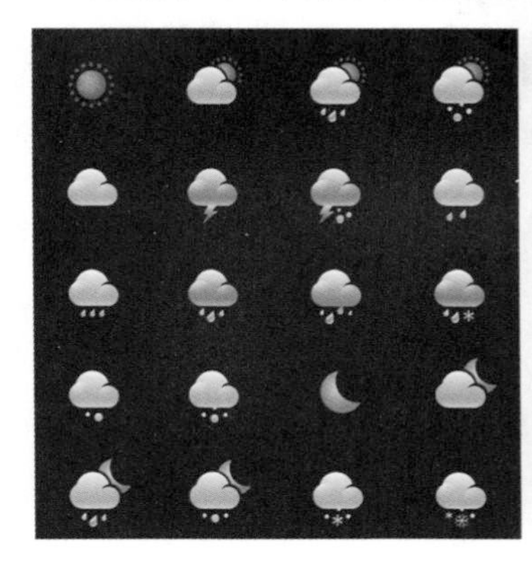

天气图标也是在各种界面中非常常见的图标类型，具有很高的可识别性，用户只需要看到图标就能够明白天气情况，这就是图标辨识性的一种重要表现。

在移动端界面设计中，很多图标都表示一个目标动作，它应该具有很强的表意性，帮助用户识别。同时，由于移动设备屏幕有尺寸限制，图标不易过大，否则会产生比例失调。当然，由于移动设备上图标的可点击性，图标的设计也不能过小，否则用户使用手指操作时会产生困难。

使用简约的图标在移动应用界面中表现功能，具有很好的识别性，可以起到突出功能和选项的作用

图标在设计中一般是提供单击功能或者与文字相结合描述功能选项，了解其功能后要在其易辨认性上下工夫，不要将图标设计得太花哨，否则用户不容易看出它的功能。好的图标设计是只要用户看一眼外形就知道其功能，并且移动应用界面中所有图标的风格需要统一。

图标的颜色也要保证可识别性，例如，在暗色的背景上，图标颜色的设计就应该以白色、黄色、草绿等亮色为主色调。为了确保图标显示效果的清晰，尽可能简化图标的设计风格，例如目前流行的扁平化设计风格就非常适合移动端界面设计。

简约的纯色功能操作图标设计

简约的线框功能操作图标设计

在移动端应用界面中的图标设计不能过于复杂，需要考虑到在各种不同的背景中的显示效果。例如左侧两个移动端应用界面中的图标，分别应用了简约的纯色和线框设计风格进行表现，并且为每个图标都添加了功能说明文字，简捷、直观，无论在什么背景颜色下都具有很好的视觉效果。

> 技巧点拨：在图标颜色的选择上，图标的色彩不宜过多，过多的颜色出现在一个小的区域中会产生一种杂乱的感觉。

设计的每一个或每一组图标，最终都是需要应用到相应的界面中才能够发挥图标的作用。用户在设计图标时需要注意图标的应用环境，根据环境和主题风格的不同设计不同规格和风格的图标。

任何图标或设计都不可能脱离环境而独立存在，因此，图标的设计要考虑图标所处的环境，这样的图标才能更好地为设计服务。

这是一组智能手机系统的功能图标，应用了微渐变的扁平化设计风格，每个功能图标都保持了统一的圆角及设计风格，但每个图标又根据其具体的功能提取了关键性的图形元素和色彩进行表现，使得整组图标的风格统一，但每个图标都有其特定的视觉表现效果，从而将这一组图标应用到界面中时，能够使界面保持统一的设计风格，并突出每个功能应用的特点。

专家提示：**图标在移动APP设计中无处不在，是移动APP设计中非常关键的部分。随着科技的发展、社会的进步，人们对美、时尚、趣味和质感的不断追求，图标设计呈现出百花齐放的局面，越来越多的精致、新颖、富有创造力和人性化的图标涌入浏览者的视野。**

2. 文本设计

和传统按键式手机不同，触屏智能手机上的文本大多是可以触摸操作的，要在用户操作的同时，保证文字的可识别性和减少用户误操作的概率，这就对文本图形的设计提出了更高的要求。

（1）大小反差

在桌面端我们可能会采用字号差异较大的文字组合，移动端屏幕较小，容纳的文字也较少，同等的字号差异在小屏幕上的感受会被放大。原因是我们在使用这两种设备时的观看距离不同，在桌面端我们的眼睛离屏幕较远，而在移动端则相反，因此我们应该在移动端使用较小的字号反差。

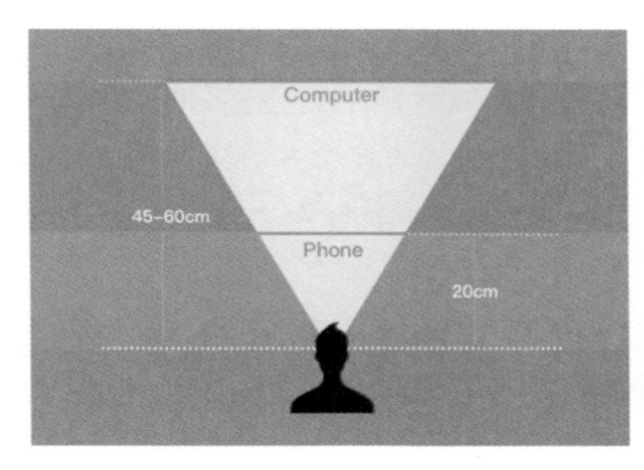

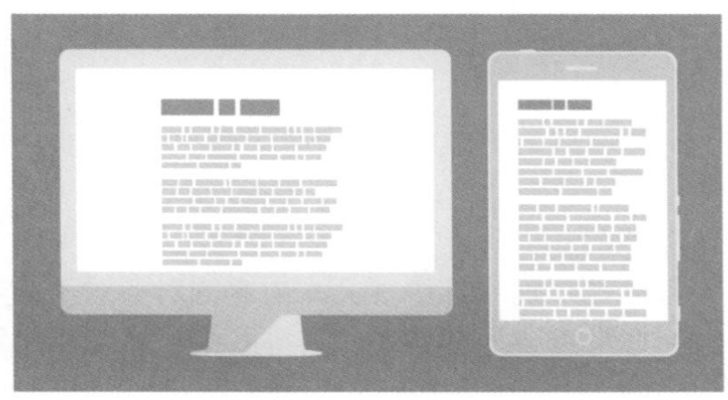

（2）字重

在移动端界面设计中，不要使用 Photoshop 中的字体加粗功能，它不仅会破坏字体本身的美感，还改变了文字原本的字宽而影响段落内文字的对齐。合理的方式是使用字体本身的字重来控制，例如移动端界面中常用的苹方、STHeiti、Helvetica Neue 等字体本身就提供了 Light、Regular、Medium 等三种甚至更多的字重选择。

最美中文　Helvetica Neue
最美中文　Helvetica Neue
最美中文　**Helvetica Neue**
最美中文　Helvetica Neue

（3）字间距

在移动端界面设计中，不要轻易改变字体默认的字间距，因为字体在设计过程中已经充分考虑了这款字体所适合的字间距，如果不满意可以更换使用其他的字体。

（4）颜色反差

移动设备的使用环境复杂多变，而且不局限在室内，有可能在室外，甚至暴露在强烈的阳光下，这就需要设计师确保所设计的界面中的文字内容在任何环境中都能够轻松地识别，即使是色弱者也可以正常阅读，这样才能够为用户带来良好的用户体验。

（5）栅格系统

移动设备的屏幕尺寸较小，一些在 PC 端无关大雅的文字排列、间距等问题，在小屏幕的移动端中会变得非常突出。

在该以文章内容为主的移动端界面中可以看出，段落右侧与卡片的间距明显大于左侧。造成这个问题的原因是设计时对文本框的宽度与文字大小之间的关系考虑不周全，导致文字并不能完美地填充满文本框。

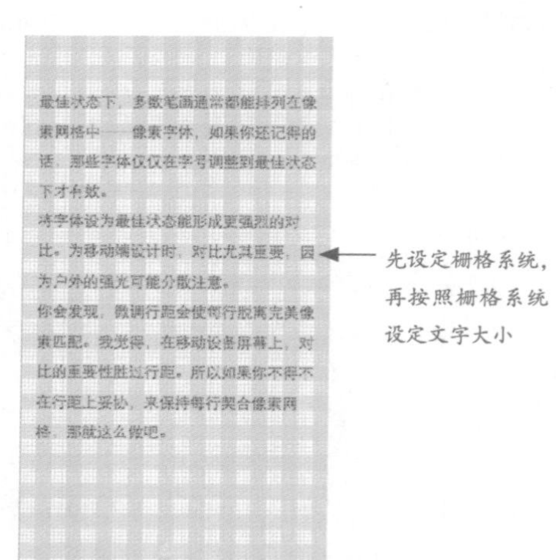

在移动端界面的实际设计过程中，可以先设定一个栅格系统，例如定义最小栅格为 8px×8px，可以得到上面的栅格图，以 8 为基本单位，把所有字号、文本框宽度设定为 8 的倍数，这样我们就可以确保汉字始终保持对齐。

（6）对齐

在移动端界面设计中，文本内容的对齐对于内容的呈现、界面的整洁，以及给用户的视觉印象都非常重要。在英文段落排版中，通常都是采用左侧对齐的排版方式，让右侧自然形成起伏边缘。对于中文段落的排版与阅读习惯而言则相反，段落文字的头尾对齐尤其重要。

步降低收费标准的考虑?

答：为进一步降低投资者交易成本，沪、深证券交易所和中国证券登记结算公司经研究，拟调低 A 股交易结算相关收费标准。沪、深证券交易所收取的 A 股交易经手费由按成交金额 0.0696 ‰双边收取调整为按成交金额 0.0487 ‰双边收取，降幅为 30%。在 0.0487 ‰中，0.00974 ‰转交投资者保护基金，0.03896 ‰为交易所收费。中国证券登记结算公司收取的 A 股交易过户费由目前沪市按照成交面值 0.3 ‰双向收取、深市按照成交金额 0.0255 ‰双向收取，一律调整为按照成交金额 0.02 ‰双向收取。按照近两年市场数据测算，降幅约为 33%。沪、深证券交易所和中国证券登记结算公司将抓紧完成相关准备工作，于 8 月 1 日起正式实施。

可以看到文章内容采用左侧对齐方式，但段落的右侧参差不齐，非常难看

低收费标准的考虑?

答：为进一步降低投资者交易成本，沪、深证券交易所和中国证券登记结算公司经研究，拟调低A股交易结算相关收费标准。沪、深证券交易所收取的A股交易经手费由按成交金额0.0696‰双边收取调整为按成交金额0.0487‰双边收取，降幅为30%。在0.0487‰中，0.00974‰转交投资者保护基金，0.03896‰为交易所收费。中国证券登记结算公司收取的A股交易过户费由目前沪市按照成交面值0.3‰双向收取、深市按照成交金额0.0255‰双向收取，一律调整为按照成交金额0.02‰双向收取。按照近两年市场数据测算，降幅约为33%。沪、深证券交易所和中国证券登记结算公司将抓紧完成相关准备工作，于8

准的考虑?

答：为进一步降低投资者交易成本，沪、深证券交易所和中国证券登记结算公司经研究，拟调低A股交易结算相关收费标准。沪、深证券交易所收取的A股交易经手费由按成交金额0.0696‰双边收取调整为按成交金额0.0487‰双边收取，降幅为30%。在0.0487‰中，0.00974‰转交投资者保护基金，0.03896‰为交易所收费。中国证券登记结算公司收取的A股交易过户费由目前沪市按照成交面值0.3‰双向收取、深市按照成交金额0.0255‰双向收取，一律调整为按照成交金额0.02‰双向收取。按照近两年市场数据测算，降幅约为33%。沪、深证券交易所和中国证券登记结算公司将抓紧完成相关准备工作，于8月1日起正式实施。

这是某移动端新闻内容页面，可以看到在夹杂了数字和英文字母、字符的情况下，原本中文的整齐排列被打乱了，文章内容的右侧严重参差不齐，非常难看。

以上两张截图是同一篇文章另外两种版面的呈现效果。两者的处理方式类似，都是通过程序的设置，微调文字的间距以补足文字行右侧存在的空白，区别是当标点出现在行末时，左侧截图是将标点外置，右侧截图是将标点放在了内部。

3. 图形设计

图形是组成界面的最基本元素，移动应用界面设计制作也包括在手机程序制作中，衡量一个应用程序是否“美观”的标准是观察其 UI 界面与内部程序功能是否相符合，是否能够更好地方便用户的操作。

一个设计精美的界面能够在第一时间留给用户良好的印象，而要为程序制作一个美观的界面，首先需要熟悉各种图形在界面中的用途。

（1）直线

在移动端的应用界面中，当界面中需要选择的选项较多时或要显示的内容较复杂时，就可以使用直线进行分隔，使内容更加清晰、有条理。

使用这种装饰性较低 、较简单的形状元素作为分隔线，既保证了界面的整洁，又能够方便用户浏览。在界面中使用这种形状时，通常不会添加太多的效果，避免复杂的效果导致用户在浏览内容时被干扰。

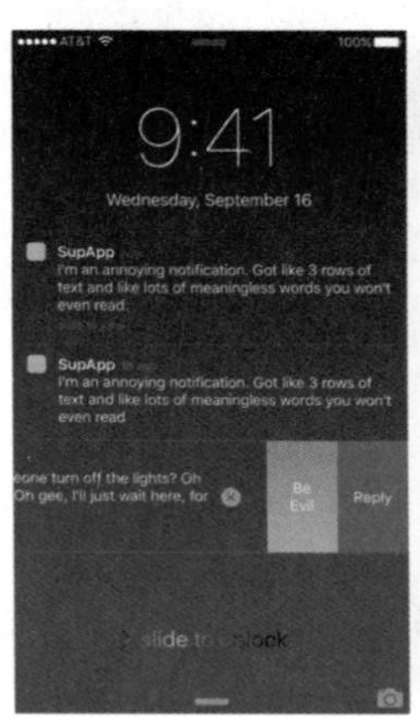

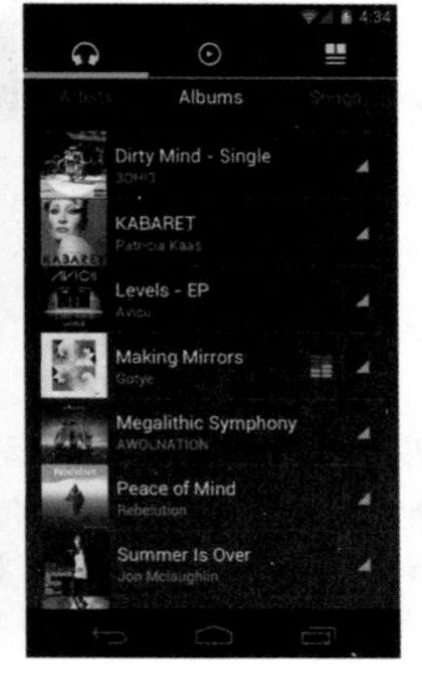

在不同的移动端应用界面设计中，可以看到多处都使用了直线作为信息内容的分割，这种方式非常简捷，不会破坏界面原有的表现效果，并且能够使界面内容更加清晰、整洁，使用户更容易区分不同的内容。

（2）矩形

矩形是任何移动端应用界面的设计制作中都会或多或少涉及的基本图形，通常会被作为许多琐碎元素或文字的背景元素出现，将所有零散的、杂乱的复杂元素集合在一个方方正正的矩形上，既起到很好的规范界面效果的作用，又整理了所有零散元素，能够很好地帮助用户浏览并获取有用的信息，是一种最简单、最不可缺少的图形元素。

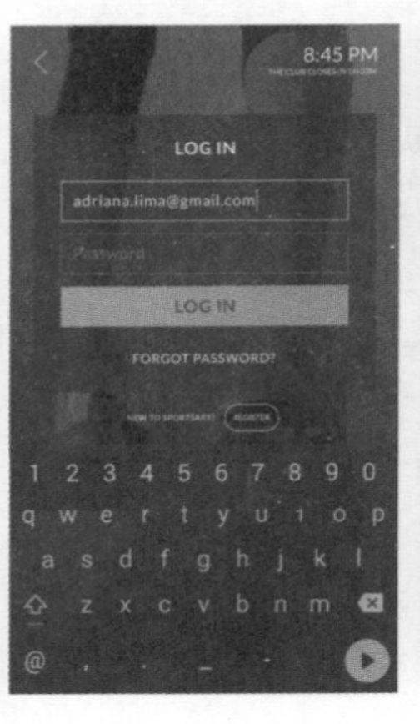

在不同的移动应用界面设计中可以看出，矩形的应用非常频繁，既可以使用矩形作为按钮的背景，来突出该按钮选项的表现，也可以使用矩形色块作为内容的背景，在界面中划分出不同的内容区域，从而使用户能够更加容易区分。

（3）圆角矩形

圆角矩形不像矩形一样，在任何移动端界面中都能够见到，但这种形状也是一种经常会涉及的基本图形，圆角矩形同样也可以用来将所有零散的、杂乱的复杂元素集合为一个规整的整体，方便用户浏览。

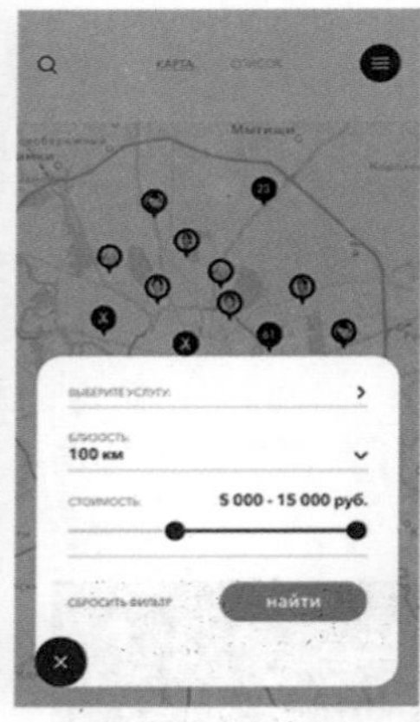

在移动端的界面设计中经常使用圆角矩形来组织和划分界面不同类型的一组选项或内容，从而使用户更好地区分，也通过这种方式来引起用户的注意。

专家提示：在移动端界面设计中，大多数图标的背景都是圆角矩形的，特别是iOS和Android系统中各APP应用的启动图标都是采用圆角矩形设计的。这种形状既具有矩形一样的整齐效果，却又不像矩形一样拘束、死板，将许多大小和形状相同的圆角矩形搭配在一起，既美观又不失灵动、美观。

（4）圆形

圆形可以分为正圆形和椭圆形两种，在移动端界面的设计中，正圆形图形的应用比较常见。圆形通常是作为装饰性元素或模拟真实世界中的真实事物时出现的，例如在真实世界中，许多闹钟是圆形的，而移动端应用界面中也可以将闹钟的形状设计为圆形。

左侧的第 1 张截图是将界面中的功能操作图标统一设计为圆形的效果。第 2 张截图则是模拟了现实世界中拨号键的圆形按钮。第 3 张截图同样是模拟了现实世界中的表盘所设计的时间界面。这些圆形的设计应用，都是为了使界面中的选项具有更好的可识别性，给用户带来良好的用户体验。

4. 导航设计

新兴的移动应用界面，因为其受到屏幕尺寸大小的限制，并且还需要在导航中安排大量的数据内容，因此，移动端的导航菜单设计需要更加用心，运用突出的表现形式，使用户能够更加容易操作，并且具有很好的表现效果。

移动端的导航表现形式多种多样，除了目前广泛使用的侧边导航菜单外，还有其他的一些表现形式。合理的移动端导航菜单设计，不仅可以提升用户体验，还可以增强移动电商应用的设计感。

（1）顶部导航

顶部导航菜单是传统 PC 端网页中最常用的一种导航形式，因为用户会最先看到网页的导航，便于用户操作。但是移动端毕竟不是 PC 端，屏幕尺寸较小，顶部导航菜单不符合人机工程学，而且移动端需要用户用手指去操作，因此顶部的导航菜单在移动端的设计中应用比较少。

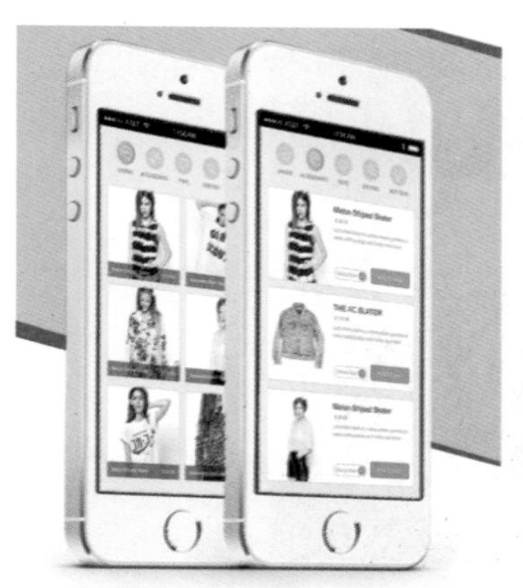

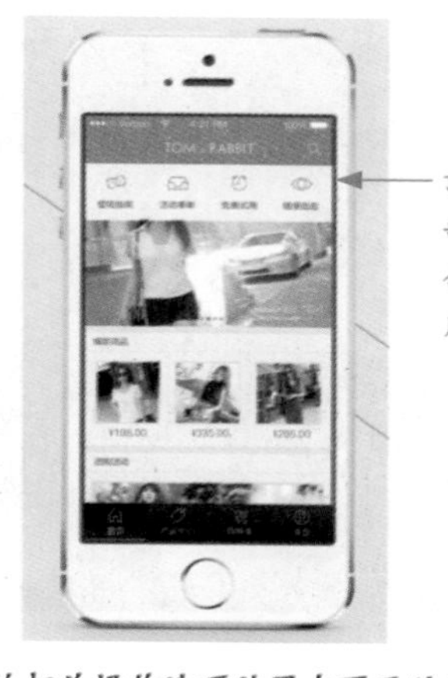

顶部导航与底部导航相结合，更加方便用户操作

左侧的两个移动端应用界面设计中，将当前页面的相关操作选项放置在页面的顶部，而将应用系统功能导航放置在页面底部，通过顶部导航可以对当前页面中显示的内容进行设置，而通过底部导航可以很方便地跳转到该应用系统的其他操作界面，非常方便。

（2）底部导航

底部导航菜单是移动端非常常见的一种导航菜单形式。对于手机来说，为触摸进行交互设计，主要针对的是拇指，底部导航模式符合拇指热区操作。

在手机操作中，拇指的可控范围有限，缺乏灵活度。尤其是在如今的大屏手机上，拇指的可控范围还不到整个屏幕的 1/3，主要集中在屏幕底部和与拇指相对的另外一边。随着手机屏幕越来越大，内容显示变多了，但是单手操作变难了。这也就是为什么，工具栏和导航条一般都在手机界面的下边缘，而将导航放置在屏幕底部即拇指热区，这样的方式为单手持握时拇指操作带来了更大的舒适性。

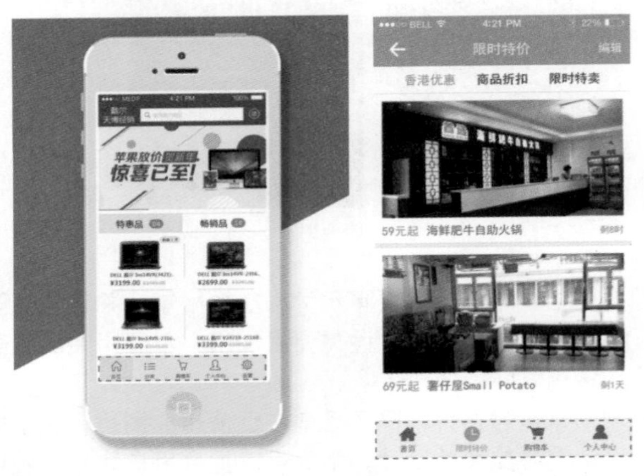

在左侧的两个移动端应用界面中可以看到，都是将应用的核心功能导航放置在界面的底部，使用户能够快速返回首页、访问购物车等，并且使用图标与文字相结合的方式，便于识别和访问。

将导航放置在屏幕底部也不仅仅关乎拇指操作的舒适性，还关系到另一个问题：如果放在顶部，使用手指操作时，会挡住手机屏幕。如果导航控件在底部，不管手怎么移动，至少不会挡住主要内容，从而给予清晰的视角，呈现的内容在屏幕上方，而导航控件在下方。

以半透明背景色突出底部商品分类导航的表现

在该移动端电商应用界面的底部设置商品大类的分类导航，使用半透明的背景色来表现，既不会影响到界面中商品的展示，又突出表现了商品分类导航，非常方便用户的操作和使用。

（3）列表式导航

如果说顶部和底部标签式导航是移动端电商应用中最普遍的两种导航形式，那么列表式导航就是最必不可少的一种信息承载模式，这种导航结构简单清晰、易于理解、冷静高效，能够帮助用户快速找到需要的内容。

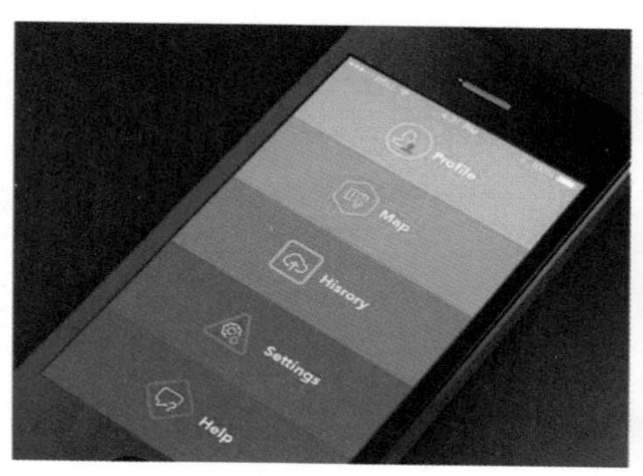

在左侧的移动端界面设计中就是使用列表导航来展示不同品牌的商品，单击该品牌即可进入该品牌商品列表中，层次清晰、简单，使用列表式导航来架构内容，简单而直接。

（4）平铺式导航

平铺式导航很容易带来高大上的视觉体验，在最大程度上保证了界面的简捷性和内容的完整性，并且一般都会结合滑动切换的手势，操作起来也非常方便。

采用层叠的方式来安排导航内容，只能按顺序浏览导航内容，而无法直接跳转到不相邻的内容

在平铺导航的操作方式上加入手势切换和动画过渡效果，增强易用性和趣味性

左侧为移动端手机淘宝中的店铺推荐界面，在该界面中就使用了平铺式导航设计，推荐店铺虽然有40个之多，但使用数字表达出了明确位置的同时，也加了手势切换，增加了易用性和趣味性。

（5）矩阵/网格式导航

网格式导航非常常见，无论我们使用的是何种操作系统的智能手机，手机的主界面采用的就是网格式导航。

手机系统主界面采用的就是网格式导航

手机系统主界面中就是采用网格式导航来排列APP应用图标的，使用户能够非常方便地进入需要的应用中，但是并不能在各应用之间进行跳转，这也是网格式导航的缺陷。

每一个 APP 图标都是一个网格，这些网格聚集在中心页面，用户只能在中心页面进入其中一个应用，如果想要进入另一个应用，必须先回到中心页面，再进入另一个应用。每个网格相互独立，它们的信息之间也没有任何交集，无法跳转互通。

网格式导航能够占据整个屏幕，将界面的重点放在导航上，让导航更加清晰明显。当导航项过多的时候，这种方法非常实用，然后通过等距的网格线整齐分割导航项。

在该移动端电商应用界面的设计中，使用网格式导航展示该移动电商应用中的用户信息管理操作选项，以相同设计风格不同颜色来呈现各选项，非常直观、清晰。

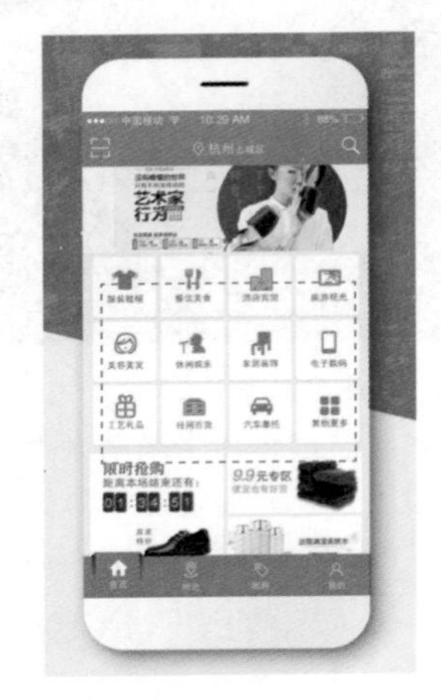

在该移动端电商应用界面设计中，使用网格式导航展示该移动电商应用中的商品分类，并且为每个分类都设计了相应的图标，使用户能够非常清楚地进入所需要的商品分类中。

技巧点拨：用户需要适当的反馈信号来评价操作结果，优秀的导航设计应该提示明确，让用户随时知道自己所处的位置，同时能够迅速跳转到自己想进的目标页面。操作步数也是衡量导航设计的一个重要标准，要尽可能地用最少的操作数使用户达成目标。当然，在导航简单明了的同时，也需要充分考虑到用户的习惯，减少用户学习的时间。

6.3.2 版式设计

移动端界面的版式设计与报刊等平面媒体的版式设计有很多共同之处，它在界面设计中占据着重要的地位。即在有限的屏幕空间上将视听多媒体元素进行有机的排列组合，将理性思维个性化地表现出来，是一种具有个人风格和艺术特色的视听传达方式。它在传达信息的同时，也产生感官上的美感和精神上的享受。

1. 布局原则

合理布局对于移动端界面的版式设计尤为重要，一般来说，移动设备显示屏的尺寸有限，布局合理、流畅使视线“融会贯通”，也可间接帮助用户找到自己关注的对象。根据视觉注意的分布可知，人的视觉对界面左上角的敏感程度明显高于其他区域。因此，设计师应该考虑将重要信息或视觉流程的停留点安排在注目价值高的最佳视域，使得整个界面的设计主题一目了然。

iOS 系统和 Android 系统是目前在移动端设备中使用最多的两种操作系统，下面我们分别简单介绍 iOS 系统和 Andriod 系统中应用界面的布局方式。

基于 iOS 系统的应用界面布局元素分为状态栏、导航栏（含标题）、工具栏 / 标签栏 3 个部分。状态栏显示应用程序运行状态；导航栏显示当前应用的标题名称，左侧为后退按钮，右侧为当前应用操作按钮；工具栏与标签栏共用一个位置，在界面的最下方，因此必须根据应用的要求选择其一，工具栏按钮不超过 5 个。

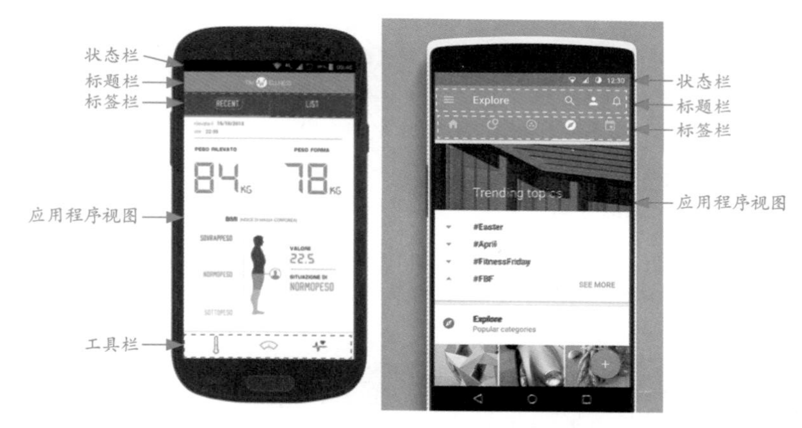

基于 Android 系统的应用界面布局元素一般分为 4 个部分，分别是状态栏、标题栏、标签栏和工具栏。状态栏位于界面最上方，当有短信、通知、应用更新、连接状态变更时，会在左侧显示，而右侧则是电量、信息、时间等常规手机信息，按住状态栏下拉，可以查看信息、通知和应用更新等详细情况；标题栏部分显示当前 APP 应用的名称或者功能选项；标签栏放置的是 APP 的导航菜单，标签栏既可以在 APP 主体的上方也可以在主体的下方，但标签项目数不宜超过 5 个；针对当前应用界面，是否有相应的操作菜单，如果有，则放置在工具栏中，那么，在单击手机上的“详细菜单”键时，屏幕底部就会出现工具栏。

专家提示：iOS与Android是目前智能移动设备使用最多的两种操作系统，从界面设计上来说，两种系统中许多设计都是通用的，特别是Android系统中，几乎可以实现所有的效果。iOS系统的设计风格相对比较稳定，而Android系统一直在寻找合适的设计语言，如最新的Material Design，和以前相比又有很大的转变。

2. 交互原则

设计要与人进行交流，操作的便捷性和多样性也是设计师在移动端界面版式设计中所需要考虑的一个重要问题。

和普通手机不同，智能手机最大的特点是可以使用手触击屏幕而产生不同的操作，而非单击某个特定的按钮。在此基础上，触屏界面的交互方式呈现出多样性，可以点击，可以滑动，可以拖曳，可以多点滑动，也可以将一系列动作组合起来形成一个个特殊的“手势”。设计师必须通过一个特定的版式设计一些视觉元素排列，使之清晰明确地告诉用户有效的操作信息，即让用户明确知道该如何操作，而不是让用户一点点地尝试。

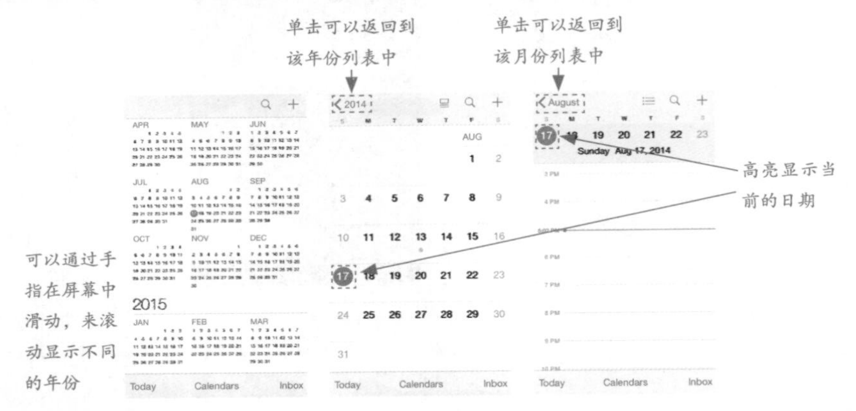

日历具有较深的层级，当用户在翻阅年、月、日时，增强的转场动画效果能够给用户一种层级纵深感。在滚动年份视图时，用户可以即时看到今天的日期以及其他日历任务，如左侧截图所示。当用户选择了某个月份，年份视图会局部放大该月份，过渡到月份视图。今天的日期依然处于高亮状态，年份会显示在返回按钮处，这样用户可以清楚地知道当前的位置，从哪里进来以及如何返回，如中间截图所示。类似的过渡动画还出现在用户选择某个日期时，月份视图从所选位置分开，将所在的周日期推出内容区顶部并显示以小时为单位的当天时间轴视图，如右侧截图所示。这些交互动画都增强了年、月、日之间的层级关系以及用户的感知。

> 专家提示：对于多种手势的复合运用，也可以采用帮助菜单的方法，但需要注意的是帮助菜单必须放在显眼的位置，以便用户能够比较容易地发现，从而达到良好的用户体验。

3. 色彩原则

设计不仅是在造物，其实也是抒情的过程。色彩影响着人的情绪，一些餐厅或饭馆把自己的招牌设置成橙黄色，这是因为橙黄色比较容易激起人们的食欲。移动端界面的色彩设计也是如此，其总体色彩应该和自己相对应的页面主题相协调。例如，蓝色背景的界面上搭配白色的按钮图标就会产生一种醒目的效果，可以提示用户该按钮图标可以点击，而如果搭配红色的按钮图标就会产生一种不舒服的感觉，让用户想要远离它，这就违背了设计的初衷。

在该移动端电商应用的界面设计中，使用浅灰色作为界面主色调，在界面中搭配蓝色，作为功能的区分。在局部点缀红色块来突出表现促销商品，信息层次非常突出。并且该应用中的多个界面保持了统一的配色和风格，给人一种简捷、直观、统一的感受。

同时，在色彩设计中，也应该注意主题的鲜明，操作区域和非操作区域一定要通过不同的颜色使之有效地区分开来，从而达到吸引用户注意力的效果。

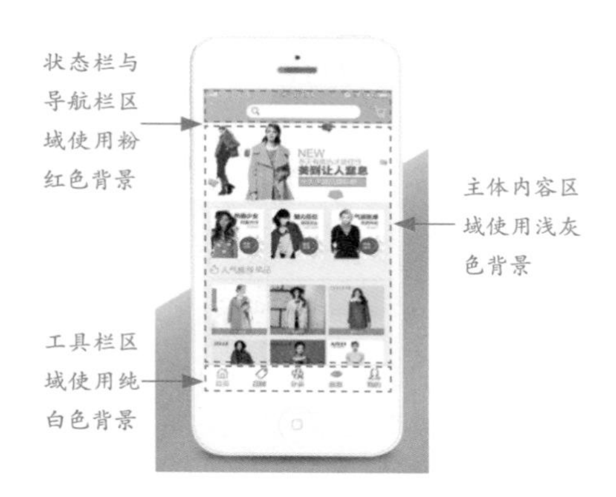

该移动端电商应用是以年轻女性为主要目标用户，所以在该界面的设计中，使用粉红色作为主色调，搭配白色与浅灰色，表现出年轻女性的甜美、可爱。在界面中可以明显看出不同的功能区域使用了不同的背景色，有效区分各部分内容。

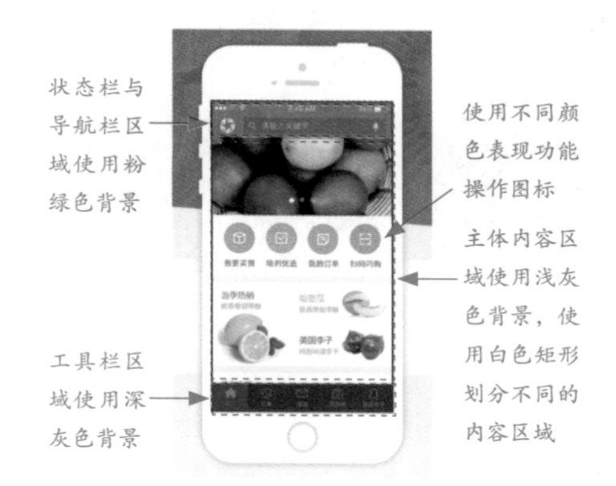

在该蔬菜水果类的电商用应用界面设计中，使用绿色作为界面的设计主色调，突出表现产品的健康与新鲜。在该界面的设计中同样是使用不同的背景颜色来划分页面中不同的功能区域，使得界面中的内容与层次结构非常清晰，便于用户操作。

6.4 移动端界面色彩搭配

在黑白显示器的年代，设计师是不用考虑设计中的色彩搭配的。今天，界面的色彩搭配可以说是移动端界面设计中的关键，恰当地运用色彩搭配，不但能够美化移动端界面，并且还能够增加用户的兴趣，引导用户顺利完成操作。

6.4.1 色彩在移动端界面设计中的作用

在着手设计 APP 界面之前，应该首先考虑 APP 的性质、内容和目标受众，再考虑究竟要表现出什么样的视觉效果，营造出怎样的操作氛围，从而制订出更加科学、合理的配色方案。在任何 APP 界面设计中都离不开色彩的表现，可以说色彩是 APP 界面设计中最基本的元素，色彩在 APP 界面设计中可以起到如下作用。

1. 突出主题

将色彩应用于移动端界面设计中，给应用界面带来鲜活的生命力。它既是界面设计的语言，又是视觉信息传达的手段和方法。

移动端应用界面中不同的内容需要有不同的色彩来表现，利用不同色彩自身的表现力、情感效应以及审美心理感受，可以使界面中的内容与形式有机地结合起来，以色彩的内在力量来烘托主题、突出主题。

使用不同色相的小面积色彩在界面中表现不同的选项，非常直观、清晰

在该移动端的界面设计中，使用模糊处理的人物运动图像作为界面的背景，背景的明度较低，在界面中使用多种不同色相的鲜艳色彩来表现不同的选项，能够使用户明确区分界面中不同的内容，从而有效突出界面中重要信息的表现。

2. 划分视觉区域

移动端界面的首要功能是传递信息，色彩正是创造有序的视觉信息流程的重要元素。利用不同色彩划分视觉区域，是视觉设计中的常用方法，在移动端界面设计中同样如此。利用色彩进行划分，可以将不同类型的信息分类排布，并利用各种色彩带给人的不同心理效果，很好地区分出主次顺序，从而形成有序的视觉流程。

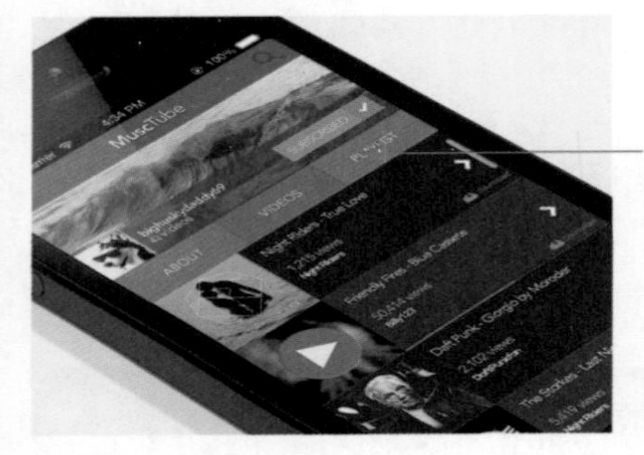

标题栏和选项卡使用鲜艳的红色进行突出表现，而内容区域则使用深灰蓝色，使得标题栏和选项卡在界面中的视觉效果非常突出

在该移动端的界面设计中，不同的功能选项区域分别使用了不同的背景颜色，有效地划分了界面中不同的区域，使得界面内容的表现和传达更加清晰，创造出有序的视觉信息流。

3. 吸引用户

在应用市场中有不计其数的移动端应用软件，即使是那些已经具有一定规模和知名度的应用，也要时刻考虑如何能更好地吸引浏览者的目光，如何使所设计的应用能够吸引浏览者。这就需要利用色彩的力量，不断设计出各式各样赏心悦目的应用界面，来“讨好”挑剔的用户。

使用不同颜色的矩形色块相互拼接，使得各部分信息内容非常明确、清晰

在该移动端的界面设计中，使用不同的矩形色块拼接作为界面的背景，在界面中形成多个小方块，在每个矩形色块中放置相应的内容，对界面中的内容进行有效区分，使得界面的信息表现非常明确。并且这种色块拼接的色彩搭配也能够给人带来一种新鲜感。

4. 增强艺术性

将色彩应用于移动端应用界面设计中，可以给移动端应用带来鲜活的生命力。色彩既是视觉传达的方式，又是艺术设计的语言。好的色彩应用，可以大大增强应用界面的艺术性，也使得应用界面更富有审美情趣。

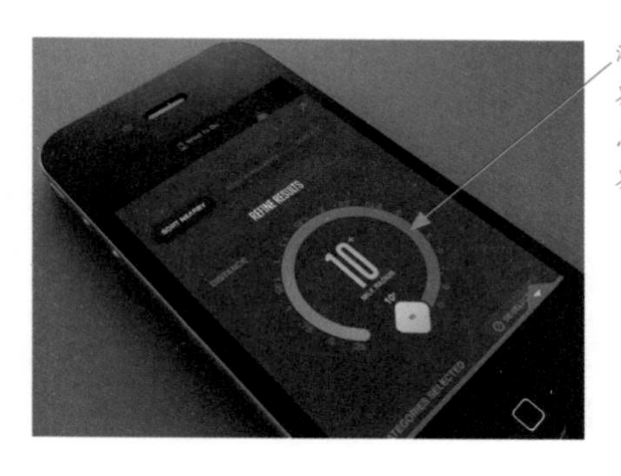

渐变色彩图形点缀在界面中，使得主题信息非常突出，也使得界面表现富有现代感

在该移动端的界面设计中，应用了非常简捷的设计风格，使用深灰色作为界面的背景主色调，在界面中搭配白色和浅灰色的文字，界面信息非常清晰，界面中间位置的主题内容设计为圆环状图形，并为其搭配从蓝色到紫色的渐变颜色，使其与界面背景形成强烈对比，有效突出主题内容的表现。

6.4.2 移动端界面配色原则

色彩搭配本身并没有一个统一的标准和规范，配色水平也无法在短时间内快速提高，不过，我们在对移动端界面进行设计的过程中还是需要遵循一定的配色原则的。

1. 色调的一致性

在着手设计移动端界面之前，应该先确定该界面的主色调。主色将占据界面中很大的面积，其他的辅助性颜色都应该以主色调为基准来搭配，这样可以保证应用界面整体色调的统一，突出重点，使设计出的界面更加专业和美观。

2. 保守地使用色彩

所谓保守地使用色彩，主要是从大多数的用户考虑出发的，根据所开发的移动端产品所针对的用户不同，在界面的设计过程中使用不同的色彩搭配。在移动端界面设计过程中提倡使用一些柔和的、中性的颜色，以便于绝大多数用户能够接受。因为如果在移动端界面设计过程中急于使用色彩突出界面的显示效果，反而会适得其反。

在该移动端应用界面的设计中，使用鲜亮的黄色作为界面主色调，与该移动端应用的启动图标的色调相统一，在每个界面中都是使用黄色与中性色相搭配，从而使该移动端界面保持整体色调的统一，使界面显得更加专业和美观。

在该移动端应用界面设计中，使用明度和纯度都较低的中灰色调作为界面的配色，使界面给人一种舒适的氛围，使大多数人都能够接受。

3. 要有重点色

配色时，可以将一种颜色作为整个界面的重点色，这个颜色可以被运用到焦点图、按钮、图标或其他相对重要的元素中，使之成为整个界面的焦点，这是一种非常有效的构建信息层级关系的方法。

4. 色彩的选择尽可能符合人们的习惯用法

对于一些具有很强针对性的软件，在对界面进行配色设计时，需要充分考虑用户对颜色的喜爱。例如明亮的红色、绿色和黄色适合用于为儿童设计的应用程序。一般来说红色表示错误，黄色表示警告，绿色表示运行正常等。

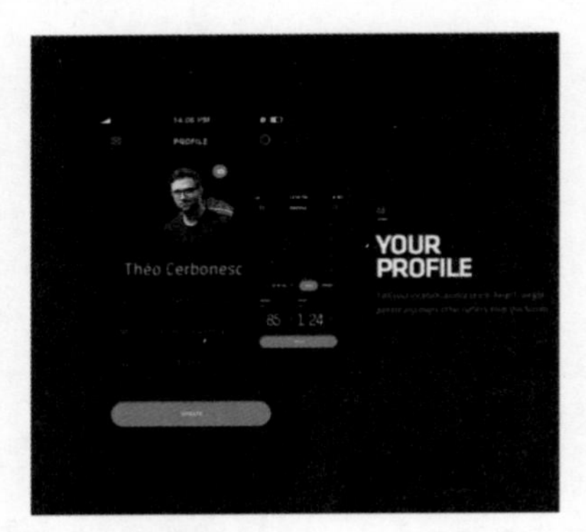

在该移动端应用界面的设计中，使用红色作为界面的重点色，在深灰色的界面中显得非常显眼，有效地突出重点内容和功能。

在该针对儿童娱乐的移动端应用界面设计中，使用鲜艳的黄色、红色等色彩进行搭配，能够营造出欢乐的氛围。

5. 色彩搭配要便于阅读

要确保移动端界面的可读性，就需要注意界面设计中色彩的搭配，有效的方法就是遵循色彩对比的法则。在浅色背景上使用深色文字，在深色的背景上使用浅色文字等。通常情况下，在界面设计中动态对象应该使用比较鲜明的色彩，而静态对象则应该使用较暗淡的色彩，能够做到重点突出，层次鲜明。

6. 控制色彩的使用数量

在移动端的界面设计中不宜使用过多的色彩，建议在单个应用界面设计中最多使用不超过 4 种色彩进行搭配，整个应用程序系统中色彩的使用数量也应该控制在 7 种左右。

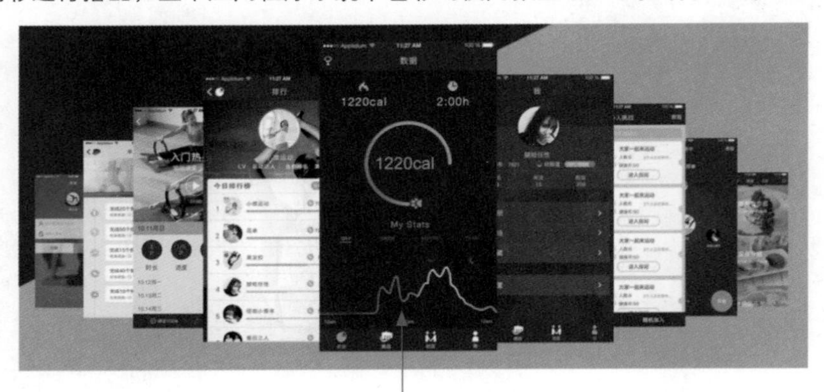

该应用的每个界面的设计都遵循了对比的原则，使得界面中的信息内容非常清晰、易读

在该移动端应用界面的设计中，界面内容遵循了对比的原则，在深色的背景上搭配浅色的文字，在浅色的背景上搭配深色的文字，使得界面中的信息内容非常清晰，便于用户阅读。

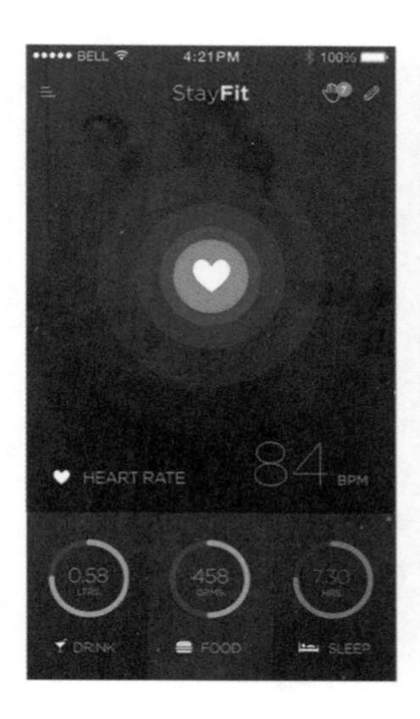

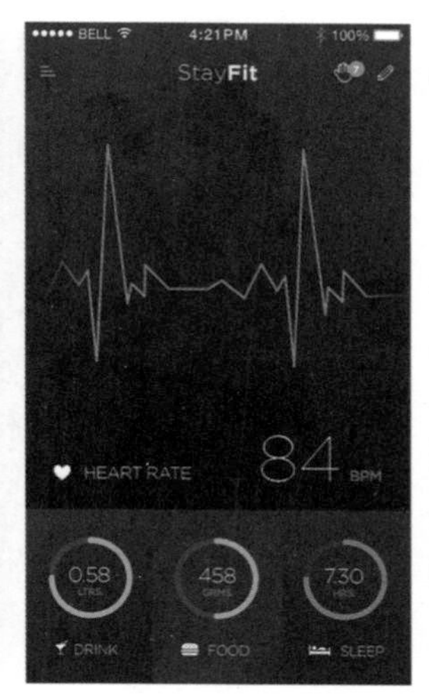

在该有关健康的移动端应用界面设计中，使用深蓝色作为界面的主色调，在界面中为不同的选项点缀了蓝色、绿色和红色，有效突出各选项的表现，多个界面采用统一的配色和布局方式，使用户感觉到整体的统一。

6.5 移动端界面设计原则

移动设备界面设计的人性化不仅仅局限于硬件的外观，对应用界面设计的要求也在日益增长，并且越来越高，因此移动端应用界面设计的规范显得尤其重要。

6.5.1 实用性

移动端应用的实用性是产品应用的根本。在设计移动端应用界面时，应该结合产品的应用范畴，合理地安排版式，以达到美观实用的目的。界面构架的功能操作区、内容显示区、导航控制区都应该统一范畴，不同功能模块的相同操作区域中的元素、风格应该一致，以使用户能迅速掌握对不同模块的操作，从而使整个界面统一在一个特有的整体之中。

这是一款餐饮APP应用的界面，界面中各功能区的划分非常清晰，在界面顶部放置选项卡，通过选项卡用户可以快速地切换界面中所显示的内容；在界面中间部分的内容区域中使用精美的美食图片搭配简捷的图标，内容显示非常直观，并且用户可以左右滑动切换；在界面底部放置功能操作按钮，并且当前选项使用白色背景进行突出显示。

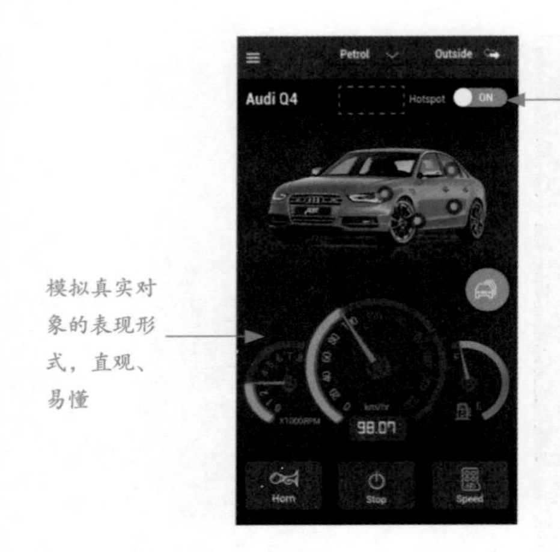

鲜艳的开关按钮，视觉效果突出

这是一款有关汽车使用的移动APP应用界面，该界面使用纯灰色作为界面背景，界面中的信息内容非常简捷，在界面中模拟真实对象的表现形式设计图形效果，给用户一种非常直观的感受，并且在界面中对特殊的功能选项也使用了鲜艳的橙色进行突出表现，使得界面表现出非常好的易用性。

6.5.2 统一的色彩与风格

移动应用界面的色彩及风格应该是统一的。移动应用界面的总体色彩应该接近和类似系统界面的总体色调，一款界面风格和色彩不统一的应用界面会给用户带来不适感。

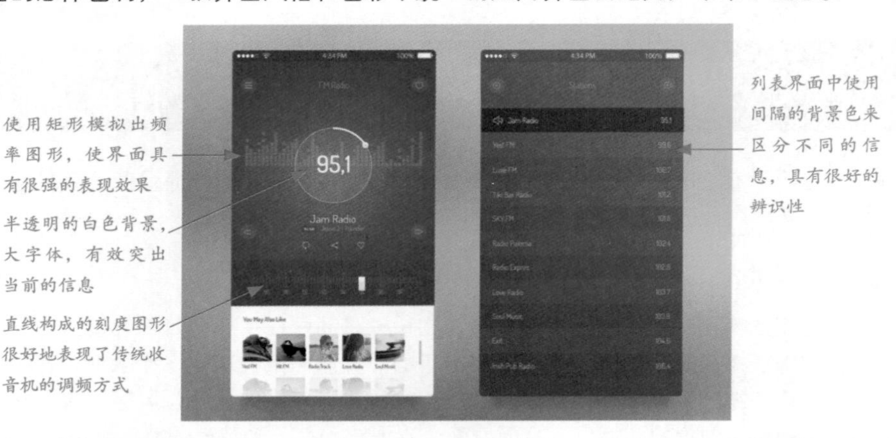

这是一款移动端收音机APP的界面，通过色彩将界面分割成上下两个部分，上半部分使用图形与文字相结合展示当前所播放的信息，下半部分则显示当前同时在收听的相关用户。在界面设计中通过各种基本图形的设计表现出很强的操作感，使用户很容易上手操作。使用灰暗的红色作为界面的背景主色调，给人一种高贵、典雅、柔和的印象，底部使用纯白色的背景色，很好地区分不同的功能区域，在界面中搭配白色简约的图形和文字，具有很好的表现效果和辨识性。多个界面保持了统一的配色与设计风格，这样能够给用户留下整体统一的视觉印象。

6.5.3 合理的配色

色彩会影响一个人的情绪，不同的色彩会让人产生不同的心理效应；反之，每个人心理状态所能接受的色彩也是不同的。只有不断变化的事物才能引起人们的注意，为界面设计个性化的色彩，目的是通过色彩的变换协调用户的心理，让用户对软件产品保持一种新鲜感。

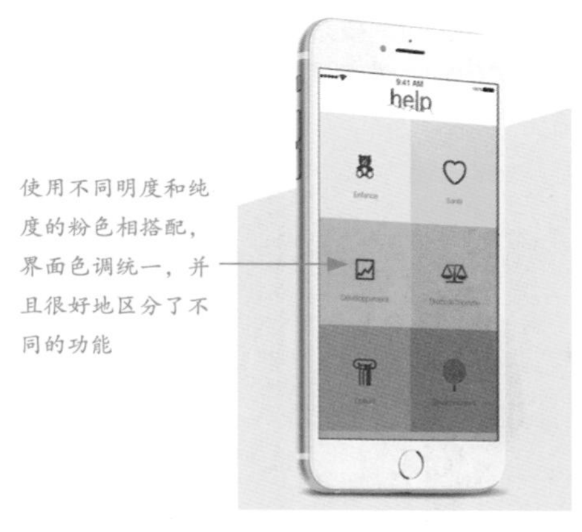

该移动应用界面使用粉红色作为该界面的主色调，粉色给人一种甜美、梦幻和女性化的感觉。该APP界面使用不同明度的粉红色系进行搭配，整体色调统一、清晰。

该移动端应用界面使用蓝色与白色来分割界面中不同的内容区域，蓝色给人很强的科技感，搭配对比色橙色，很好地突出重点信息内容。界面中的各功能操作图标分别使用了不同的颜色，具有很好的辨识性。

6.5.4 规范的操作流程

手机用户的操作习惯是基于系统的，所以在移动端应用界面设计的操作流程上也要遵循系统的规范性，使用户会使用手机就会使用该应用，从而简化用户的操作流程。

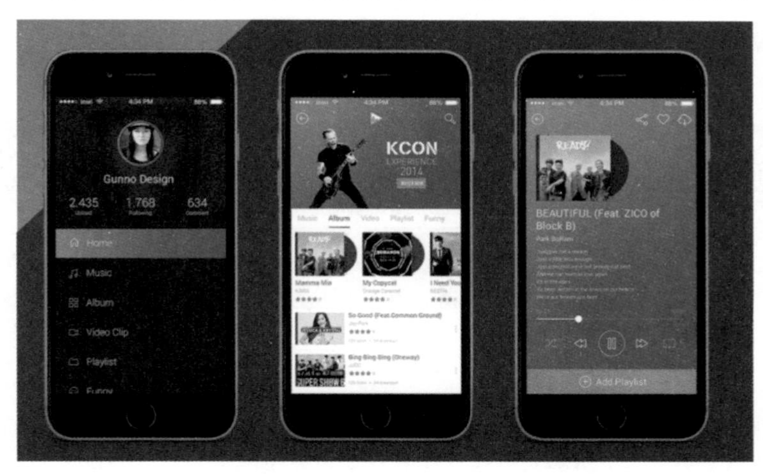

该移动端音乐APP界面的设计，无论是界面元素设计、功能布局和操作方式都遵循了常规的方式。采用简约线性风格设计的各功能图标，界面中各功能图标的放置位置及操作方法与系统相统一，从而能够使用户快速上手。

6.5.5 视觉元素规范

在移动端应用界面设计中尽量使用较少的颜色表现色彩丰富的图形图像，以确保数据量小，且确保图形图像的效果完好，从而提高程序的工作效率。

应用界面中的线条与色块后期都会使用程序来实现，这就需要考虑程序部分和图像部分相结合。只有自然结合才能协调界面效果的整体感，所以需要程序开发人员与界面设计人员密切沟通，达到一致。

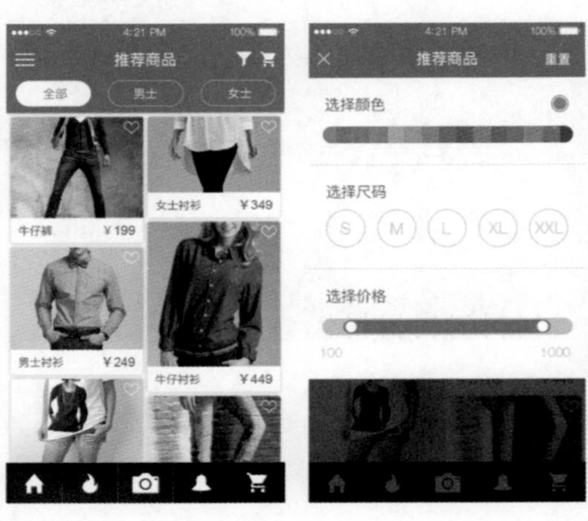

在该移动端购物 APP 应用界面的设计过程中使用简捷的设计风格，重点突出界面中的商品信息内容，并且为用户提供方便的操作方式，运用扁平化的设计使整体界面给人一种整洁、清晰的印象。每个界面的风格和布局相统一，能够使用户快速掌握该 APP 的使用，通过不同的形状图形，划分每个 APP 界面的区域，使界面风格相统一，整体界面给人一种舒适大方的印象，渲染了一种温暖、浪漫的气氛，符合设计的主题。

6.6 拓展阅读——常见移动设备尺寸标准

为了避免在移动端应用界面设计时出现不必要的麻烦，如因为设计尺寸错误而导致显示不正常的情况发生，移动设备的尺寸标准，如屏幕尺寸、屏幕分辨率以及屏幕密度都是设计师必须要先了解清楚的。

1. 屏幕尺寸

一般谈到屏幕尺寸时，无论是移动设备还是 PC 设备，都会说“XX 英寸”，而不会说“宽 XX 英寸，高 XX 英寸”。屏幕尺寸是一个物理单位，指的是移动设备屏幕对角线的长度，单位为英寸（inch）。

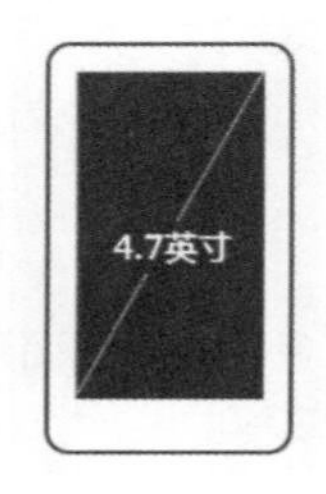

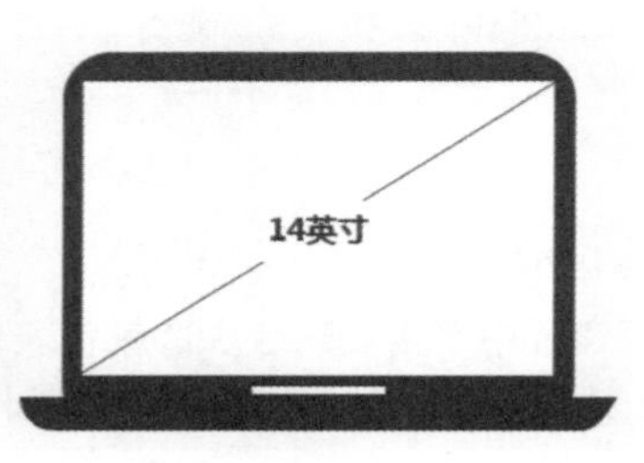

由于移动设备所采用的液晶显示屏的大小和分辨率是根据它的市场定位来决定的，所以为了适应不同人群的消费能力和使用习惯，移动设备的液晶显示屏的尺寸和分辨率种类远远要比 PC 端液晶显示屏的种类多得多。

常见的手机屏幕尺寸有 4 英寸、4.7 英寸、5 英寸、5.5 英寸等规格。之所以移动设备的屏幕尺寸使用英寸为单位进行计算，是因为厂商在生产液晶面板时，大多按照一定的尺寸进行切割，为了保证大小的统一，于是采用对角线长度来代表液晶屏实际可视面积。与此同时，从计算的直观性上来说，对角线长度计算也比面积计算更加简单，因为对角线测量只需要一步，而面积测量需要分别测量长和宽。

2. 屏幕分辨率

屏幕面板上有很多肉眼无法分辨的发光小点，可以发出不同颜色的光，我们在屏幕上看到的图像、文字就是由这些发光点组成的。屏幕面板上的发光点对应的就是图像或文字上的像素点。不过在说明屏幕面板上有多少发光点时，我们不说它“有多少个发光点”，而是说“有多少个像素”。

屏幕分辨率是指单位长度内包含的像素点的数量，宽和高的乘积就是像素点的总数。例如分辨率为 640×960（px）的屏幕分辨率，横向每行有 640 个像素点，纵向每列有 960 个像素点，那么该屏幕一共有 640×960 = 614 400 个像素点。在屏幕尺寸相同的情况下，分辨率越高，屏幕显示的效果越精细。

低分辨率的显示效果比较粗糙，颗粒感较强

需要注意的是，屏幕尺寸与屏幕分辨率没有必然的联系，例如 iPhone 3 和 iPhone 4 的屏幕尺寸同样是 3.5 英寸，iPhone 3 的屏幕分辨率是 320×480（px），而 iPhone 4 的屏幕分辨率为 640×960（px），很明显 iPhone 4 屏幕的显示精度更高。

3. 屏幕密度

屏幕密度也称为像素密度或 PPI，PPI 是英文 Pixel Per Inch（像素每英寸）的缩写，它表示的是每英寸屏幕所拥有的像素数量，像素密度越大，显示的画面效果越细腻。

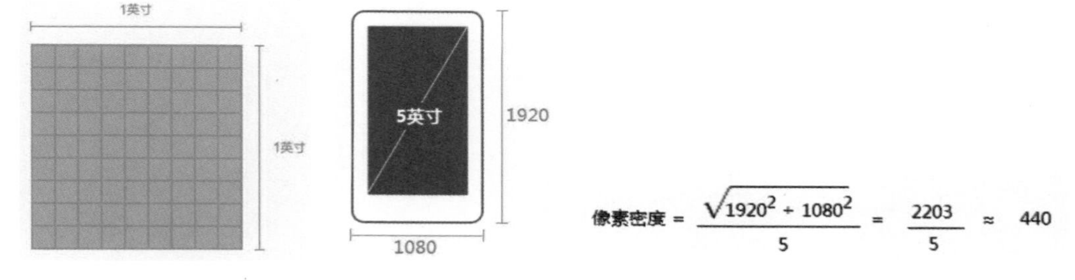

如果一块屏幕的屏幕密度为 9PPI，那么就代表这块屏幕水平方向每英寸有 9 个像素点，同时垂直方向每英寸也有 9 个像素点，那么 1 平方英寸就是 9×9 = 81 个像素点。

如果我们只知道手机屏幕尺寸和屏幕分辨率，就可以根据勾股定理计算出屏幕对角线上排列着多少个像素，然后再用对角线像素点除以对角线长度，就可以计算出屏幕的像素密度。

实践证明，PPI 低于 240 的屏幕，通过人们的视觉可以观察到明显的颗粒感，PPI 高于 300 的屏幕则无法察觉。例如 iPhone 6 的屏幕尺寸是 4.7 英寸，屏幕分辨率是 750×1 334（px），屏幕密度为 326PPI。屏幕的清晰度其实是由屏幕尺寸和屏幕分辨率共同决定的，使用 PPI 指数来衡量屏幕的清晰程度更加准确。

6.7 本章小结

本章向读者介绍了有关移动端的用户体验设计，移动端的用户体验与 PC 端的用户体验在很多方面都具有一致性，但由于其屏幕尺寸较小，操控方式也与 PC 端不同，所以移动端又具有其自身的特点，所以了解移动端的用户体验设计非常重要。移动端界面的设计直接影响用户对该应用程序的体验，设计出色的界面不仅在视觉上给用户带来赏心悦目的体验，而且在操作和使用上更加便捷和高效。